大数据处理技术与应用

彭进香　张　莉　著

清華大學出版社
北　京

内 容 简 介

本书对大数据的概念、挖掘、应用进行了系统的介绍，并且配备了相关的案例以及实际操作过程。这种理论与实践相结合的方式能够极大地帮助读者掌握大数据领域的相关理论知识。

本书共分为 10 章，主要内容包含互联网大数据概述、互联网大数据采集与获取实战要领、做好数据预处理的实战方法、数据相关性分析与回归分析的黄金法则、如何利用关联规则进行大数据挖掘、大数据分析中的四种常见分类算法、大数据分析中的四种常见聚类算法，以及自组织神经网络算法与人工神经网络算法、互联网大数据分析应用——产品个性化推荐系统、大数据分析在具体行业中的应用等。

本书知识体系完善且适用，可作为高等院校大数据、人工智能等相关专业课程的教材，也可作为从事数据挖掘、机器学习工作以及其他相关工程技术工作人员的参考书。

图书在版编目(CIP)数据

大数据处理技术与应用/彭进香，张莉著. —北京：清华大学出版社，2020.6（2021.9重印）
ISBN 978-7-302-55373-1

Ⅰ. ①大… Ⅱ. ①彭… ②张… Ⅲ. ①大数据处理 Ⅳ. ①TP274

中国版本图书馆 CIP 数据核字(2020)第 068466 号

责任编辑： 汤涌涛
封面设计： 杨玉兰
责任校对： 周剑云
责任印制： 宋 林
出版发行： 清华大学出版社
网 址： http://www.tup.com.cn, http://www.wqbook.com
地 址： 北京清华大学学研大厦 A 座 **邮 编：** 100084
社 总 机： 010-62770175 **邮 购：** 010-62786544
投稿与读者服务： 010-62776969, c-service@tup.tsinghua.edu.cn
质量反馈： 010-62772015, zhiliang@tup.tsinghua.edu.cn
课件下载： http://www.tup.com.cn, 010-62791865
印 装 者： 天津鑫丰华印务有限公司
经 销： 全国新华书店
开 本： 185mm×260mm **印 张：** 15.5 **字 数：** 377 千字
版 次： 2020 年 8 月第 1 版 **印 次：** 2021 年 9 月第 3 次印刷
定 价： 49.00 元

产品编号：084267-01

前　言

这是一个互联网技术及应用高速发展的时代，那些随手可得的互联网应用深刻影响着社会经济的发展，切实改变了人们生活的方方面面，互联网已然成为人们不可或缺的信息工具。与此同时，基于互联网技术的飞速发展，网络数字化生活形态的形成，使得互联网数据逐渐累积，因此大数据就成为互联网时代的产物。阿里巴巴集团创始人马云在演讲中就提到，未来的时代将不是IT时代，而是DT的时代。DT就是Data Technology(数据技术)，说明大数据对于阿里巴巴集团来说举足轻重。

有媒体称：数据已经成为一种新的经济资产类别，就像黄金和货币一样！鉴于大数据巨大的商业价值，大数据专家在企业非常受重视。大数据处理的相关知识、技术及其应用与社会经济各个领域的融合越来越深入，相关领域的专业技术人员迫切需要建立完整的互联网大数据处理与应用的知识体系，以适应大数据发展趋势的要求。

本书内容以大数据理论基础、大数据处理的实践技术方法和大数据技术的具体应用为主线。本书内容结构清晰，案例多样且时效性强，致力于通过理论及案例的讲解帮助读者掌握大数据处理及应用等方面的实战方法，以达到“真正掌握互联网大数据处理及应用实战方法”的效果。

本书由湖南应用技术学院信息工程学院彭进香、张莉撰写，作者团队对互联网企业从事数据挖掘有较深的研究，在大数据挖掘、分析及实战场景应用方面具有深厚经验。本书支持项目为湖南应用技术学院“十三五”校级首批重点建设学科：计算机应用技术，学科代码为081203，项目编号为XKJSHY2017-3。在本书写作过程中，作者还借鉴了目前大数据相关领域的参考资料、文献及重要研究成果与案例，在此向相关文献资料的作者一并表示感谢！

由于作者水平有限，书中难免有疏漏或错误之处，敬请广大读者批评指正。

作　者

目　录

第 1 章　互联网大数据概述

1.1　认识大数据

1.1.1　大数据的定义

大数据(big data)这个词，在如今对人们来说都不陌生，大数据甚至现在与我们的生活息息相关。“大数据”和“人工智能”俨然已经成为科技行业最具价值的领域，无论是苹果、谷歌还是阿里、腾讯，所有的科技公司都在这两个领域投入了大量的心血。那么什么是大数据呢？大数据到底有什么特征呢？

最早，麦肯锡公司(McKinsey Company)给出的定义是：数据，已经渗透到当今每一个行业和业务职能领域，成为重要的生产要素。人们对于海量数据的挖掘和运用，预示着新一波生产率增长和消费者盈余浪潮的到来。

大数据，是指无法在一定时间范围内用常规软件工具进行捕捉、管理和处理的数据集合，是需要新处理模式才能具有更强的决策力、洞察发现力和流程优化能力的具有海量、高增长率和多样化等特点的信息资产。简而言之，大数据就是数据量非常大、数据种类繁多、无法用常规归类方法应用计算的数据集成。

大数据的本质意义就是对数据进行专业化的处理而不在于数据信息的庞大。我们可以把大数据比作工厂，而生产效率是其中的关键，关键是提高对数据这个原材料的“加工能力”，同时，通过“深加工”实现数据的持续“增值”。

在当下的大数据时代，信息传输非常迅捷。据麦肯锡全球研究院(McKinsey Global Institute)估计，每一秒钟就有 543TB 的数据流过国界，其总数据量相当于 1300 万份莎士比亚全集。

数据的快速流动对国家的国内(或地区)生产总值(GDP)会带来翻天覆地的变化，各种科技成果也是与日俱增。更比传统的物流运输有着绝对的优势。可以这么说，数据是全球资本的生命线。

换句话说，跨国界的信息交流比运输粮食和生活用品有更高的经济价值。毕竟，数据就是金钱。一直以来，大数据与商业就密不可分。因为利用数据能预测公众喜好，自然谁都想来分一杯羹。

在这看来大数据给人们带来的绝对是一场巨变。但是，美国的科技公司和金融行业的巨鳄们已经把这个概念理解得很透彻了，而大多数人还是需要花时间去消化理解这一点的。这就是为什么科技和金融的行业巨鳄们正在努力争取国际上的认可，他们想方设法掌握这些重要的大数据资源。

大数据的分析与应用目前已经渗透到方方面面。例如我们喜欢看什么样的新闻，或者我们骑共享单车常去哪里，等等，都可以通过大数据分析得出结论。在共享单车GPS(全球定位系统)定位和物联网精细化管理下，每一个骑行单车的用户的骑行次数、轨迹、时长、高频骑行时间等，都变成了大数据沉淀在共享单车智能出行共享平台，然后通过云计算等汇总、筛选、分析出更具价值的信息，了解哪些区域的人们最需要共享单车，哪些区域则相反；哪个时段人们的出行更多；人们有哪些潜在的产品需求等。

此外，有的互联网公司利用搜索关键词预测禽流感的散布，统计学家内特・西尔弗(Nate Silver)曾利用大数据预测 2012 年美国选举结果，麻省理工学院利用手机定位数据和交通数据建立城市规划等。以上这些都是大数据的强大应用。

1.1.2 大数据的特征

大数据具有以下特征。

1. 数据体量极为巨大

如果单从存储量方面来考量的话，从最小的数据存储单位 bit(指一个二进制位)开始，按顺序往上是 Byte(字节)、KB(千字节)、MB(兆字节)、GB(吉字节或十亿字节)、TB(太字节或万亿字节)、PB(拍字节或千万亿字节)、EB(艾字节或百亿亿字节)……那么截至目前，人类生产的所有印刷材料的数据量可达数百 PB，而历史上有记载开始人类说过的所有话的数据量大约要以 EB 来衡量。截至目前，人类生产的所有印刷材料的数据量是 200PB，而历史上全人类说过的所有话的数据量大约是 5EB(1EB=2^{10}PB)。

2. 数据类型繁多

相对于以往便于存储的以文本为主的结构化数据，非结构化数据越来越多，包括网络日志、音频、视频、图片、地理位置信息等，这些多类型的数据对数据的处理能力提出了更高的要求。

3. 价值密度低

价值密度的高低与数据总量的大小成反比。数据总量越大，无效冗余的数据则越多。

4. 处理速度快

处理速度快是大数据区分于传统数据挖掘的最显著特征。根据 IDC(互联网数据中心)“数字宇宙”的报告，预计在 2020 年，全球数据使用量将达到 35.2ZB(1ZB=1024EB)。

大数据大致可分为三类：

(1) 传统企业数据。包括 CRM systems(客户关系管理系统)的消费者数据、传统的 ERP(企业资源计划)数据、库存数据以及账目数据等。

(2) 机器和传感器数据。包括呼叫记录、智能仪表数据、工业设备传感器数据、设备日志、交易数据等。

(3)　社交数据。包括用户行为记录、反馈数据等。如人们在 Twitter(推特)、Facebook(脸书)这样的社交媒体平台留下的数据。

【案例】目前，有超过八千多个电视频道在不停地播放最新的运动赛事，对体育爱好者来说，追踪起来是一件很困难的事情。

而现在市面上开发了一个可追踪所有运动赛事的应用程序 RUWT，它已经可以在 iOS(苹果系统)和 Android(安卓系统)设备，以及在 Web 浏览器上使用，它不断地分析运动数据流来让球迷知道他们应该转换成哪个台看到想看的节目，在电视的哪个频道上找到，并让他们在比赛中进行投票。对于 TiVo 用户等来说，实际上 RUWT 就是让他们改变频道调到一个比赛中。

该程序能基于赛事的紧张激烈程度对比赛进行评分排名，用户可通过该应用程序找到值得收看的频道和赛事。

1.1.3　未来十年大数据分析的发展趋势

未来十年将推动大数据分析行业发展的主要趋势有以下一些方面。

(1)　公有云供应商正扩大其影响力。

大数据行业正围绕三大主要公有云供应商，即亚马逊公司旗下云计算服务平台 AWS、微软的云计算服务平台 Azure 和谷歌云平台，大部分软件供应商正在构建可以在这些平台运行的解决方案。除此之外，数据库供应商正在提供托管的 IaaS(基础架构即服务)和 PaaS(平台即服务)数据湖，鼓励客户和合作伙伴开发新的应用程序，并将其迁移到其中的旧应用程序中。因此，纯数据平台、NoSQL 供应商在多元化的公有云供应商占优势的大型数据领域逐渐被陷入边缘化。

(2)　公有云优于私有云的优势继续扩大。

公有云正逐步成为客户群的大数据分析平台。这是因为公有云解决方案比内部部署堆栈更为成熟，增加了更丰富的功能，且成本日益增加。另外，公有云正在增加其应用程度编程接口生态系统，并加快开发管理工具的速度。

(3)　加速融合以让企业实现商业价值。

用户开始加快将孤立的大数据资产融合到公有云的速度，而公有云厂商也在优化困扰私有大数据架构的跨业务孤岛。同样重要的是，云数据和本地数据解决方案正融合到集成产品中，旨在降低复杂性并加快实现业务价值。更多的解决方案提供商正在提供标准化的应用程序编程接口(API)，以简化访问，加速开发，并在整个大数据解决方案堆栈中实现更全面的管理。

(4)　大数据初创公司将越来越复杂的人工智能(AI)注意应用程序推向市场。

过去几年来，许多新的数据库、流处理和数据初创公司加入到市场中。不少公司也开始通过 AI 的解决方案加入到市场竞争中。其中大部分创新方案都是为公有云或混合云部署而设计的。

(5)　新兴解决方案逐渐替代传统方法。

更多的大数据平台供应商将涌现出融合物联网、区块链和流计算的下一代方法。这些大数据平台主要针对机器学习、深度学习和人工智能管理端到端的 DevOps(一组过程方法与系统的统称)管理进行优化。此外，不少大数据分析平台正在为 AI 微服务架构设计边缘设备。

(6) Hadoop 的稳定地位。

如今更多的迹象表明，市场将 Hadoop 视为传统大数据技术，而不是颠覆性业务应用程序的战略平台。不过，Hadoop 作为一种成熟技术，被广泛用于用户的 IT 组织的关键用例，并且在许多组织中仍然有很长的使用寿命。考虑到这一前景，供应商通过在独立开发的硬件和软件组件之间实现更平滑的互操作性，不断提高产品性能。

(7) 打包的大数据分析应用程序正变得越来越广泛。

未来十年，更多服务将自动调整其嵌入式机器学习、深度学习和 AI 模型，以持续提供较佳的业务成果。这些服务将纳入预先训练的模式，客户可以调整和扩展到自己的特定需求。

1.2 常用大数据处理、分析工具介绍

接下来介绍一些大数据的存储工具、开发以及挖掘工具，以便更好地展现在人们的面前给大家带来的便利。

1.2.1 大数据的存储工具

1. 日立公司的产品

日立在提供了一些大数据产品以外，更与 Pentaho 软件公司合作开发了大数据分析工具、日立超级横向扩展平台(HSP)、HSP 技术架构以及日立视频管理平台(VMP)。后一个例子专门针对大视频这个方兴未艾的大数据子集，面向视频监控及其他视频密集型存储应用领域。

2. DDN 的产品

Data Direct Networks(DDN)有一批面向大数据存储的解决方案。比如说，其高性能SFA7700X 文件存储可以自动分层到 WOS(Web Object Scaler，基于对象的云存储装置)，支持快速收集、同时分析和经济高效地保留大数据。

3. Spectra BlackPearl

Spectra Logic 公司的 BlackPearl 深度存储网关为基于 SAS(串行连接 SCSI)的磁盘、SMR(瓦楞式堆叠磁盘)降速磁盘或磁带提供了对象存储接口，所有这些技术都可以放在存储环境中 BlackPearl 的后面。

4．Kaminario K2

Kaminario 公司提供了另一种大数据存储平台，其全闪存阵列正在许多大数据应用领域找到一席之地。

5．Caringo 公司的产品

Caringo 公司旨在发掘数据的价值，解决在其中产生的一系列问题，并大规模保护、管理、组织和搜索数据。有了旗舰产品 Swarm，用户无须将数据迁移到不同的解决方案，即可实现长期保存、交付和分析，因而降低总体拥有成本。

6．Infogix

Infogix 企业数据分析平台基于五项核心功能：数据质量、事务监控、均衡及协调、身份匹配、行为分析以及预测模型。这些功能据说可帮助公司提高运营效率、带来新的收入、确保合规，并获得竞争优势。该平台可以实时检测出现的数据错误，并自动实行全面分析，以优化大数据项目的表现。

7．Avere 混合云

Avere 提供了另一种大数据存储方案，其 Avere 混合云部署在混合云基础设施中的各种用例。物理 FXT 集群用于 NAS(网络附加存储)优化这种用例，充分利用基于磁盘的现有 NAS 系统前面的全闪存高性能层。FXT 集群使用缓存，以便自动加快活跃数据，使用集群扩展性能(添加更多的处理器和内存)及容量(添加更多的固态硬盘)，并将部署在广域网上的核心存储延迟隐藏起来。用户发觉它是可以加速渲染、基因组分析、金融模拟、软件工具和二进制代码库等性能的好方法。

8．DriveScale

大数据通常需要存储在本地磁盘上，这意味着为了在大数据集群的规模不断扩大时，能实现效率和扩展性，就需要保持计算和存储之间的逻辑关系。于是出现了一个问题：如何将磁盘从服务器分离开来，又继续在处理器/内存组合和驱动器之间提供同样的逻辑关系？如何实现共享存储池的成本、规模和可管理性等方面的效率，同时仍提供局部性的好处？DriveScale 通过利用 Hadoop 数据存储，就可以完美地做到这一点。

9．Hedvig

Hedvig 分布式存储平台提供了一个统一性的解决方案，就是在综合降低成本的同时存储的性能得到大幅的提升，以支持任何应用程序、虚拟机管理程序、容器或云。它可以针对数据块、文件和对象存储，为任何规模的任何计算提供存储，具有可编程性，而且支持任何操作系统、虚拟机管理程序或容器。此外，混合多站点复制使用独特的灾难恢复策略来保护每个应用程序，并通过跨多个数据中心或云的存储集群提供高可用性。最后，高级数据服务让用户可以借助可按照卷来选择的一系列企业服务，定制存储。

10. Nimble

Nimble 存储预测闪存平台据说可显著提高分析应用和大数据工作负载的性能。它通过结合闪存性能和预测分析，防止 IT 复杂性导致的数据速度面临障碍。

1.2.2 大数据的软件开发工具

在使用大数据的同时，规模也是日益剧增，会给企业对大数据的管理和分析带来挑战，下面是一些大数据开发过程中常用的工具。

1. Apache Hive

Hive 是一个建立在 Hadoop 上的开源数据仓库基础设施，通过 Hive 可以很容易地进行数据的 ETL(抽取、转换、加载)，对数据进行结构化处理，并对 Hadoop 上大数据文件进行查询和处理等。Hive 提供了一种简单的类似 SQL 的查询语言——HiveQL，这为熟悉 SQL 的用户查询数据提供了方便。

2. Jaspersoft BI 套件

Jaspersoft 包是一个通过数据库列生成报表的开源软件。行业领导者发现 Jaspersoft 软件是一流的，许多企业已经使用它来将 SQL 表转化为 PDF，这使每个人都可以在会议上对其进行审议。另外，JasperReports 提供了一个连接配置单元来替代 HBase。

3. 1010data

1010data 是一个分析型云服务，旨在为华尔街的客户提供服务，甚至包括 NYSE Euronext(纽约泛欧证券交易所)、游戏和电信的客户。它在设计上支持可伸缩性的大规模并行处理。它也有它自己的查询语言，支持 SQL 函数和广泛的查询类型，包括图和时间序列分析。这个私有云的方法减少了客户在基础设施管理和扩展方面的压力。

4. Actian

Actian(也称 IngresCorp)拥有超过 1 万客户而且正在扩增。它通过 VectorWise 以及对 ParAccel 实现了扩展。这些发展分别导致了 Actian Vector 和 Actian Matrix 的创建。它可选择 Apache、Cloudera、Hortonworks 以及其他发行版本。

5. Pentaho Business Analytics

从某种意义上说，Pentaho 与 Jaspersoft 相比，尽管 Pentaho 开始于报告生成引擎，但它目前通过简化从新来源中获取信息的过程来支持大数据处理。Pentaho 的工具可以连接到非 SQL 数据库，例如 MongoDB 和 Cassandra。Peter Wayner 指出，PentahoData(一个更有趣的图形编程界面工具)有很多内置模块，你可以把它们拖放到一个图片上，然后将它们连接起来。

6. Placed Analytics

利用脚本语言以及 API，Placed Analytics 能够提供针对移动和网络应用的详细用户行为分析，包括用户使用时间和地理位置信息。这些可以帮助开发者的应用更好地吸引广告商，也可以帮助开发者对自己的应用进行改善。

7. Cloudera

Cloudera 正在努力为开源 Hadoop 提供支持，同时将数据处理框架延伸到一个全面的“企业数据中心”范畴，这个数据中心可以作为首选目标和管理企业所有数据的中心点。Hadoop 可以作为目标数据仓库、高效的数据平台，或现有数据仓库的 ETL 来源。企业规模可以用作集成 Hadoop 与传统数据仓库的基础。Cloudera 致力于成为数据管理的“重心”。

8. Keen IO

Keen IO 是个强大的移动应用分析工具，开发者只需要简单到一行代码，就可以跟踪他们想要的关于他们应用的任何信息。开发者接下来只需做一些 Dashboard(类似仪表盘的智能显示界面)或者查询的工作即可。

9. Talend Open Studio

Talend 工具用于协助进行数据质量、数据集成和数据管理等方面的工作。Talend 是一个统一的平台，它通过提供一个统一的、跨企业边界生命周期管理的环境，使数据管理和应用更简单便捷。这种设计可以帮助企业构建灵活、高性能的企业架构，在此架构下，集成并启用百分之百开源服务的分布式应用程序变为可能。

10. Apache Spark

Apache Spark 是 Hadoop 开源生态系统的新成员，它提供了一个比 Hive 更快的查询引擎，因为它依赖于自己的数据处理框架而不是依靠 Hadoop 的 HDFS(Hadoop 分布式文件系统)服务。同时，它还用于事件流处理、实时查询和机器学习等方面。

1.2.3　大数据的挖掘工具

随着现代社会对数据需求量爆炸式的增长，我们需要借助更有效、更快捷的工具进行挖掘工作，从而帮助我们更轻松地从巨大的数据集中找出关系、集群、模式、分类信息等。借助这类工具可以帮助我们做出最准确的决策，为我们的业务获取更多收益。

以下是几种相对较好的数据挖掘工具，可以帮助大家从各种角度分析大数据，并通过数据做出正确的业务决策。

1. RapidMiner

RapidMiner 是一个用于机器学习、数据挖掘和分析的试验环境，同时用于研究真实世界的数据挖掘。它提供的实验由很多的算子构成，这些算子由详细的 XML 文件记录，并被 RapidMiner 图形化的用户接口表现出来。RapidMiner 为主要的机器学习过程提供了超过 500 个算子，并且它结合了学习方案和 WEKA 学习环境的属性评估器。它是一个可以用来做数据分析的独立的工具，同样也是一个数据挖掘引擎，可以用来集成产品中的工具。

2. WEKA

WEKA(Waikato Environment for Knowledge Analysis，怀卡托智能分析环境)是一款非常复杂的数据挖掘工具，它支持几种经典的数据挖掘任务，显著的数据预处理、集群、分类、回归、虚拟化以及功能选择。它的技术基于假设数据是以一种单个文件或关联的，每个数据点都被许多属性标注。WEKA 使用 Java 的数据库链接能力可以访问 SQL 数据库，并可以处理一个数据库的查询结果。它主要的用户接口是 Explorer，也同样支持相同功能的命令行，或是一种基于组件的知识流接口。

3. R 软件

R 软件是另一种较为流行的 GNU 开源数据挖掘工具，作为一款用于统计分析和图形化的计算机语言及分析工具，为了保证性能，它主要是由 C 语言和 FORTRAN 语言编写的。此外，为方便使用，R 软件提供了一种脚本语言，即 R 语言。R 支持一系列分析技术，包括统计检验、预测建模、数据可视化等。R 软件的优点在于函数都已写好，用户只需知道参数的形式即可，如果参数形式不对，R 软件也能“智能地”帮你适应。

4. Orange 数据挖掘软件

Orange 是一个基于组件的数据挖掘和机器学习软件套装，它的功能、界面友好且很强大，具有快速而又多功能的可视化编程前端，以便浏览数据分析和可视化，其绑定了 Python 以进行脚本开发。它包含了完整的一系列的组件以进行数据预处理，并提供了数据账目、过渡、建模、模式评估和勘探的功能。其由 C++和 Python 开发，它的图形库是由跨平台的 Qt 框架开发。Orange 软件可以对数据和模型进行多种图形化展示，并能智能搜索合适的可视化形式，支持对数据的交互式探索。

5. KNIME

KNIME(Konstanz Information Miner，康斯坦茨信息挖掘工具)是一款开源的进行数据集成、数据分析、数据处理的综合平台。它让用户有能力以可视化的方式创建数据流或数据通道，可选择性地运行一些或所有分析步骤，然后检查结果、模型和可交互的视图。此外，KNIME 基于 Eclipse 并通过插件的方式来提供更多的功能，用户可以为文件、图片和时间序列加入处理模块，并可以集成到其他各种各样的开源项目中，如 R 语言和 WEKA。

6. JHepWork

JHepWork 是一种为科学家、工程师和学生所设计的免费的开源数据分析框架，其主要是用开源库来创建一个数据分析环境，并提供了丰富的用户接口，以此来和那些收费的软件竞争。它的主要功能是便于绘制科学计算用的二维和三维的图形，并包含了用 Java 实现的数学科学库、随机数和其他的数据挖掘算法。JHepWork 基于一个高级的编程语言 Jython，当然，Java 代码同样可以用来调用 JHepWork 的数学和图形库。

7. NLTK

NLTK(Natural Language Tool Kit，自然语言工具包)最适用于语言处理任务，因为它可以提供一个语言处理工具，包括数据挖掘、机器学习、数据抓取、情感分析等各种语言处理任务。安装 NLTK 后，将一个包拖拽到你最喜爱的任务中，你就可以去做其他事了。

8. Pentaho

Pentaho 为数据集成、业务分析以及大数据处理提供一个全面的平台。使用这种商业工具，我们可以轻松地混合各种来源的数据，通过对业务数据进行分析可以为未来的决策提供正确的信息指导。

以上介绍的几款软件都是优秀的开源数据挖掘软件，各有所长，同时也各有缺点。

【案例】

数据挖掘算法

大数据分析的理论核心就是数据挖掘算法，各种数据挖掘的算法基于不同的数据类型和格式才能更加科学地呈现出数据本身具备的特点，也正是因为这些被全世界统计学家所公认的各种统计方法才能深入数据内部，挖掘出公认的价值。另外一个方面也是因为有这些数据挖掘的算法才能更快速地处理大数据，如果一个算法得花上好几年才能得出结论，那大数据的价值也就无从说起了。

1.2.4　大数据的可视化工具

大数据的分析是建立在大数据可视化的前提之下的，更是其最重要的组成部分之一。当原始数据流被以图像形式表示时，在后期就可以比较容易地根据其做出准确决策。

大数据可视化工具应该具备的特征为：①能够处理不同类型的传入数据；②能够应用不同种类的过滤器来调整结果；③能够在分析过程中与数据集进行交互；④能够连接到其他软件来接收输入数据，或为其他软件提供输入数据；⑤能够为用户提供协作选项。

下面介绍几种目前较受欢迎的大数据可视化工具。

(1) Jupyter：大数据可视化的一站式商店。

Jupyter 是一个开源项目，通过十多种编程语言实现大数据分析、可视化和软件开发的实时协作。它的界面包含代码输入窗口，并通过运行输入的代码以基于所选择的可视化技术提供视觉可读的图像。

Jupyter Notebook 的功能多而强大，可以在团队中共享，以实现内部协作，并促进团队共同合作进行数据分析。除此以外，Jupyter 还能够与 Spark 这样的多框架进行交互，这使得对从具有不同输入源的程序收集的大量密集的数据进行数据处理时，Jupyter 能够提供一个全能的解决方案。

(2) Tableau：AI、大数据和机器学习应用可视化的最佳解决方案。

Tableau 是大数据可视化的市场领导者之一，在为大数据操作、深度学习算法和多种类型的 AI 应用程序提供交互式数据可视化方面尤为高效。Tableau 可以与 Amazon AWS、MySQL、Hadoop、Teradata 和 SAP 协作，使之成为一个能够创建详细图形和展示直观数据的多功能工具。这样高级管理人员和中间链管理人员能够基于包含大量信息且容易读懂的 Tableau 图形做出基础决策。

(3) Google 图表：Google 支持的免费而强大的整合功能。

谷歌图表是大数据可视化的最佳解决方案之一，Google 对其提供大力的技术支持，同时通过 Google 图表分析的数据也用于训练 Google 研发的 AI。Google 图表提供了大量的可视化类型，从简单的饼图、时间序列一直到多维交互矩阵都有。图表可供调整的选项很多。该工具将生成的图表以 HTML5/SVG 呈现，因此它们可与任何浏览器兼容。Google 图表对 VML 的支持确保了其与旧版 IE 浏览器的兼容性，并且可以将图表移植到最新版本的 Android 和 iOS 系统上。更重要的是，Google 图表结合了来自 Google 地图等多种 Google 服务的数据，生成的交互式图表不仅可以实时输入数据，还可以使用交互式仪表板进行控制。

(4) D3.js：以任何您需要的方式直观地显示大数据。

D3.js 代表 Data Driven Document，是一个用于实时交互式大数据可视化的 JS 库。因为这不是一个工具，所以用户在使用它来处理数据之前，需要对 JavaScript 有一个很好的理解，并能以一种能被其他人理解的形式呈现。除此之外，这个 JS 库将数据以 SVG 和 HTML5 格式呈现，所以像 IE7 和 IE8 这样的旧式浏览器不能利用 D3.js 功能。

从不同来源收集的数据如大规模数据将与实时的 DOM 绑定并以极快的速度生成交互式动画(2D 和 3D)。D3 架构允许用户通过各种附件和插件密集地重复使用代码。

以上 4 种可视化工具只不过是大量在线或独立的数据可视化解决方案和工具中的一部分。使用它们的公司的目的是找到适合他们的工具，并能够使用这些工具帮助他们将输入的原始数据转化为一系列清晰易懂的图像和图表，通过可视化让他们能够做出有证据支持的决策。

小　结

大数据的本质意义是对数据进行专业化的处理而不在于数据信息的庞大，对大数据进行处理分析需要借助存储工具、软件开发工具和数据挖掘工具，以及大数据可视化工具。我们借助更有效、更快捷的工具进行数据挖掘，并建立在大数据可视化(将原始数据流以图像形式表示)的前提之下对大数据进行分析，从而帮助我们做出有证据支持的决策。

第 2 章　互联网大数据采集与获取实战要领

数据采集，又称数据获取，是利用一种装置，从系统外部采集数据并输入到系统内部的一个接口。比如摄像头、麦克风，都是数据采集工具。

数据采集系统包括：信号、传感器、激励器、信号调理设备、数据采集设备和应用软件。

大数据在互联网中类型也是多种多样的，其中包含了结构化数据、半结构化数据、非结构化数据。结构化数据最常见，就是具有模式的数据。非结构化数据是数据结构不规则或不完整，没有预定义的数据模型，包括所有格式的办公文档、文本、图片、XML 文件、HTML 文件、各类报表、图像和音频/视频信息等。大数据采集，是大数据分析的入口，所以是相当重要的一个环节。

数据采集现在已经被广泛应用于互联网及分布式领域，数据采集领域已经发生了重要的变化。国内外数据采集设备先后问世，将数据采集带入了一个全新的时代，也为我们在互联网中的发展注入了更多的能量。

2.1　互联网大数据采集与处理技术概述

互联网网页数据是大数据领域的一个重要组成部分，它具有分布广、格式多样、非结构化等大数据的典型特点，我们需要有针对性地对互联网网页数据进行采集、转换、加工和存储，尤其在网页数据的采集和处理方面，存在急需突破的较多关键技术。

互联网网页大数据采集就是获取互联网中相关网页内容的过程，并从中抽取出用户所需要的属性内容。互联网网页大数据处理，就是对抽取出来的网页数据进行内容和格式上的处理，进行转换和加工，使之能够适应用户的需求，然后存储以备后用。

2.1.1　数据采集的基本流程与关键技术

1．数据采集的整体框架

Web 爬虫是一种互联网网页数据的采集工具。Web 爬虫的整个抓取过程主要包括以下 6 个部分。

(1)　网站页面(Site Page)：用来获取网站的网页内容。

(2)　内容抽取(Content Extractor)：用来从网页内容中抽取所需属性的内容值。

(3)　链接抽取(URL Extractor)：用来从网页内容中抽取出该网站正文内容的链接

地址。

(4) 链接过滤(URL Filter)：用来判断该链接地址的网页内容是否已经被抓取过。

(5) URL 队列(URL Queue)：用来为 Web 爬虫提供需要抓取数据网站的 URL。

(6) 数据(Data)：它包含 Site URL(需要抓取数据网站的 URL 信息)、Spider URL(已经抓取过数据的网页 URL)、Spider Content(经过抽取的网页内容)三个部分。

2. 数据采集的基本流程

整个数据采集过程包括以下 9 个步骤。

(1) 将需要抓取数据的网站的 URL 信息(Site URL)写入 URL 队列。

(2) Web 爬虫从 URL 队列中获取需要抓取数据的网站的 Site URL 信息。

(3) 获取某个具体网站的网页内容。

(4) 从网页内容中抽取出该网站正文页内容的链接地址。

(5) 从数据库中读取已经抓取过内容的网页地址(Spider URL)。

(6) 过滤 URL，将当前的 URL 和已经抓取过的 URL 进行比较。

(7) 如果该网页地址没有被抓取过，则将该地址写入 Spider URL 数据库；如果该地址已经被抓取过，则放弃对这个地址的抓取操作。

(8) 获取该地址的网页内容，并抽取出所需属性的内容值。

(9) 将抽取的网页内容写入数据库。

3. 数据采集的关键技术——链接过滤

链接过滤的实质就是判断一个链接(当前链接)是不是在一个链接集合(已经抓取过的链接)里面。在对网页大数据的采集中，可以采用布隆过滤器(Bloom Filter)来实现对链接的过滤。

布隆过滤器的基本思想是：当一个元素被加入集合时，通过 k 个散列函数将这个元素映射成一个位数组中的 k 个点，将它们置为 1。检索时，我们只需看看这些点是否都是 1 大概就知道集合中有没有它了：如果这些点有任何一个 0，则被检元素一定不在；如果都是 1，则被检元素很可能在。

布隆过滤器在空间和时间方面的优势体现在以下三方面。

(1) 复杂度方面：布隆过滤器的存储空间和插入/查询时间都是常数(即复杂度为 $O(k)$)。

(2) 关系方面：散列函数相互之间没有关联关系，方便由硬件并行实现。

(3) 存储方面：布隆过滤器不需要存储元素本身，在某些对保密要求非常严格的场合有优势。

布隆过滤器的具体实现方法是：已经抓取过的每个 URL，经过 k 个 Hash 函数(也称散列函数)的计算，得出 k 个值，再和一个巨大的二进制位(bit)数组的这 k 个位置的元素对应起来(这些位置数组元素的值被设置为 1)。在需要判断某个 URL 是否被抓取过时，先用 k 个 Hash 函数对该 URL 计算出 k 个值，然后查询巨大的 bit 数组内这 k 个位置上的值，如果均为 1，则是已经被抓取过，否则没被抓取过。

2.1.2 数据处理的基本流程与关键技术

1. 数据处理的整体框架

数据处理的整个过程主要包括以下 4 个部分。

(1) 分词(Words Analyze)：用来对抓取到的网页内容进行切词处理。

(2) 排重(Content Deduplicate)：用来对众多的网页内容进行排重。

(3) 整合(Integrate)：用来对不同来源的数据内容进行格式上的整合。

(4) 数据：包含 Spider Data(Web 爬虫从网页中抽取出来的数据)和 DP Data(在整个数据处理过程中产生的数据)两部分数据。

2. 数据处理的基本流程

一个完整的数据处理过程包括以下 6 个步骤。

(1) 对抓取来的网页内容进行分词。

(2) 将分词处理的结果写入数据库。

(3) 对抓取来的网页内容进行排重。

(4) 将排重处理后的数据写入数据库。

(5) 根据之前的处理结果，对数据进行整合。

(6) 将整合后的结果写入数据库。

3. 数据处理的关键技术——排重

排重就是排除掉与主题相重复项的过程，网页排重就是通过两个网页之间的相似度来排除重复项。SimHash 算法是一种高效的海量文本排重算法，相比于余弦角、欧式距离、Jaccard 相似系数等算法，SimHash 算法避免了对文本两两进行相似度比较的复杂方式，从而大大提高了效率。

采用 SimHash 算法来进行抓取网页内容的排重，可以容纳更大的数据量，提供更快的数据处理速度，实现大数据的快速处理。SimHash 算法的基本思想描述如下。

输入：一个 N 维向量 $\boldsymbol{V}$，例如文本的特征向量，每个特征具有一定权重。

输出：一个 C 位的二进制签名 S。

(1) 初始化一个 C 维向量 $\boldsymbol{Q}$ 为 0，C 位的二进制签名 S 为 0。

(2) 对向量 $\boldsymbol{V}$ 中的每一个特征，使用传统的 Hash 算法计算出一个 C 位的散列值 H。对 $1 \leqslant i \leqslant C$，如果 H 的第 i 位为 1，则 Q 的第 i 个元素加上该特征的权重；否则，Q 的第 i 个元素减去该特征的权重。

(3) 如果 Q 的第 i 个元素大于 0，则 S 的第 i 位为 1；否则为 0。

(4) 返回签名 S。

在对每篇文档根据 SimHash 算法算出签名后，再计算两个签名的汉明距离(两个二进制异或后 1 的个数)即可。根据经验值，对 64 位的 SimHash 算法，汉明距离在 3 以内的可以认为相似度比较高。

4. 数据处理的关键技术——整合

整合是把抓取来的网页内容与各个公司之间建立对应关系。对每个公司来说，可以用一组关键词来对该公司进行描述，同样的，经过 DP 处理之后的网页内容，也可以用一组关键词来进行描述。因此，整合就变成了公司关键词和内容关键词之间的匹配。

对于网页内容的分词结果来说，存在以下两个特点。

(1) 分词结果的数量很大。

(2) 大多数的分词对描述该网页内容来说是没有贡献的。因此，对网页的分词结果进行简化，使用词频最高的若干个词汇来描述该网页内容。经简化后，两组关键词的匹配效率就得到了很大的提升，同时准确度也得到了保障；经过整合之后，抓取来的网页内容与公司之间就建立了一个对应关系，就能知道某个具体的公司有着怎样的数据了。

2.2 Web 页面数据获取实战方法

2.2.1 Jsoup 技术与页面数据获取

Jsoup 是一款比较好的 Java 版 HTML 解析器，它可以直接解析某个 URL 地址、HTML 文本内容，并有一套好用的 API，可通过 DOM、CSS 以及类似于 jQuery 的操作方法来取出和操作数据。

1. Jsoup 的功能

Jsoup 的功能如下。

(1) 从一个 URL、文件或字符串中解析 HTML。

(2) 使用 DOM 或 CSS 选择器来查找、取出数据。

(3) 可操作 HTML 元素、属性、文本。

2. Jsoup 的使用方法

Jsoup 可从字符串、URL 地址以及本地文件来加载 HTML 文档，并生成 Document 对象实例。

(1) Document 对象(一个文档的对象模型)：文档由多个元素和文本节点组成(以及其他辅助节点)。

(2) 一个元素包含一个子节点集合，并拥有一个父元素。它们还提供了一个唯一的子元素过滤列表。

1) 从字符串中输入 HTML 文档

(1) 解析一个 HTML 字符串。

使用静态方法 Jsoup.parse(String html)或 Jsoup.parse(String html, String baseUri)，代码如下：

```
String html = "<html><head><title>First parse</title></head>"
          +"<body><p>Parsed HTML into a doc.</p></body></html>";
Document doc = Jsoup.parse(html);
```

说明：

parse(String html, String baseUri) 这个方法能够将输入的HTML解析为一个新的文档 (Document)，参数 baseUri 是用来将相对 URL 转成绝对 URL，并指定从哪个网站获取文档。如这个方法不适用，你可以使用 parse(String html)方法来解析成 HTML 字符串(如上面的示例)。只要解析的不是空字符串，就能返回一个结构合理的文档，其中包含(至少)一个 head 和一个 body 元素。如果拥有了一个 Document，你就可以使用 Document 中适当的方法或其父类 Element(元素)和 Node(节点)中的方法来取得相关数据。

(2) 解析一个 body 片段。

假设相对一个 HTML 片段(如一个 div 包含一对 p 标签，一个不完整的 HTML 文档)进行解析。这个 HTML 片段可以是用户提交的一条评论或在一个 CMS 页面中编辑 body 部分。可以使用 Jsoup.parseBodyFragment(String html)方法，代码如下：

```
String html = "<div><p>Lorem ipsum.</p>";
Document doc = Jsoup.parseBodyFragment(html);
Element body = doc.body();
```

说明：

① parseBodyFragment 方法创建一个空壳的文档，并插入解析过的 HTML 到 body 元素中。假如你使用正常的 Jsoup.parse(String html)方法，通常你也可以得到相同的结果，但是明确将用户输入作为 body 片段处理，以确保用户所提供的任何糟糕的 HTML 都将被解析成 body 元素。

② Document.body() 方法能够取得文档 body 元素的所有子元素，与 doc.getElementsByTag(“body”)相同。

(3) 从一个 URL 加载一个 Document。

从一个网站获取和解析一个 HTML 文档，并查找其中的相关数据，可以使用 Jsoup.connect(String url)方法，代码如下：

```
Document doc =Jsoup.connect("网址/").get();
String title = doc.title();
```

说明：

① connect(String url)方法创建一个新的 Connection(连接)和 get()方法取得和解析

一个 HTML 文件。如果从该 URL 获取 HTML 时发生错误，便会抛出 IOException 异常，应适当处理。

② Connection 接口还提供一个方法链来解决特殊请求，方法如下：

```
Document doc = Jsoup.connect("http://example.com")
                    .data("query", "Java")
                    .userAgent("Mozilla")
                    .cookie("auth", "token")
                    .timeout(3000)
                    .post();
```

这个方法只支持 Web URLs(HTTP 和 HTTPS 协议)，假如你需要从一个文件加载，可以使用 parse(File in, String charsetName)代替。

(4) 从文件中加载 HTML 文档。

假如在本机硬盘上有一个 HTML 文件，需要对它进行解析从中抽取数据或进行修改，可以使用静态方法 Jsoup.parse(File in,String charsetName,String baseUri)，代码如下：

```
File input = new File("/tmp/input.html");
Document doc = Jsoup.parse(input, "UTF-8", "http://example.com/");
```

说明：

① parse(File in, String charsetName, String baseUri)这个方法用来加载和解析一个 HTML 文件。如果在加载文件的时候发生错误，将抛出 IOException 异常，应作适当处理。

② baseUri 参数用于解决文件中 URLs 是相对路径的问题(如果不需要可以传入一个空的字符串)。

③ 还有一个方法 parse(File in, String charsetName)，它使用文件的路径作为 baseUri。这个方法适用于被解析文件位于网站的本地文件系统，且相关链接也指向该文件系统。

2) 数据抽取

(1) 使用 DOM 方法来遍历一个文档。

假设有一个 HTML 文档要从中提取数据，并了解此文档的结构。将 HTML 解析成一个 Document 对象之后，就可以使用类似于 DOM 的方法进行操作，代码如下：

```
File input = new File("/tmp/input.html");
Document doc = Jsoup.parse(input, "UTF-8", "http://example.com/");

Element content = doc.getElementById("content");
Elements links = content.getElementsByTag("a");
for (Element link : links) {
  String linkHref = link.attr("href");
  String linkText = link.text();
}
```

说明：Elements(元素)对象提供了一系列类似于DOM的方法来查找元素，抽取并处理其中的数据，这里不做列举。

(2) 使用选择器语法查找元素。

如果想使用类似于CSS或jQuery的语法来查找和操作元素，可以使用Element.select(String selector)和Elements.select(String selector)方法，代码如下：

```
File input = new File("/tmp/input.html");
Document doc = Jsoup.parse(input, "UTF-8", "http://example.com/");

Elements links = doc.select("a[href]");//带有href属性的a元素
Elements pngs = doc.select("img[src$=.png]");
  //扩展名为.png的图片

Element masthead = doc.select("div.masthead").first();
  //class等于masthead的div标签

Elements resultLinks = doc.select("h3.r > a"); //在h3元素之后的a元素
```

说明：

① Jsoup Elements对象支持类似于CSS(或jQuery)的选择器语法，来实现非常强大和灵活的查找功能。

② 这个select方法在Document、Element或Elements对象中都可以使用，且是上下文相关的，因此可实现指定元素的过滤，或者链式选择访问。

③ select方法将返回一个Elements集合，并提供一组方法来抽取和处理结果。

(3) 从元素抽取属性、文本和HTML。

在解析获得一个Document实例对象，并查找到一些元素后，需要取得在这些元素中的数据，可以使用的方法有：①要取得一个属性的值，可以使用Node.attr(String key)方法；②对于一个元素中的文本，可以使用Element.text()方法；③对于要取得元素或属性中的HTML内容，可以使用Element.html()或Node.outerHtml()方法。

代码如下：

```
    String html = "<p>An <a href='http://example.com/'><b>example</b></a>
link.</p>";
    Document doc = Jsoup.parse(html);//解析HTML字符串返回一个Document对象实例
    Element link = doc.select("a").first();//查找第一个a元素

    String text = doc.body().text(); // "An example link"//取得字符串中的文本
    String linkHref = link.attr("href"); // "http://example.com/"
    //取得链接地址
    String linkText = link.text(); // "example""//取得链接地址中的文本

    String linkOuterH = link.outerHtml();
        // "<a href="http://example.com"><b>example</b></a>"
    String linkInnerH = link.html(); // "<b>example</b>"//取得链接内的html内容
```

说明：

上述方法是元素数据访问的核心办法。此外也有其他一些方法可以使用，如：Element.id()、Element.tagName()、Element.className()和 Element.hasClass(String className)。这些访问器方法都有相应的 setter 方法来更改数据。

(4) URLs 处理。

如果有一个包含相对 URLs 路径的 HTML 文档，要将这些相对路径转换成绝对路径的 URLs，可采用以下方法：在解析文档时确保有指定的 base URI，然后使用 abs:属性前缀来取得包含 base URI 的绝对路径。代码如下：

```
Document doc = Jsoup.connect("http://www.open-open.com").get();

Element link = doc.select("a").first();
String relHref = link.attr("href"); // == "/"
String absHref = link.attr("abs:href"); // "http://www.open-open.com/"
```

说明：

在 HTML 元素中，URLs 经常写成相对于文档位置的相对路径：<a href="/download">...</a>。当你使用 Node.attr(String key)方法来取得 a 元素的 href 属性时，它将直接返回在 HTML 源码中指定的值。

如果你需要取得一个绝对路径，需要在属性名前加 abs:。这样就可以返回包含根路径的 URL 地址 attr("abs:href")。因此，在解析 HTML 文档时，定义 base URI 非常重要。如果你不想使用前缀 abs:，还可使用 Node.absUrl(String key)方法实现同样的功能。

3) 数据修改

(1) 设置属性值。

如果在解析一个 Document 之后想修改其中的某些属性值，然后再保存到磁盘或都输出到前台页面，设置属性可采用的方法有 Element.attr(String key, String value)和 Elements.attr(String key, String value)；修改一个元素的 class 属性，可以使用 Element.addClass(String className)和 Element.removeClass(String className)方法。

Elements 提供了批量操作元素属性和 class 的方法，例如要为 div 中的每一个 a 元素都添加一个 rel="nofollow",可以使用如下方法：

```
doc.select("div.comments a").attr("rel", "nofollow");
```

说明：

与 Element 中的其他方法一样，attr()方法也是返回 Element(或在使用选择器时返回 Elements 集合)。这样能够很方便地使用方法连用的书写方式。如以下代码：

```
doc.select("div.masthead").attr("title", "jsoup").addClass("round-box");
```

(2) 设置元素的 HTML 内容。

如果想获取一个元素中的 HTML 内容，可以使用 Element 对象中的 HTML 设置方法，具体方法如下：

```
Element div = doc.select("div").first(); // <div></div>
div.html("<p>lorem ipsum</p>"); // <div><p>lorem ipsum</p></div>
div.prepend("<p>First</p>");//在 div 前添加 html 内容
div.append("<p>Last</p>");//在 div 后添加 html 内容
// 添完后的结果: <div><p>First</p><p>lorem ipsum</p><p>Last</p></div>

Element span = doc.select("span").first(); // <span>One</span>
span.wrap("<li><a href='http://example.com/'></a></li>");
// 添完后的结果: <li><a
href="http://example.com"><span>One</span></a></li>
```

说明：

① Element.html(String html)这个方法将先清除元素中的 HTML 内容，然后用传入的 HTML 代替。

② Element.prepend(String first)和 Element.append(String last)方法用于分别在元素内部 HTML 的前面和后面添加 HTML 内容。

③ Element.wrap(String around)方法用来对元素包装一个外部 HTML 内容。

(3) 设置元素的文本内容。

如果要修改一个 HTML 文档中的文本内容，方法如下：

```
Element div = doc.select("div").first(); // <div></div>
div.text("five > four"); // <div>five &gt; four</div>
div.prepend("First ");
div.append(" Last");
// now: <div>First five &gt; four Last</div>
```

说明：

文本设置方法与 HTML setter 方法相同：①Element.text(String text)将清除一个元素中的内部 HTML 内容，然后用提供的文本进行代替；②Element.prepend(String first)和 Element.append(String last)将分别在元素的内部 html 前后添加文本节点。

如果传入的文本含有像<,>等这样的字符，将作为文本处理，而不是 HTML。

2.2.2 应对特定领域的 Deep Web 数据获取技术

1. Deep Web 概述

Deep Web(深网)，即深层网络，也叫不可见网、隐藏网，是指万维网上那些不能被标准搜索引擎索引的非表面网络内容。我们平常使用搜索引擎上网接触到的即为表层网络(Surface Web)。

与 Surface Web 相比，Deep Web 隐藏着更丰富及“专业”的信息。根据之前对 Deep Web 做得较为全面的宏观统计，提出对 Deep Web 的定义主要指的是 Web 数据库，指出整个 Web 上大约有十万个的 Web 数据库，并从宏观上对 Deep Web 做了定量的调查统计，其中部分的结果如下：

(1) Deep Web 蕴含的信息量是 Surface Web 的 400～500 倍。

(2) 对 Deep Web 数据的访问量比 Surface Web 要高出 15%。

(3) Deep Web 蕴含的信息量比 Surface Web 的质量更高。

(4) Deep Web 的增长速度要远大于 Surface Web。

(5) 超过 50%的 Deep Web 的内容是特定于某个域的，即面向某个领域。

(6) 整个 Deep Web 覆盖了现实世界中的各个领域，如商业、教育、政府等。

(7) Deep Web 上 95%的信息是可以公开访问的，即免费获取。

2. Deep Web 不可直接索引的原因

Deep Web 的内容形式包括：动态内容、未被链接的内容、私人网站、Contextual Web(语境网络)、被限制的访问内容、脚本内容、非 HTML/文本内容等。基于 Deep Web 的上述内容形式，Deep Web 不可索引的原因包括以下方面。

(1) 某些 Deep Web 的内容由于未与外网连接，网络爬虫无法通过 URL 获取到这些内容。

(2) Deep Web 的内容属于非表面网络上的内容，用户想获取内容一般需填写表单发送请求后生成动态页面才可获取，但爬虫软件一般无法填写表单。

(3) 被限制访问的内容也是爬虫无法获取的，比如一些涉及相关秘密任务数据的服务器和网站，这些内容网络爬虫无法取得。

3. 对 Deep Web 进行索引的方法

目前 Deep Web 内容覆盖了各行各业，在互联网中占有巨大比例。对 Deep Web 的研究主要包括以下方面。

(1) Deep Web 的规模、分布和结构。美国有公司专门从事数据整合和企业信息分析，开发了 Deep Web 检索平台工具 DQM，此外，还对 Deep Web 的规模和相关性进行了相关研究。

(2) Deep Web 信息搜索中的关键技术。目前主要的关键技术有 Deep Web 接口识别方法、信息提取算法、数据库选择算法、Deep Web 集成查询接口生成方法等。

2001 年，斯利拉姆·拉格哈瓦(Sriram Raghavan)和赫克托·加西亚·莫利纳(Hector Garcia Molina)发明了一个从用户请求界面表格收集关键词的 Deep Web 抓取模型并且抓取 Deep Web 资源。加利福尼亚大学洛杉矶分校的 Alexandros Ntoulas、Petros Zerfos 和 Junghoo Cho 创建了一个自动生成有意义的查询词的程序。

目前，商业搜索引擎已经开始使用以上两种方法之一抓取 Deep Web 资源，Sitemap 协议和 mod_oai 是允许搜索引擎和其他网络服务探索 Deep Web 解决方法的，上述两种方法允许网络服务主动公布网址，这对于它们来说是容易的，因而允许自动探寻资源而不直接通过网络表面的链接。Google 的 Deep Web 探寻系统预先计算每个 HTML 表单并且添加结果 HTML 页面到 Google 搜索引擎索引。

在这个系统里，使用三种方法计算提交词：①为输入搜索选择关键词允许的输入值；②确定是否只接受特定的值(例如时间)；③选择少量的组合生成适合纳入网站的搜索索引网址。

Deep Web 搜索引擎的原理是：可以模仿用户访问数据库的流程，然后通过以下步骤自动访问数据库。

(1) Deep Web 搜索引擎发现互联网上的 Deep Web 数据源。使用传统的爬虫程序来发现和识别某个站点是否提供 HTTP 服务，然后分析含有 HTTP 服务的站点页面，剔除非研究性表单，找到 Deep Web 的数据源入口。

(2) 对之前获得的表单页面进行分析和抽取。将查询表单分解，集成同一个领域的集合，从而得到一个统一的查询表单，通过这个集成的查询表单，Deep Web 搜索引擎可以同时访问多个数据源。

(3) 模仿用户自动填充并提交表单。服务器端会产生一个完整的HTML 页面，Deep Web 搜索引擎将这些页面进行分析，并提取数据到本地计算机，然后统一查询结果页面，最终将结果返回给用户。

2.3 利用爬虫抓取互联网大数据实战技巧

网络爬虫(Web 爬虫)是一种按照一定的规则，自动地抓取万维网信息的程序或者脚本。Web 爬虫系统的功能是下载网页数据，为搜索引擎系统提供数据来源。很多大型的网络搜索引擎系统都被称为基于 Web 数据采集的搜索引擎系统，比如百度等。由此可见 Web 爬虫系统在搜索引擎中的重要性。

网页中除了包含供用户阅读的文字信息外，还包含一些超链接信息。Web 爬虫系统正是通过网页中的超链接信息不断获得网络上的其他网页，这种采集过程像一个爬虫或者蜘蛛在网络上漫游，所以它才被称为网络爬虫系统或者网络蜘蛛系统，在英文中称为 Spider 或者 Crawler。

2.3.1 Python 爬虫工作原理

1. Web 爬虫的基本流程

Web 爬虫的基本流程参见图 2-1。

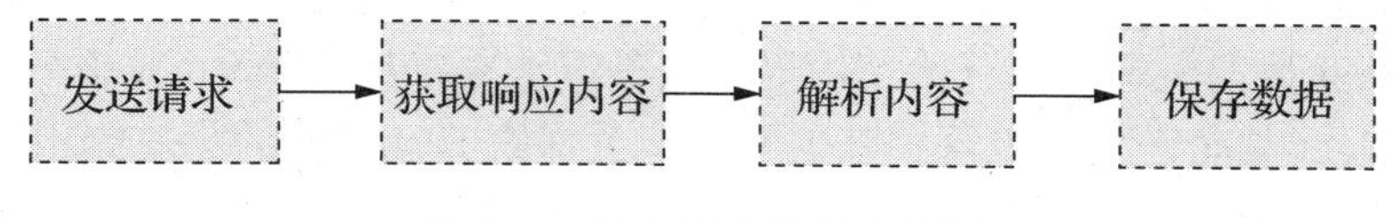

图 2-1 Web 爬虫的基本流程

用户获取网络数据的方式有两种。

方式 1：浏览器提交请求→下载网页代码→解析成页面。

方式 2：模拟浏览器发送请求(获取网页代码) →提取有用的数据→存放于数据库或文件中。

Web 爬虫要做的就是方式 2。

1)　发送请求

使用 HTTP 库向目标站点发起请求，即发送一个 Request(请求)。

(1)　Request 包含：请求头、请求体等。

(2)　Request 模块的缺陷：不能执行 JavaScript 和 CSS 代码。

2)　获取响应内容

如果服务器能正常响应，则会得到一个 Response(响应)。

Response 包含：HTML 数据、JSON 数据、图片、视频等。

3)　解析内容

(1)　解析 HTML 数据：正则表达式(RE 模块)，第三方解析库如 Beautifulsoup、pyquery 等。

(2)　解析 JSON 数据：JSON 模块。

(3)　解析二进制数据：以 wb 的方式写入文件。

4)　保存数据

保存的方式可以是把数据保存为文本，也可以把数据保存到数据库，或者保存为特定的 JPG、MP4 等格式的文件。这就相当于我们在浏览网页时，下载了网页上的图片或者视频。

2. HTTP 协议的请求与响应

Request：用户将自己的信息通过浏览器(socket client)发送给服务器(socket server)。

Response：服务器接收请求，分析用户发来的请求信息，然后返回数据(返回的数据中可能包含其他链接，如图片、JS、CSS 代码等)。

说明：浏览器在接收 Response 后，会解析其内容来显示给用户，而爬虫程序在模拟浏览器发送请求然后接收 Response 后，是要提取其中的有用数据。

1)　Request(请求)

(1)　请求方式。

常见的请求方式有：GET/POST。

(2)　请求的 URL。

URL(全球统一资源定位符)，用来定义互联网上一个唯一的资源。例如一张图片、一个文件、一段视频都可以用 URL 唯一确定。

(3)　请求头。

一般的 Web 爬虫都会加上请求头，请求头需要注意以下参数。

Referrer：当浏览器向 Web 服务器发出请求的时候，一般会带上 Referrer，告诉服务器用户从哪个页面链接过来的(一些大型网站，会通过 Referrer 做防盗链策略；所有爬虫也要注意模拟)。

User-Agent：访问的浏览器(要加上，否则会被当成爬虫程序)。请求头中如果没有 User-Agent 客户端配置，服务端可能将你当作一个非法用户 host。

Cookie：请求头注意携带。Cookie 用来保存登录信息。

(4) 请求体。

如果是 GET 方式，请求体没有内容(GET 方式请求的请求体放在 URL 后面参数中，直接能看到)；如果是 POST 方式，请求体是 format data(格式化数据)。

说明：①登录窗口、文件上传等，信息都会被附加到请求体内；②登录，输入错误的用户名和密码，然后提交，就可以看到 post，正确登录后页面通常会跳转，无法捕捉到 post。

2) Response(响应)

(1) 响应状态码及其含义如下。

200：代表成功。

301：代表跳转。

404：文件不存在。

403：无权限访问。

502：服务器错误。

(2) Respone Header(响应头)。

Respone Header 需要注意的参数如下。

Set-Cookie:BDSVRTM=0; path=/：可能有多个，是来告诉浏览器，把 cookie 保存下来。

Content-Location：服务端响应头中包含 Location，返回浏览器之后，浏览器就会重新访问另一个页面。

(3) preview 就是网页源代码。

包含了所请求资源的内容，如网页 HTML、图片、二进制数据等。

【案例】 Requests 库网络爬虫实战——京东商品页面爬取

目标页面地址为：https://item.jd.com/5089267.html

实现代码如下：

```
import requests
url = 'https://item.jd.com/5089267.html'
try:
        r = requests.get(url)
        r.raise_for_status()
        r.encoding =r.apparent_encoding
        print(r.text[:1000])
except:
        print("爬取失败")
```

结果显示如图 2-2 所示。

```
DOCTYPE HTML>
ıtml lang="zh-CN">
ıead>
  <!-- shouji -->
  <meta http-equiv="Content-Type" content="text/html; charset=gbk" />
  <title>【AppleiPhone 8】Apple iPhone 8 (A1863) 64GB 深空灰色 移动联通电信4G手机【行情 报价 价格 评测】-京东</title>
  <meta name="keywords" content="AppleiPhone 8,AppleiPhone 8,AppleiPhone 8报价,AppleiPhone 8报价"/>
  <meta name="description" content="【AppleiPhone 8】京东JD.COM提供AppleiPhone 8正品行货，并包括AppleiPhone 8网购指南，以及AppleiPhone 8图片、iPhone 8参数
  <meta name="format-detection" content="telephone=no">
```

图 2-2　京东商品页面爬取结果显示

2.3.2　利用 HtmlParser 实现网页链接的提取实战

页面链接的提取，是爬虫程序中非常关键的一部分。一个完整的爬虫程序，要能从种子 URL 出发，逐步遍历子节点中的所有页面。

1. HtmlParser 概述

HtmlParser 是一个通过线性和嵌套两种方式来解析网页的 Java 开源类库，主要用于网页元素的转换以及网页内容的抽取。

HtmlParser 的特点是：过滤器、访问者模式、自定义标签、易于使用的 Java 组件。

说明：HtmlParser 是一个快速的、健壮的、经过严格测试的工具包。

2. NodeFilter 的使用

HtmlParser 具备过滤器的特性，我们可以通过这个特性过滤并提取网页中的链接。HtmlParser 中与过滤相关的基本接口是 NodeFilter，接口中只定义了一个方法。代码如下：

```
package org.htmlparser;
import java.io.Serializable;
import org.htmlparser.Node;
public interface NodeFilter extends Serializable, Cloneable {
   boolean accept(Node var1);
}
```

该方法的作用是：对于想要保留的节点，返回 true；对于满足过滤条件、需要过滤掉的节点，返回 false。

HtmlParser 提供了多种实现 NodeFilter 接口的过滤器，如表 2-1 所示。

表 2-1　HtmlParser 提供的过滤器

类　别	类　名
逻辑运算类	AndFilter NotFilter OrFilter

续表

类　别	类　名
判断类	HasAttributeFilter HasChildFilter HasParentFilter HasSiblingFilter IsEqualFilter TagNameFilter
其他	CssSelectorNodeFilter LinkRegexFilter LinkStringFilter NodeClassFilter RegexFilter StringFilter

此外，如果需要实现一些特殊情况下的过滤，开发人员也可以自定义 Filter(过滤器)。

3. 简易链接提取器

使用 HtmlParser 提取链接，需要经过以下步骤：

(1) 使用 URL 或者网页源码创建一个 Parser 对象；

(2) 构建满足需求的过滤器对象；

(3) 通过 Parser 的 extractAllNodesThatMatch(NodeFilter filter)方法提取过滤后的节点；

(4) 通过节点获取链接信息。

HtmlParser 提取网页链接的具体示例代码如下：

```
package filter;
import org.htmlparser.Node;
import org.htmlparser.Parser;
import org.htmlparser.filters.NodeClassFilter;
import org.htmlparser.filters.OrFilter;
import org.htmlparser.tags.FrameTag;
import org.htmlparser.tags.LinkTag;
import org.htmlparser.util.NodeList;
import org.slf4j.Logger;
import org.slf4j.LoggerFactory;
import java.util.ArrayList;
import java.util.List;
/**
```

```
     * 链接提取器
     *
     * @author panda
     * @date 2017/10/28
     */
    public class LinkExtractor {
        private static final Logger logger = LoggerFactory.getLogger
(LinkExtractor.class);
        public static List<String> extractLinks(String body, LinkFilter filter) {
            List<String> linkList = new ArrayList<String>();
            try {
                Parser parser = new Parser(body);
                OrFilter linkFilter = new OrFilter(
                        new NodeClassFilter[]{
                                new NodeClassFilter(LinkTag.class),
                                new NodeClassFilter(FrameTag.class)
                        }
                );
                NodeList nodeList = parser.extractAllNodesThatMatch(linkFilter);
                if (nodeList != null) {
                    logger.info("发现链接个数：" + nodeList.size());
                }
                for (int i = 0; i < nodeList.size(); i++) {
                    Node node = nodeList.elementAt(i);
                    String linkUrl;
                    if (node instanceof LinkTag) {
                        LinkTag link = (LinkTag) node;
                        linkUrl = link.getAttribute("HREF");
                    } else {
                        FrameTag frame = (FrameTag) node;
                        linkUrl = frame.getFrameLocation();
                    }
                    // 如果有自定义过滤器，则增加自定义过滤条件
                    if (filter != null && linkUrl != null) {
                        if (!filter.accept(linkUrl)) {
                            linkUrl = null;
                        }
                    }
                    if (linkUrl == null || "".equals(linkUrl) || "#".equals(linkUrl)
|| linkUrl.startsWith("javascript")) {
                        continue;
                    }
                    // 防止链接重复
                    if (!linkList.contains(linkUrl)) {
                        linkList.add(linkUrl);
                    }
```

```
            }
            if (linkList != null) {
                logger.info("提取链接个数: " + linkList.size());
            }
        } catch (Exception e) {
            logger.error("提取链接异常: ", e);
        }
        return linkList;
    }
}
```

然后编写一个简单的单元测试程序进行测试，代码如下：

```
@Test
public void testExtractLinksWithoutFilter() {
    String body = HttpUtil.executeGetRequest("http://sm.xmu.edu.cn/");
    List<String> linkList = LinkExtractor.extractLinks(body, null);
    for (int i = 0; i < linkList.size(); i++) {
        System.out.println("linkUrl:" + linkList.get(i));
    }
}
```

输出结果如下：

```
INFO - 发现链接个数: 148
INFO - 提取链接个数: 131
linkUrl:http://sm.xmu.edu.cn/html/mp/
linkUrl:http://sm.xmu.edu.cn/index.php?m=content&c=index&a=lists&cat
id=432
linkUrl:http://sm.xmu.edu.cn/html/english/
linkUrl:http://sm2.xmu.edu.cn/default2.asp
linkUrl:http://sm.xmu.edu.cn/
linkUrl:http://sm.xmu.edu.cn/html/about/overview/overview/
linkUrl:http://sm.xmu.edu.cn/html/about/message/
linkUrl:http://sm.xmu.edu.cn/html/about/leaders/
linkUrl:http://sm.xmu.edu.cn/html/about/department/
linkUrl:http://sm.xmu.edu.cn/html/about/structure/
linkUrl:http://sm.xmu.edu.cn/html/about/service/
linkUrl:http://sm.xmu.edu.cn/html/about/contact/
linkUrl:http://sm.xmu.edu.cn/html/current_students/
linkUrl:http://sm.xmu.edu.cn/keyan/TeacherWeb/Teacher_Special.aspx
linkUrl:http://sm.xmu.edu.cn/html/research/research_news/
linkUrl:http://sm.xmu.edu.cn/html/research/academic/
linkUrl:http://sm.xmu.edu.cn/html/research/research_center/
linkUrl:http://sm.xmu.edu.cn/html/intl/
linkUrl:http://sm.xmu.edu.cn/html/intl/overview/
linkUrl:http://sm.xmu.edu.cn/html/intl/authentication/
linkUrl:http://sm.xmu.edu.cn/html/intl/news/
```

```
    linkUrl:http://sm.xmu.edu.cn/html/intl/student/
    linkUrl:http://sm.xmu.edu.cn/html/intl/2_2/
    linkUrl:http://sm.xmu.edu.cn/html/intl/International_students/
    linkUrl:http://sm.xmu.edu.cn/html/intl/guide/
    linkUrl:http://sm.xmu.edu.cn/html/intl/contact/
    linkUrl:http://smcareer.xmu.edu.cn/
    linkUrl:http://sm-alumni.xmu.edu.cn/
    linkUrl:http://sm.xmu.edu.cn
    linkUrl:https://xmu.higheredtalent.org/Login
    linkUrl:http://pme.xmu.edu.cn/
    linkUrl:http://sm.xmu.edu.cn/html/programs/
    linkUrl:http://sm.xmu.edu.cn/html/programs/ung/
    linkUrl:http://sm.xmu.edu.cn/html/programs/master/
    linkUrl:http://sm.xmu.edu.cn/html/programs/phd/
    linkUrl:http://mba.xmu.edu.cn/
    linkUrl:http://emba.xmu.edu.cn/
    linkUrl:http://www.xmuedp.com/
    linkUrl:http://sm.xmu.edu.cn/html/about/department/MPAcc/
    linkUrl:http://meem.xmu.edu.cn/
    linkUrl:http://sm.xmu.edu.cn/html/about/department/mta/
    linkUrl:http://smice.xmu.edu.cn/
    linkUrl:http://sm.xmu.edu.cn/html/programs/bsh/
    linkUrl:http://sm.xmu.edu.cn/html/about/department/bm/class/
    linkUrl:http://femba.xmu.edu.cn
    linkUrl:http://ifas.xmu.edu.cn/cms/Channel.aspx?ID=147
    linkUrl:http://sm.xmu.edu.cn/index.php?m=content&c=index&a=show&catid
=149&id=3103
    linkUrl:http://sm.xmu.edu.cn/index.php?m=content&c=index&a=show&catid
=149&id=2982
    linkUrl:http://sm.xmu.edu.cn/index.php?m=content&c=index&a=show&catid
=149&id=2975
    linkUrl:http://sm.xmu.edu.cn/index.php?m=content&c=index&a=show&catid
=149&id=2923
    linkUrl:http://sm.xmu.edu.cn/index.php?m=content&c=index&a=show&catid
=149&id=2914
    linkUrl:http://sm.xmu.edu.cn/index.php?m=content&c=index&a=show&catid
=149&id=2896
    linkUrl:http://sm.xmu.edu.cn/index.php?m=content&c=index&a=show&catid
=149&id=2873
    linkUrl:http://sm.xmu.edu.cn/index.php?m=content&c=index&a=show&catid
=149&id=2872
    linkUrl:http://sm.xmu.edu.cn/html/jwxx/
    linkUrl:http://sm.xmu.edu.cn/index.php?m=content&c=index&a=show&catid
=150&id=3278
    linkUrl:http://sm.xmu.edu.cn/index.php?m=content&c=index&a=show&catid
=150&id=3267
```

```
linkUrl:http://sm.xmu.edu.cn/index.php?m=content&c=index&a=show&catid
=150&id=3246
……
```

如果想添加自定义的过滤规则，例如只保留当前域名下的链接，可通过以下测试示例实现：

```
@Test
public void testExtractLinksWithFilter() {
    String body = HttpUtil.executeGetRequest("http://sm.xmu.edu.cn/");
    LinkFilter filter = new LinkFilter() {
        public boolean accept(String link) {
            return link.contains("sm.xmu.edu.cn");
        }
    };
    List<String> linkList = LinkExtractor.extractLinks(body, filter);
    for (int i = 0; i < linkList.size(); i++) {
        System.out.println("linkUrl:" + linkList.get(i));
    }
}
```

输出结果如下：

```
INFO - 发现链接个数：148
INFO - 提取链接个数：107
linkUrl:http://sm.xmu.edu.cn/html/mp/
linkUrl:http://sm.xmu.edu.cn/index.php?m=content&c=index&a=lists&catid=432
linkUrl:http://sm.xmu.edu.cn/html/english/
linkUrl:http://sm.xmu.edu.cn/
linkUrl:http://sm.xmu.edu.cn/html/about/overview/overview/
linkUrl:http://sm.xmu.edu.cn/html/about/message/
linkUrl:http://sm.xmu.edu.cn/html/about/leaders/
linkUrl:http://sm.xmu.edu.cn/html/about/department/
linkUrl:http://sm.xmu.edu.cn/html/about/structure/
linkUrl:http://sm.xmu.edu.cn/html/about/service/
linkUrl:http://sm.xmu.edu.cn/html/about/contact/
linkUrl:http://sm.xmu.edu.cn/html/current_students/
linkUrl:http://sm.xmu.edu.cn/keyan/TeacherWeb/Teacher_Special.aspx
linkUrl:http://sm.xmu.edu.cn/html/research/research_news/
linkUrl:http://sm.xmu.edu.cn/html/research/academic/
linkUrl:http://sm.xmu.edu.cn/html/research/research_center/
linkUrl:http://sm.xmu.edu.cn/html/intl/
linkUrl:http://sm.xmu.edu.cn/html/intl/overview/
linkUrl:http://sm.xmu.edu.cn/html/intl/authentication/
linkUrl:http://sm.xmu.edu.cn/html/intl/news/
linkUrl:http://sm.xmu.edu.cn/html/intl/student/
linkUrl:http://sm.xmu.edu.cn/html/intl/2_2/
linkUrl:http://sm.xmu.edu.cn/html/intl/International_students/
```

```
linkUrl:http://sm.xmu.edu.cn/html/intl/guide/
linkUrl:http://sm.xmu.edu.cn/html/intl/contact/
linkUrl:http://sm.xmu.edu.cn
linkUrl:http://sm.xmu.edu.cn/html/programs/
linkUrl:http://sm.xmu.edu.cn/html/programs/ung/
linkUrl:http://sm.xmu.edu.cn/html/programs/master/
linkUrl:http://sm.xmu.edu.cn/html/programs/phd/
linkUrl:http://sm.xmu.edu.cn/html/about/department/MPAcc/
linkUrl:http://sm.xmu.edu.cn/html/about/department/mta/
linkUrl:http://sm.xmu.edu.cn/html/programs/bsh/
linkUrl:http://sm.xmu.edu.cn/html/about/department/bm/class/
linkUrl:http://sm.xmu.edu.cn/index.php?m=content&c=index&a=show&cati
d=149&id=3103
linkUrl:http://sm.xmu.edu.cn/index.php?m=content&c=index&a=show&cati
d=149&id=2982
linkUrl:http://sm.xmu.edu.cn/index.php?m=content&c=index&a=show&cati
d=149&id=2975
linkUrl:http://sm.xmu.edu.cn/index.php?m=content&c=index&a=show&cati
d=149&id=2923
linkUrl:http://sm.xmu.edu.cn/index.php?m=content&c=index&a=show&cati
d=149&id=2914
linkUrl:http://sm.xmu.edu.cn/index.php?m=content&c=index&a=show&cati
d=149&id=2896
linkUrl:http://sm.xmu.edu.cn/index.php?m=content&c=index&a=show&cati
d=149&id=2873
linkUrl:http://sm.xmu.edu.cn/index.php?m=content&c=index&a=show&cati
d=149&id=2872
linkUrl:http://sm.xmu.edu.cn/html/jwxx/
linkUrl:http://sm.xmu.edu.cn/index.php?m=content&c=index&a=show&cati
d=150&id=3278
linkUrl:http://sm.xmu.edu.cn/index.php?m=content&c=index&a=show&cati
d=150&id=3267
linkUrl:http://sm.xmu.edu.cn/index.php?m=content&c=index&a=show&cati
d=150&id=3246
……
```

可以发现，自定义的过滤器起到了作用，程序只提取了当前域名下的链接。

小　　结

互联网大数据必须经过采集和处理两个过程。大数据采集就是获取互联网中相关网页内容，并从中抽取出用户所需要的属性内容；大数据处理是对抽取出来的网页数据进行内容和格式上的处理或加工，使之能够适应用户的需求。Jsoup 是可以直接解析某个 URL 地址、HTML 文本内容的工具，本章在讲解 Jsoup 技术与页面数据获取时，分别讲解了 Jsoup 的功能和具体使用方法。Deep Web 是万维网上不能被标准搜索引擎索引的非表面网络内容，它隐藏着丰富的信息。目前对 Deep Web 的研究包括研究其规模、分布和结构，以及其信息搜索中的关键技术。目前商业搜索引擎已经开始使用现有的 Deep Web 索引方法进行 Deep Web 资源抓取。爬虫的基本流程包括发送请求、获取响应内容、解析内容和保存数据。HtmlParser 是一个通过线性和嵌套两种方式来解析网页的 Java 开源类库，主要用于网页元素的转换以及网页内容的抽取，其特点是：具有过滤器、访问者模式、自定义标签、易于使用的 Java 组件。

第 3 章　做好数据预处理的实战方法

3.1　数据预处理概述

3.1.1　数据预处理的目的

数据预处理(Data Preprocessing)主要是为了保证数据的质量，包括确保数据的准确性、完整性和一致性。其目的具体包括以下三个方面。

(1)　把数据转换成可视化更直观的，便于分析、传送或进一步处理的形式。

(2)　从大量的原始数据中抽取部分数据，推导出对人们有价值的信息以作为行动和决策的依据。

(3)　利用计算机科学地保存和管理经过处理(如校验、整理等)的大量数据，这样更方便人们充分地利用这些宝贵的信息资源。

3.1.2　数据预处理的方法

数据预处理是指在处理数据之前对数据进行一些必要的处理。例如，在对大部分地球物理面积性观测数据进行转换或增强处理之前，首先将不规则分布的测网经过插值转换为规则网的处理，以利于计算机的运算。另外，对于一些剖面测量数据，如地震资料，预处理方式有垂直叠加、重排、加道头、编辑、重新取样、多路编辑等。

在数据预处理的同时会占用许多时间，但这是必不可少的一个步骤。数据预处理的主要目的就是在数据计算的过程中，我们希望数据预处理可以提升分析结果的准确性、缩短计算过程，更好地为我们服务。

数据预处理方法可以概括为四类：①数据清理；②数据集成；③数据变换；④数据规约。

1. 数据清理

在数据产生的过程中会出现很多的噪声数据和无关数据，这些数据都需要清理掉。并且要处理遗漏和清洗脏数据、空缺值等。

(1)　噪声：噪声是一个测量变量中的随机错误和偏差，包括错误的值或偏离期望的孤立点值。对于噪声数据有如下几种处理方法。

①　分箱法：通过考察数据的“近邻”(即周围的数据值)来光滑存储数据的值，存储的值被划分到一些箱中。因为此方法只考察近邻的值，所以它进行的是局部光滑。

②　聚类法：使用聚类来检测离群点。将相似的样本归为一个类簇，簇内极其相

似而簇间极不相似，最终处于簇之外的样本被直观地视为离群点。

③ 回归法：使用拟合数据函数(如回归函数)来光滑数据。线性回归涉及找出拟合两个属性的最佳线，使得通过一个属性能够预测另一个。多元线性回归是线性回归的扩展，涉及多个属性，将数据拟合到一个多维曲面。利用回归方法获得拟合函数，能够帮助平滑数据并消除噪音数据。

(2) 清洗脏数据：异构数据源数据库中的数据并不都是正确的，常常不可避免地存在着不完整、不一致、不精确和重复的数据，这些数据统称为“脏数据”。脏数据能使挖掘过程陷入混乱，导致不可靠的输出。清洗脏数据可采用下面的方式：①使用手工实现；②使用专门编写的应用程序；③采用概率统计学查找数值异常的记录；④对重复记录进行检测和删除。

(3) 空缺值的处理：常用方法是使用最可能的值填充空缺值来补充完整，如用一个全局常量替换空缺值；使用属性的平均值填充空缺值；或将所有元组按照某些属性分类，然后用同一类中属性的平均值填充空缺值。

2. 数据集成

在大数据中，将多源数据进行数据集成，然后根据需要将数据转换为适于处理的形式进行学习，以发现其中隐藏的潜在模式与规律，这就是数据集成与数据转换。

数据集成要考虑多方面问题，如实体识别和冗余问题。

(1) 实体识别问题：在数据集成时，数据源来自多个现实世界实体，但不一定相互识别匹配。

(2) 冗余问题：数据集成往往导致数据冗余，如同一属性多次出现，同一属性命名不一致等，对于属性间冗余可以用相关分析方法(如皮尔逊积距系数、卡方检验、数值属性的协方差等)检测到，然后删除。

3. 数据变换

数据变换主要是对数据进行规范化处理，达到适用于挖掘的目的。数据变换的操作包括以下方面。

(1) 光滑：去掉数据中的噪声，可以采用分箱、回归和聚类等方法。

(2) 聚集：对数据进行汇总，如计算日销售数据、年销售数据。

(3) 数据泛化：使用概念分层(如工资水平高、中、低)。

(4) 规范化：将属性数据按比例缩放，使之落在特定的区间，如[-1,0]或[0,1]。

(5) 离散化：数值属性的原始值用区间标签或概念标签替换，如将具体的年龄替换成 youth、adult、senior，可以通过分箱、聚类、决策树等技术进行离散化。

(6) 属性构造：指由给定的属性构造和添加新的属性，帮助提高准确率和对高维数据结构的理解。用户可以构造新的属性并添加到属性集中。

4. 数据规约

数据规约是指将元组按语义层次结构合并。语义层次结构定义了元组属性值之间的语义关系。规约可以大量减少元组个数同时提高计算效率；同时，规格化和规约过程提高了知识发现的起点，使得一个算法能够发现多层次的知识，适应不同应用的需要。

数据规约的策略主要有数据立方体聚集、维规约、数据压缩、数值规约和概念分层。

(1) 数据立方体聚集：聚集操作用于数据立方体结构中的数据。数据立方体存储多维聚集信息。每个单元存放一个聚集值，对应于多维空间的一个数点。每个属性可能存在概念分层，允许在多个抽象层进行数据分析。

(2) 维规约：可以通过删除不相关的属性(或维)来减少不必要的数据量，这样不仅可以压缩数据集，而且还可以减少在发现模式上的属性数目。通常采用属性子集选择方法找出最小属性集，使得数据类的概率分布尽可能地接近使用所有属性的原分布。

(3) 数据压缩：数据压缩分为无损压缩和有损压缩。比较流行和有效的有损数据压缩方法是小波变换和主要成分分析，小波变换对于稀疏或倾斜数据以及具有有序属性的数据有很好的压缩效果。

(4) 数值规约：数值规约通过选择替代的、较小的数据表示形式来减少数据量。数值规约技术可以是有参的，也可以是无参的。有参方法是使用一个模型来评估数据，只需存放参数，而不需要存放实际数据；无参方法有聚类、抽样和直方图。

(5) 概念分层：概念分层通过收集并用较高层的概念替换较低层的概念来定义数值属性的一个离散化。概念分层可以用来规约数据，通过这种概化，尽管细节丢失了，但概化后的数据更有意义、更容易理解，并且所需的空间比原数据少。

3.2　从问题分析到数据清洗实战策略

数据清洗(Data Cleaning)的目的在于删除重复、检查冗余并且纠正存在的错误信息，是对数据整体的重新审查和校验的一个过程。数据清洗的目的是保持数据的一致性。

数据清洗我们很容易理解，即为清洗掉不需要的数据，在这一过程中发现并纠正数据文件中可识别的错误，包括检查数据的一致性，处理无效值和缺失值等。因为数据仓库中的数据是面向某一主题的数据的集合，这些数据从多个业务系统中抽取而来而且包含历史数据，这样就避免不了有的数据是错误数据、有的数据相互之间有冲突，这些错误的或有冲突的数据显然是我们不想要的，称为“脏数据”。

我们要按照一定的规则把“脏数据”洗掉，这就是数据清洗。数据清洗的任务是过滤那些不符合要求的数据，然后将过滤的结果交给业务主管部门，由业务单位进行抽取来确认是否过滤掉。不符合要求的数据主要有不完整的数据、错误的数据、重复的数据三大类。

3.2.1 数据清洗的步骤

数据清洗因为能够提升数据分析结果的准确率，所以至关重要，因此其在数据分析工作的过程中占用的时间在 70%以上，所以说我们要格外地重视数据清洗工作。数据清洗的操作包括以下几个阶段。

1. 预处理阶段

在对数据进行预处理阶段，需要做的工作包括两个方面。

(1) 把数据导入处理工具。一般情况，建议使用数据库，单机用户搭建 MySQL 环境即可。如果数据量大(千万级以上)，可使用文本文件存储+Python 操作的方式。

(2) 看数据。看数据包含两个部分：①看元数据，包括字段解释、数据来源、代码表等一切描述数据的信息；②抽取部分数据，用人工查看方式，对数据本身有一个直观的了解，并且初步发现一些问题，为后面的处理做准备。

2. 缺失值的清洗

缺失值是很常见的数据问题。一般来说，处理缺失值的方法步骤如下。

(1) 确定缺失值的范围。对每个字段都计算其缺失值比例，然后按照缺失比例和字段重要性，分别制定策略。例如：重要性高的情况下，如果缺失率低，则采用通过计算进行填充、通过经验或业务知识估计的策略；如果缺失率高，则采用尝试从其他渠道取数补全、使用其他字段通过计算获取、去除字段并在结果中标明的策略。在重要性低的情况下，如果缺失率低，则采用不做处理或简单填充的策略；如果缺失率高，则采用去除该字段的策略。

(2) 去除不需要的字段。对于不需要的字段，在实际操作中我们直接删掉即可。不过需要提醒大家的是，清洗数据的时候每做一步都备份一下，或者在小规模数据上试验成功再处理全量数据，以免删错数据。

(3) 填充缺失内容。这是因为某些缺失值可以进行填充，方法包括：①以业务知识或经验推测填充缺失值；②以同一指标的计算结果(均值、中位数、众数等)填充缺失值；③以不同指标的计算结果填充缺失值。

(4) 重新取数。这是由于某些指标非常重要又缺失率高，那就需要向取数人员或业务人员了解，是否有其他渠道可以取到相关数据。

3. 格式内容的清洗

如果数据是由系统日志而来，那么通常在格式和内容方面会与元数据的描述一致。而如果数据是由人工收集或用户填写而来，则有很大可能性在格式和内容上存在一些问题。格式内容问题包括以下几种。

1) 时间、日期、数值、全半角等显示格式不一致

这种问题主要跟输入端有关，另外在整合多来源数据时也有可能遇到，对此我们

只需将其处理成一致的某种格式。

2)　内容中有不该存在的字符

在某些内容中，如身份证号为数字+字母，中国人姓名通常为汉字，它们只包括一部分字符。如果出现姓名中存在数字符号、身份证号中出现汉字等问题，这种情况下，需要以半自动校验半人工方式来找出可能存在的问题，并去除不需要的字符。

3)　内容与该字段应有内容不符

内容与该字段应有内容不符的问题，如性别写成姓名、身份证号写成电话号码等。该问题的特殊性是：并不能简单地以删除来处理，因为成因有可能是人工填写错误，也有可能是前端没有校验，还可能是导入数据时部分或全部存在列没有对齐的问题，因此要详细识别问题类型。

以上列举的几类格式内容问题属于细节问题，实际操作中这类问题容易疏忽而导致分析失误，因此，对格式内容清洗时务必细心，在处理人工收集而来的数据时尤其需要注意。

4. 逻辑错误的清洗

逻辑错误的清洗主要包括以下几种情形。

1)　去重

关于去重的问题，举个例子：某个地图系统中存在两条路分别叫“南桥路”和“西南桥路”，这时由于两条路并不是同一条路，就不能直接去重。

另外，在一张表中，有的数据列允许重复，有的数据列则不允许重复。例如，对于一张车主信息表来说，姓名、身份证号可以重复，因为存在一人登记多辆车的情形，这种重复，不能认为是错误，也就不能去重。但是，车牌号则不允许重复，否则就存在业务逻辑的错误。所以，针对车牌号数据列，要进行去重。

2)　去除不合理值

如果有人填表时将年龄填为 300 岁，性别为“汉”，很明显这种填写为不合理，那么就需要做删除处理或按缺失值处理。

3)　修正矛盾内容

某些字段可通过互相验证，比如身份证号码为 1101011990××××××××，年龄填写为 15 岁，此时，我们需要根据字段的数据来源，以此判定哪个字段提供的信息更为可靠，然后去除或重构不可靠的字段。

以上介绍的几类逻辑错误并不涵盖全面，在实际操作中需根据实际问题酌情处理。在数据分析建模过程中此步操作可能重复进行，因为即使问题很简单，也并不能保证一次找出所有问题，因此，我们需要使用工具和方法，尽量减少问题出现的可能性，使分析过程更为高效。

5. 非需求数据的清洗

这类问题主要就是把不要的数据进行清除。在处理这类数据时容易出现的问题有：

①误把看起来不需要而实际对业务很重要的字段删除；②不确定某个字段是否该删；③看错而导致删错字段。针对问题①、②，通常尽量不做删除，除非数据量特别大而导致必须删除才可进行数据处理；对问题③主要是经常备份数据。

6. 关联性验证

关联性验证针对多个来源的数据。例如，你有线下购买小车的信息，也有电话客服问卷信息，两者通过姓名和手机号关联，那么要看一下，同一个人在线下登记的车辆信息和线上问卷所回答的车辆信息是否为同一辆，如果不是，那么需要调整或去除数据。

多个来源的数据整合工作比较复杂，我们一定要注意数据之间的关联性，尽量在分析过程中警觉数据之间的互相矛盾问题。

3.2.2 缺失值的识别与处理技巧

缺失值是指粗糙数据中由于缺少信息而造成的数据的聚类、分组、删失或截断。它指的是现有数据集中某个或某些属性的值是不完全的。数据挖掘所面对的数据不是特地为某个挖掘目的收集的，所以可能与分析相关的属性并未收集(或某段时间以后才开始收集)。这类属性的缺失不能用缺失值的处理方法进行处理，因为它们未提供任何不完全数据的信息，它和缺失某些属性的值有着本质的区别。缺失值产生的原因包括机械原因和人为原因。

(1) 机械原因是因为机械方面的因素导致的数据收集或保存的失败造成的数据缺失，例如数据存储的失败、存储器损坏、机械故障导致某段时间数据未能收集(对于定时数据采集而言)。

(2) 人为原因是因为人的主观失误、历史局限或有意隐瞒造成的数据缺失，例如在市场调查中被访人隐藏相关问题的答案，或者回答的问题是无效的，以及数据录入人员失误漏录了数据等。

1. 缺失值的识别

R 语言对缺失值的识别方法如下。

(1) 根据向量类型判断缺失值的 is.na 函数和用于缺失值填补的 which 函数。相关的语句格式及注释如下：

```
(x<-c(1,2,3,NA))
is.na(x)  #返回一个逻辑向量，TRUE 为缺失值，FALSE 为非缺失值
table(is.na(x))  #统计分类个数
sum(x)  #当向量存在缺失值的时候统计结果也是缺失值
sum(x,na.rm = TRUE)  #很多函数里都有 na.rm=TRUE 参数，此参数可以在运算时移除缺失值
(x[which(is.na(x))]<-0)  #可以用 which()函数代替缺失值，which()函数返回符合条件的响应位置
```

(2) 根据数据框类型判断缺失值的 is.na 函数、用于缺失值填补的 which 函数、用于删除缺失值所在行的 na.omit 函数。相关的语句格式及注释如下：

```
(test<-data.frame(x=c(1,2,3,4,NA),y=c(6,7,NA,8,9)))
is.na(test)  #test 中空值的判断
which(is.na(test),arr.ind = T)  #arr.ind=T 可以返回缺失值的相应行列坐标
test[which(is.na(test),arr.ind = T)]<-0 #结合 which 进行缺失替代
(test_omit<-na.omit(data.frame(x=c(1,2,3,4,NA),y=c(6,7,NA,8,9))))
#na.omit 函数可以直接删除值所在的行
```

(3) 识别缺失值的基本语法汇总。

```
str(airquality)
complete.cases(airquality)  #判断个案是否有缺失值

airquality[complete.cases(airquality),]  #列出没有缺失值的行
nrow(airquality[complete.cases(airquality),])  #计算没有缺失值的样本量

airquality[!complete.cases(airquality),]  #列出有缺失的值的行
nrow(airquality[!complete.cases(airquality),])  #计算有缺失值的样本量

is.na(airquality$Ozone)  #TRUE 为缺失值，FALSE 为非缺失值
table(is.na(airquality$Ozone))
complete.cases(airquality$Ozone)  #FALSE 为缺失值，TRUE 为非缺失值
table(complete.cases(airquality$Ozone))

#可用 sum()和 mean()函数来获取关于缺失数据的有用信息
sum(is.na(airquality$Ozone))  #查看缺失值的个数
sum(complete.cases(airquality$Ozone))  #查看没有缺失值的个数
mean(is.na(airquality$Ozone))  #查看缺失值的占比
mean(is.na(airquality))  #查看数据集 airquality 中样本有缺失值的占比
```

(4) 探索缺失值的模式。

```
#列表缺失值探索
library(mice)
md.pattern(airquality)

#图形缺失值探索
library(VIM)
aggr(airquality,prop=FALSE,number=TRUE)
aggr(airquality,prop=TRUE,number=TRUE) #生成相同的图形，但用比例代替了计数
aggr(airquality,prop=FALSE,number=FALSE)  #选项number=FALSE(默认)删去数
值型标签
```

2. 缺失值的处理

1) 删除存在缺失值的个体或变量

(1) 当缺失值为少数个体，并且是在总体中的一个随机子样本中，可以剔除。

(2) 当缺失值集中在少数变量，并且变量不是分析的主要变量，可以剔除。

(3) 如果缺失值集中在少数个体，或散布在多个变量多个个体，删除就会影响组间均衡，则用其他方式处理。

2) 估计缺失值

估计缺失值就是利用辅助信息为每个缺失值寻找替代值。常用的估计方法有以下几种。

(1) *K* 均值：聚类填充(Clustering Imputation)代表性的方法是 *K* 均值算法，先根据欧式距离或相关分析来确定距离具有缺失数据样本最近的 *K* 个样本，将这 *K* 个值加权平均来估计该样本的缺失数据。与均值填充的方法都属于单值插补，不同的是它用层次聚类模型预测缺失变量的类型，再以该类型的均值插补。假设 $X=(X_1,X_2,\cdots,X_p)$ 为信息完全的变量，Y 为存在缺失值的变量，那么首先对 X 或其子集行聚类，然后按缺失个案所属类来插补不同类的均值。如果在以后统计分析中还需以引入的解释变量和 Y 做分析，那么这种插补方法将在模型中引入自相关，给分析造成障碍。

(2) 均值填充(Mean Completer)：数据的属性分为定距型和非定距型。如果缺失值是定距型的，则以该属性存在值的平均值来插补缺失的值；如果缺失值是非定距型的，则根据统计学中的众数原理，用该属性的众数(即出现频率最高的值)来补齐缺失的值。

(3) 回归估计法(Regression)：以存在的缺失值的变量为应变量，以其他全部或部分变量为自变量，回归计算该值。适用于有适合的自变量完整数据存在时。

(4) 期望值最大法(Expectation Maximization，EM)：进行最大似然估计的一种有效方法。其操作分为两步：第一步求出缺失数据的期望值，第二步在假定的缺失值被替代的基础上做出最大似然估计。这种方法适用于大样本资料。

(5) 多重填补法(Multiple Imputation，MI)：根据缺失值的先验分布，估计缺失值。具体包括以下三个步骤：①为每个空值产生一套可能的插补值，这些值反映了无响应模型的不确定性；每个值都可以被用来插补数据集中的缺失值，产生若干个完整数据集合。②每个插补数据集合都用针对完整数据集的统计方法进行统计分析。③对来自各个插补数据集的结果，根据评分函数进行选择，产生最终的插补值。

多重填补法的思想类似贝叶斯估计，但多重填补的特点在于依据的是大样本渐近完整的数据的理论，在数据挖掘中的数据量都很大，所以先验分布对结果的影响不大。同时，多重填补对参数的联合分布做出了估计，利用了参数间的相互关系。

3) 建立哑变量

可按照某变量值是否缺失建立哑变量，然后统计分析，保证分析资料的完整性。

3.2.3 异常值的判断、检验与处理

异常值(Outlier)是指一组测定值中与平均值的偏差超过两倍标准差的测定值。与平均值的偏差超过三倍标准差的测定值，称为高度异常的异常值。异常值的产生一般是由系统误差、人为误差或数据本身的变异引起的。在处理数据时，应剔除高度异常的

异常值。

1. 异常值的判断

判断异常值的规则有以下两种。

(1)　标准差已知——奈尔(Nair)检验法。采用奈尔检验法(样本容量 $3 \leqslant n \leqslant 100$)，根据式(3-1)计算统计量 R_n 。

$$R_n = \frac{|x_{\text{out}} - \bar{x}|}{\sigma} \tag{3-1}$$

(2)　标准差未知——格拉布斯(Grubbs)检验法(参见以下讲解)和狄克逊(Dixon)检验法。狄克逊检验法的原理是通过离群值与临界值的差值与极差的比值这一统计量 r_{ij} 来判断是否存在异常值。由于样本容量大小的不同会影响检验法的准确度，因此根据样本容量的不同，统计量的计算公式也不同。具体公式如表 3-1 所示。

表 3-1　狄克逊检验法不同样本容量所对应的统计量公式

样本容量	离群值为 x_n	离群值为 x_1
n:3～7	$r_{10} = \frac{x_n - x_{n-1}}{x_n - x_1}$	$r_{10} = \frac{x_2 - x_1}{x_n - x_1}$
n:8～10	$r_{11} = \frac{x_n - x_{n-1}}{x_n - x_2}$	$r_{11} = \frac{x_2 - x_1}{x_{n-1} - x_1}$
n:11～13	$r_{21} = \frac{x_n - x_{n-2}}{x_n - x_2}$	$r_{21} = \frac{x_3 - x_1}{x_{n-1} - x_1}$
n:14～30	$r_{22} = \frac{x_n - x_{n-2}}{x_n - x_3}$	$r_{22} = \frac{x_3 - x_1}{x_{n-2} - x_1}$

先判断离群值是最大值还是最小值，再根据样本容量 n 代入对应的统计量计算公式，求出统计值 r_{ij} 。确定检出水平 α ，查狄克逊检验的临界值表值 $D_{P(n)}$ 。当 $r_{ij} > D_{P(n)}$ ，则判定为异常值，否则未发现异常值。

2. 异常值的检验

异常值的检验包含以下几种方法。

1)　格拉布斯检验法

(1)　计算统计量。

$$\mu = (X_1 + X_2 + \cdots + X_n)/n \tag{3-2}$$

$$s = \sqrt{\frac{1}{n-1}\sum_{i=1}^{n}(X_i - \mu)^2} \quad (i = 1, 2, \cdots, n) \tag{3-3}$$

$$G_n = \frac{|X(n) - \mu|}{s} \tag{3-4}$$

以上式子中 μ 表示样本平均值；s 表示样本标准差；G_n 表示格拉布斯检验统计量。

(2) 确定检出水平α，查表(见国家标准《数据的统计处理和解释 正态样本离群值的判断和处理》(GB1T 4883—2008)，得出对应n、α的格拉布斯检验临界值$G_1-\alpha(n)$。

(3) 当$G_n > G_1-\alpha(n)$，则判断X_n为异常值，否则无异常值。

(4) 给出剔除水平α'的$G_1-\alpha'(n)$，当$G_n > G_1-\alpha'(n)$时，X_n为高度异常值，应剔除。

2) 根据正态分布判断异常值(见图 3-1)

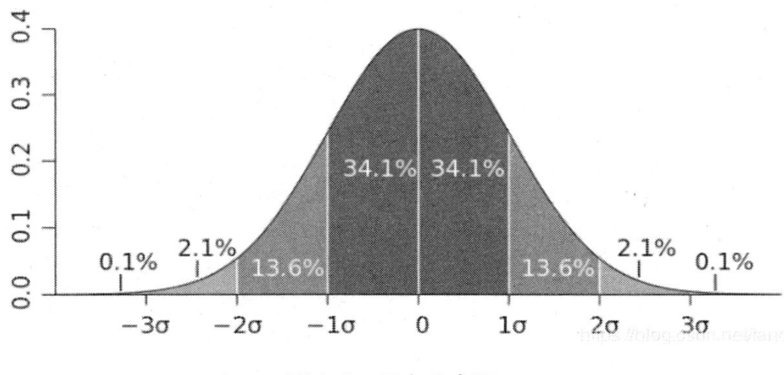

图 3-1 正态分布图

(1) 当数据服从正态分布时：根据正态分布的定义可知，距离平均值3σ之外的概率为$P(|x-\mu|>3\sigma)\leqslant 0.003$，出现这种情况的概率极小，我们默认为距离超过平均值3σ的样本是不存在的。所以，当样本距离平均值大于3σ，则认定该样本为异常值。

我们设n维数据集合$\overrightarrow{x_i}=(x_{i,1},x_{i,2},\cdots,x_{i,n})$，$i\in\{1,2,\cdots,m\}$，每个维度的均值和方差分别为$\mu_j$和$\sigma_j$，$j\in\{1,2,\cdots,n\}$，$\mu_j$和$\sigma_j$的计算公式如下：

$$\mu_j=\sum_{i=1}^{m}x_{i,j}/m \tag{3-5}$$

$$\sigma_j{}^2=\sum_{i=1}^{m}(x_{i,j}-\mu_j)^2/m \tag{3-6}$$

在正态分布的假设下，如果有一个新的数据$\vec{x}$，计算其概率$P(\vec{x})$如下：

$$P(\vec{x})=\prod_{j=1}^{n}p(x_j;\mu_j,\sigma_j{}^2)=\prod_{j=1}^{n}\frac{1}{\sqrt{2\pi}\sigma_j}\mathrm{e}^{\left(-\frac{(x_j-\mu_j)^2}{2\sigma_j{}^2}\right)} \tag{3-7}$$

通过式(3-7)计算概率值的大小即可判断数据是否为异常值。

(2) 当数据不服从正态分布时：我们可以通过远离平均距离多少倍(倍数取值根据实际情况及经验判定)的标准差来判定。

以上就是运用正态分布来判断异常值。

3) 根据箱形图判断异常值

如图 3-2 所示，超出箱形图上下四分位数的数值点被视为异常值。对于上下四分位的定义如下：上四分位假设为U，表示的是所有样本中只有 1/4 的数值大于U；下四

分位假设为 L，表示的是所有样本中只有 1/4 的数值小于 L。至于上下界，假设上四分位与下四分位的插值为 R，$R=U-L$，因此上界为 $U+1.5R$，下界为 $L-1.5R$。

根据箱形图选取异常值比较客观，在识别异常值方面有一定的优越性。

4)　在回归线附近判断异常值

如图 3-3 所示，数据整体围绕在回归线周围，偏离回归线的(离群点)较大概率是异常值。

5)　根据库克距离判断异常值(见图 3-4)

库克距离(Cook's distance)用来判断强影响点是否为异常值点。设库克距离为 d，当 $d<0.5$ 时认为不是异常值点；当 $d>0.5$ 时认为是异常值点。从图中可以看出最大的库克距离为 0.3 左右，则认为没有异常值点。

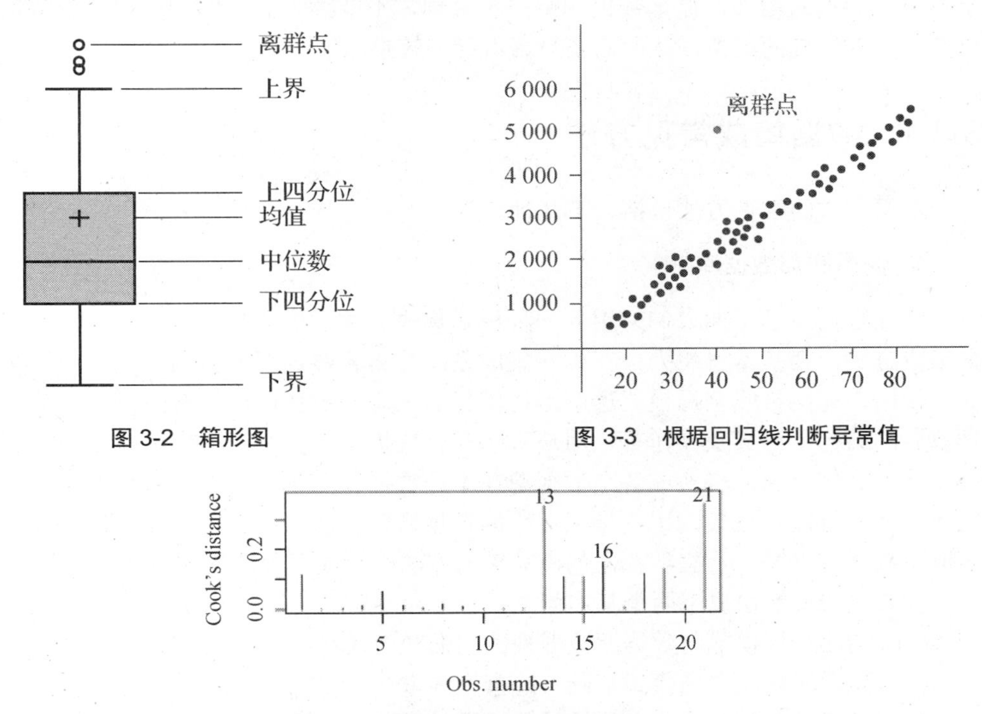

图 3-2　箱形图　　图 3-3　根据回归线判断异常值

图 3-4　根据库克距离判断异常值

3. 异常值的处理

数据预处理时，异常值的删除选择需要考虑异常值蕴含的信息，以此决定是否删除。异常值的一般处理方法有以下几种。

(1)　直接删除含有异常值的样本。

(2)　视为缺失值：利用缺失值处理的方法进行处理。

(3)　平均值修正：可以用前后两个观测值的平均值修正该异常值。

(4)　不处理：可以直接在具有异常值的数据集上进行数据建模。

3.3 数据集成与数据转换实战方法

数据集成(Data Integration)是把不同来源、格式、特点性质的数据在逻辑上或物理上有机地集中，从而为企业提供全面的数据共享。在企业数据集成领域，已经有了很多成熟的框架可以利用。目前通常采用联邦式、基于中间件模型和数据仓库等方法来构造集成的系统，这些技术在不同的着重点和应用上解决数据共享和为企业提供决策支持。

数据转换(Data Transfer)是将数据从一种表示形式变为另一种表现形式的过程。由于数据量的不断增加，原来数据构架的不合理，不能满足各方面的要求。由数据库的更换、数据结构的更换，从而需要数据本身的转换。

3.3.1 数据集成常见方法

数据集成的常见方法包括以下几种。

1. 使用联邦数据库

联邦数据库是早期人们采用的一种模式集成方法。模式集成是人们最早采用的数据集成方法。其基本思想为：在构建集成系统时将各数据源的数据视图集成为全局模式，使用户能够按照全局模式透明地访问各数据源的数据。全局模式描述了数据源共享数据的结构、语义及操作等。用户直接在全局模式的基础上提交请求，由数据集成系统处理这些请求，转换成各个数据源在本地数据视图基础上能够执行的请求。模式集成方法的特点是直接为用户提供透明的数据访问方法。由于用户使用的全局模式是虚拟的数据源视图，一些学者也把模式集成方法称为虚拟视图集成方法。

模式集成要解决以下两个基本问题：

(1) 构建全局模式与数据源数据视图间的映射关系；

(2) 处理用户在全局模式基础上的查询请求。

模式集成过程需要将原来异构的数据模式做适当的转换，消除数据源间的异构性，映射成全局模式。全局模式与数据源数据视图间映射的构建方法有全局视图法和局部视图法两种。

全局视图法中的全局模式是在数据源数据视图基础上建立的。它由一系列元素组成，每个元素对应一个数据源，表示相应数据源的数据结构和操作。

局部视图法先构建全局模式，数据源的数据视图则是在全局模式基础上定义，由全局模式按一定的规则推理得到。用户在全局模式基础上的查询请求需要被映射成各个数据源能够执行的查询请求。

在联邦数据库中，数据源之间共享自己的一部分数据模式，形成一个联邦模式，如图 3-5 所示。联邦数据库系统按集成度可分为两类，即：紧密耦合联邦数据库系统和松散耦合联邦数据库系统。

紧密耦合联邦数据库系统使用统一的全局模式，将各数据源的数据模式映射到全局数据模式上，解决了数据源间的异构性。这种方法集成度较高，用户参与少；缺点是构建一个全局数据模式的算法复杂，扩展性较差。

松散耦合联邦数据库系统比较特殊，没有全局模式，而是采用联邦模式。该方法提供统一的查询语言，将很多异构性问题交给用户自己去解决。松散耦合方法对数据的集成度不高，但其数据源的自治性强、动态性能好，集成系统不需要维护一个全局模式。

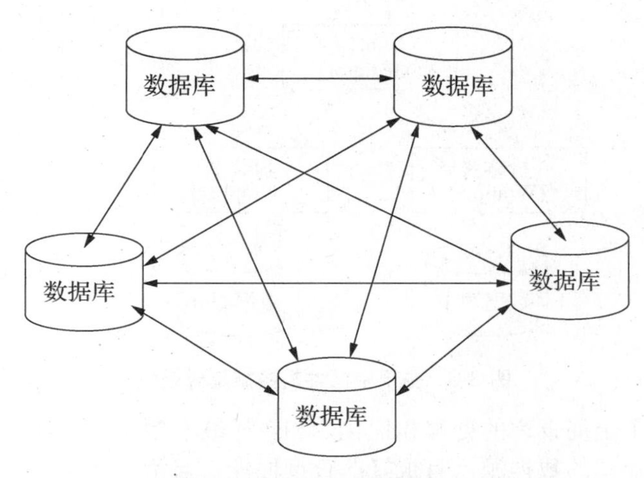

图 3-5 联邦数据库系统结构

2. 中间件集成方法

中间件集成方法是目前比较流行的数据集成方法，中间件模式通过统一的全局数据模型来访问异构的数据库、遗留系统、Web 资源等。中间件位于异构数据源系统(数据层)和应用程序(应用层)之间，向下协调各数据源系统，向上为访问集成数据的应用提供统一数据模式和数据访问的通用接口。各数据源的应用仍然完成它们的任务，中间件系统则主要集中为异构数据源提供一个高层次检索服务。它同样使用全局数据模式，通过在中间层提供一个统一的数据逻辑视图来隐藏底层的数据细节，使得用户可以把集成数据源看作一个统一的整体。这种模型下的关键问题是如何构造这个逻辑视图并使得不同数据源之间能映射到这个中间层。

G.Wiederhold 最早给出了基于中间件的集成方法的构架。与联邦数据库不同，中间件系统不仅能够集成结构化的数据源信息，还可以集成半结构化或非结构化数据源中的信息，如 Web 信息。美国斯坦福大学学者在 1994 年开发了 TSIMMIS 系统，就是一个典型的中间件集成系统。

典型的基于中间件的数据集成系统如图 3-6 所示，主要包括中间件和封装器，其中每个数据源对应一个封装器，中间件通过封装器和各个数据源交互。用户在全局数据模式的基础上向中间件发出查询请求。中间件处理用户请求，将其转换成各个数据源能够处理的子查询请求，并对此过程进行优化，以提高查询处理的并发性，减少响应时间。封装器对特定数据源进行了封装，将其数据模型转换为系统所采用的通用模型，并提供一致的访问机制。中间件将各个子查询请求发送给封装器，由封装器来和其封装的数据源交互，执行子查询请求，并将结果返回给中间件。

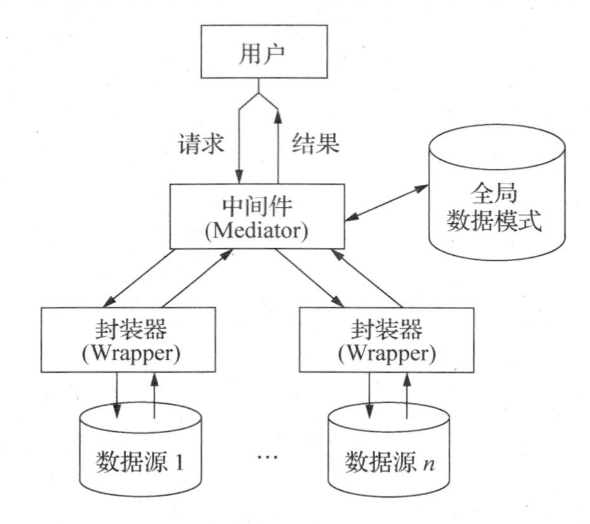

图 3-6　基于中间件的数据集成模型

中间件注重于全局查询的处理和优化，相对于联邦数据库系统的优势在于：它能够集成非数据库形式的数据源，有很好的查询性能，自治性强。中间件集成方法的缺点是它通常为只读的，而联邦数据库对读写都支持。

3. 数据仓库方法

数据仓库方法是一种典型的数据复制方法，该方法将各个数据源的数据复制到同一处，即数据仓库。用户则像访问普通数据库一样直接访问数据仓库，如图 3-7 所示。

数据仓库是在数据库已经大量存在的情况下，为了进一步挖掘数据资源和决策需要而产生的。目前，大部分数据仓库还是用关系数据库管理系统来管理的，但它绝不是所谓的“大型数据库”。数据仓库方案建设的目的，是将前端查询和分析作为基础，由于有较大的冗余，因此需要的存储容量也较大。数据仓库是一个环境，而不是一件产品，提供用户用于决策支持的当前和历史数据，这些数据在传统的操作型数据库中很难或不能得到。

数据仓库技术是为了有效地把操作型数据集成到统一的环境中以提供决策型数据访问的各种技术和模块的总称，所做的一切都是为了让用户更快、更方便地查询所需要的信息，是为了提供决策支持。

总之，从内容和设计的原则来讲，传统的操作型数据库是面向事务设计的，数据库中通常存储在线交易数据，设计时尽量避免冗余，一般采用符合范式的规则来设计。而数据仓库是面向主题设计的，数据仓库中存储的一般是历史数据，在设计时有意引入冗余，采用反范式的方式来设计。

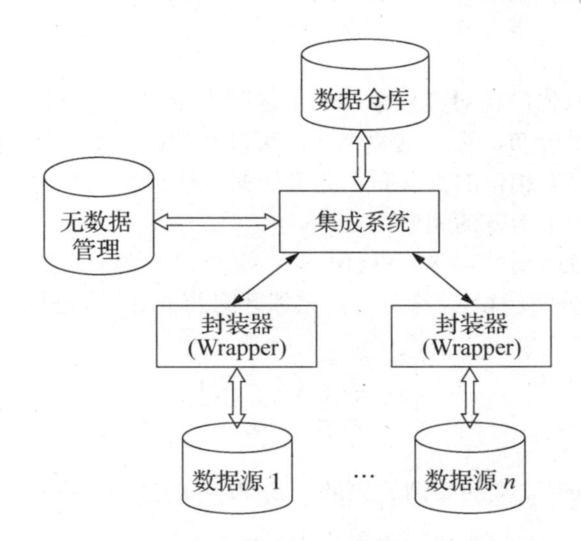

图 3-7　基于数据仓库的数据集成模型

此外，从设计的目的来讲，数据库是为捕获数据而设计，而数据仓库是为分析数据而设计，它的两个基本的元素是维表和事实表。维是看问题的角度，例如时间、部门，维表中存放的就是这些关于角度的定义；事实表里放着要查询的数据，同时有维的 ID。

3.3.2　数据转换过程中的离散化

数据离散化将属性值域划分为区间，以此减少给定连续属性值的个数。区间的标记可以代替实际的数据值。用少数区间标记替换连续属性的数值，从而减少和简化原始数据，使得无监督学习的数据分析结果简洁、易用，且具有知识层面的表示。目前已经研发了多种离散化方法，根据如何进行离散化可将离散化技术进行分类，如根据是否使用类信息或根据进行方向(即自顶向下或自底向上)分类。如果离散化过程使用类信息，则称其为监督离散化；反之，则是非监督的离散化。若先找出一点或几个点(称为分裂点或割点)来划分整个属性区间，然后在结果区间上递归地重复这一过程，则为自顶向下离散化或分裂。自底向上的离散化或合并恰好与之相反，可以对一个属性递归地进行离散化，产生属性值的分层划分，称为概念分层。

数据离散化也是数据规约形式。离散化的方式主要是分箱、直方图分析以及聚类分析、决策树分析、相关分析。有关聚类分析、决策树分析、数据相关性分析在后面章节会具体讲解；直方图分析使用分箱来近似数据分布，是数据规约的一种形式，这里主要讲解分箱的方法。

1. 有监督的卡方分箱法

有监督的卡方分箱法(ChiMerge)是自底向上的(即基于合并的)数据离散化方法，其依赖于卡方检验：具有最小卡方值的相邻区间合并在一起，直到满足确定的停止准则。

1)　基本思想

对于精确的离散化，相对类频率在一个区间内应当一致。所以如果两个相邻的区间具有非常类似的类分布，那么这两个区间可以合并；否则，它们应当保持分开。而低卡方值表明它们具有相似的类分布。此方法的具体步骤如下。

(1)　首先设定一个卡方的阈值。

(2)　根据要离散的属性对实例进行排序：每个实例属于一个区间。

(3)　合并区间(分两步)：计算每一对相邻区间的卡方值(见式(3-8))；将卡方值最小的一对区间合并。

$$X^2=\sum_{i=1}^{2}\sum_{j=1}^{2}\frac{(A_{ij}-E_{ij})^2}{E_{ij}} \tag{3-8}$$

式中：A_{ij} 为第 i 区间第 j 类的实例的数量；E_{ij} 为 A_{ij} 的期望频率；$E_{ij}=\frac{N_i\times C_j}{N}$，$N_i$ 为第 i 组的样本数，C_j 为第 j 类样本在全体中的比例，N 为总样本数。

2)　确定卡方阈值

根据显著性水平和自由度得到卡方值自由度比类别数量小 1。假设有 3 类，自由度为 2，那么 90%置信度(10%显著性水平)下，卡方的值为 4.6。

3)　阈值的意义

类别和属性独立时，有 90%的可能性，计算得到的卡方值会小于 4.6，而大于阈值 4.6 的卡方值就说明属性和类不是相互独立的，不能合并。如果阈值选得大，区间合并就会进行很多次，离散后的区间数量少、区间大。

说明：①ChiMerge 算法推荐使用 90%、95%、99%置信度，最大区间数取 10～15；②此算法可以不考虑卡方阈值，此时可以指定区间数量的上限和下限；③对于类别型变量，需要分箱时要按照某种方式进行排序。

2. 无监督分箱法

无监督分箱法可分为等频分箱和等距分箱。

1)　等频分箱

等频分箱其区间的边界值要经过选择，使得每个区间包含大致相等的实例数量。例如 $N=10$，每个区间应该包含大约 10%的实例。

2)　等距分箱

等距分箱是从最小值到最大值之间，均分为 N 等份，这样，如果 X、Y 分别为最小值和最大值，那么每个区间的长度为 $L=(Y-X)/N$，则区间边界值为 $X+L, X+2L,\cdots,X+(N-1)L$。这里只考虑边界，每个等份里面的实例数量可能不等。

等频分箱与等距分箱都有一定弊端，例如等距区间划分为 5 区间，最高工资为 50 000，则所有工资比 10 000 低的人都被划分到同一区间；等频区间可能正好相反，所有工资高于 5 0000 的人都会被划分到 50 000 这一区间中。这两种算法都忽略了实例所属的类型，所以落在正确区间里的偶然性很大。我们对特征进行分箱后，需要对分箱后的每组(箱)进行 WOE(Weight of Evidence，证据权重)编码，这样才能放进模型之中。

3.4 数据的特征选择

数据的特征选择(Feature Selection)也称特征子集选择(Feature Subset Selection，FSS)或属性选择(Attribute Selection)，是指从已有的 M 个特征(Feature)中选择 N 个特征使得系统的特定指标最优化，是从原始特征中选择出一些最有效特征以降低数据集维度的过程，是提高学习算法性能的一个重要手段，也是模式识别中关键的数据预处理步骤。对于一个学习算法来说，好的学习样本是训练模型的关键。

3.4.1 常用数据特征选择方法

特征选择主要的功能包括：减少特征数量、降维，使模型泛化能力增强，减少过拟合；增强对特征和特征值之间的理解。常用的数据特征选择方法有以下几种。

1. Filter(过滤式)方法

(1) 方法思想：对每一维特征“打分”，即给每一维的特征赋予权重，这样的权重就代表着该特征的重要性，然后依据权重排序。

(2) 先进行特征选择，然后去训练学习器，所以特征选择的过程与学习器无关。相当于先对特征进行过滤操作，然后用特征子集来训练分类器。

(3) 主要方法有三种：Chi-squared test(卡方检验)、Information gain(信息增益)(详见 6.3.1 节中决策树 ID3 算法的讲解)、Correlation coefficient scores(相关系数)。

2. Wrapper(包裹式)方法

(1) 方法思想：将子集的选择看作是一个搜索寻优问题，生成不同的组合，对组合进行评价，再与其他的组合进行比较。这样就将子集的选择看作是一个优化问题，这里有很多的优化算法可以解决，尤其是一些启发式的优化算法，如 GA(遗传算法)、PSO(粒子群优化算法)、DE(差分进化算法)、ABC(人工蜂群算法)等。

(2) 直接把最后要使用的分类器作为特征选择的评价函数，对于特定的分类器选择最优的特征子集。

(3) 主要方法有：递归特征消除算法。

3. Embedded(嵌入式)方法

(1) 方法思想：在模型既定的情况下学习出对提高模型准确性最好的特征。也就是在确定模型的过程中，挑选出那些对模型的训练有重要意义的特征。

(2) 简单易学的机器学习算法——岭回归(Ridge Regression)，就是线性回归过程加入了 L2 正则项。

4. 去掉取值变化小的特征

(1) 该方法一般用在特征选择前作为一个预处理的工作，即先去掉取值变化小的特征，然后再使用其他特征选择方法选择特征。

(2) 考察某个特征下样本的方差值，可以认为给定一个阈值，抛弃那些小于某个阈值的特征。

(3) 例子。①离散型变量：假设某特征的特征值只有 0 和 1，并且在所有输入样本中，95%的实例的该特征取值都是 1，那就可以认为这个特征作用不大。如果 100%都是 1，那这个特征就没意义了。②连续型变量：需要将连续变量离散化之后才能用，而且在实际中，一般不太会有 95%以上都取某个值的特征存在，所以这种方法虽然简单但是不太好用。可以把它作为特征选择的预处理，先去掉那些取值变化小的特征，然后再从接下来提到的特征选择方法中选择合适的进行进一步的特征选择。

(4) 实现例子。代码如下：

```
from sklearn.feature_selection import VarianceThreshold
X = [[0, 0, 1], [0, 1, 0], [1, 0, 0], [0, 1, 1], [0, 1, 0], [0, 1, 1]]
sel = VarianceThreshold(threshold=(.8 * (1 - .8)))
sel.fit_transform(X)
#array([[0, 1],
       [1, 0],
       [0, 0],
       [1, 1],
       [1, 0],
       [1, 1]])
```

5. 单变量特征选择

单变量特征选择方法能够对每一个特征进行测试，衡量该特征与响应变量之间的关系，根据得分扔掉不好的特征。对于回归和分类问题可以采用卡方检验等方式对特征进行测试。

这种方法简单，易于运行和理解，通常对于理解数据有较好的效果(但对特征优化、提高泛化能力来说不一定有效)。这种方法有许多改进的版本、变种，具体如下。

1) 皮尔森相关系数(Pearson Correlation Coefficient)法

皮尔森相关系数法是一种最简单的，能帮助理解特征和响应变量之间关系的方法。该方法衡量的是变量之间的线性相关性，结果的取值区间为[−1,1]，−1 表示完全的负相关(这个变量下降，那个就会上升)，+1 表示完全的正相关，0 表示没有线性相关。

皮尔森相关系数法的速度快、易于计算，经常在拿到数据(经过清洗和特征提取之后的)之后第一时间就执行。scipy 的 pearsonr 方法能够同时计算相关系数和 p-value，具体方法如下：

```
import numpy as np
from scipy.stats import pearsonr
np.random.seed(0)
size = 300
x = np.random.normal(0, 1, size)
print "Lower noise", pearsonr(x, x + np.random.normal(0, 1, size))
print "Higher noise", pearsonr(x, x + np.random.normal(0, 10, size))
```

此例中，我们比较了变量在加入噪音之前和之后的差异，当噪音较小的时候，相关性很强，p-value 很低。

2)　互信息和最大信息系数(Mutual Information and Maximal Information Coefficient)法

互信息的计算公式如下：

$$I(X,Y)=\sum_{y\in Y}\sum_{x\in X}p(x,y)\log\left(\frac{p(x,y)}{p(x)p(y)}\right) \tag{3-9}$$

把互信息直接用于特征选择有以下两方面问题。

(1)　它不属于度量方式，也没有办法归一化，在不同数据集上的结果无法做比较。

(2)　对于连续变量的计算不是很方便(X 和 Y 都是集合，x 和 y 都是离散的取值)，通常变量需要先离散化，而互信息的结果对离散化的方式很敏感。

最大信息系数(MIC)法解决了这两个问题，它首先寻找一种最优的离散化方式，然后把互信息取值转换成一种度量方式，取值区间在[0，1]。minepy 提供了 MIC 功能。例如 $y=x^2$ 这个例子，MIC 算出来的互信息值为 1(最大的取值)。方法如下：

```
from minepy import MINE
m = MINE()
x = np.random.uniform(-1, 1, 10000)
m.compute_score(x, x**2)
print m.mic()
```

MIC 的统计能力遭到了一些质疑，当零假设不成立时，MIC 的统计就会受到影响。在有的数据集上不存在这个问题，但有的数据集上就存在这个问题。

3)　距离相关系数(Distance Correlation)法

距离相关系数法解决了皮尔森相关系数法的弱点。有时即使皮尔森相关系数是 0，我们也不能判定这两个变量是独立的(有可能是非线性相关)；但如果距离相关系数是 0，那么我们就可以说这两个变量是独立的。

R 的 energy 包里提供了距离相关系数的实现，另外这是 Python gist 的实现。

```
#R-code
> x = runif (1000, -1, 1)
> dcor(x, x**2)
[1] 0.4943864
```

虽然有最大信息系数(MIC)法和距离相关系数法存在，但当变量之间的关系接近线性相关时，Pearson 相关系数法仍然是不可替代的。主要原因是：Pearson 相关系数法计算速度快，这在处理大规模数据的时候很重要；Pearson 相关系数的取值区间是[-1,1]，而 MIC 和距离相关系数都是[0,1]。这个特点使得 Pearson 相关系数能够表征更丰富的关系，符号表示关系的正负，绝对值能够表示强度。当然，Pearson 相关性有效的前提是两个变量的变化关系是单调的。

4) 基于学习模型的特征排序(Model Based Ranking)

此方法的思路是直接使用你要用的机器学习算法，针对每个单独的特征和响应变量建立预测模型。其实皮尔森相关系数等价于线性回归里的标准化回归系数。如果某个特征和响应变量之间的关系是非线性的，可以用基于树的方法(决策树、随机森林)，或者扩展的线性模型等。基于树的方法比较易于使用，因为它们对非线性关系的建模比较好，并且不需要太多的调试。但要注意过拟合问题，因此树的深度最好不要太大，另外就是运用交叉验证。

在波士顿房价数据集上使用 sklearn 的随机森林回归给出一个单变量选择的例子，具体代码如下：

```
from sklearn.cross_validation import cross_val_score, ShuffleSplit
from sklearn.datasets import load_boston
from sklearn.ensemble import RandomForestRegressor

#Load boston housing dataset as an example
boston = load_boston()
X = boston["data"]
Y = boston["target"]
names = boston["feature_names"]

rf = RandomForestRegressor(n_estimators=20, max_depth=4)
scores = []
for i in range(X.shape[1]):
      score = cross_val_score(rf, X[:, i:i+1], Y, scoring="r2",
                              cv=ShuffleSplit(len(X), 3, .3))
      scores.append((round(np.mean(score), 3), names[i]))
print sorted(scores, reverse=True)
```

6. 线性模型和正则化

单变量特征选择方法独立地衡量每个特征与响应变量之间的关系，另一种主流的特征选择方法是基于机器学习模型的方法。有些机器学习方法本身就具有对特征进行打分的机制，或者很容易将其运用到特征选择任务中，例如回归模型、SVM(支持向量机)、决策树、随机森林等。

下面讲解如何用回归模型的系数来选择特征。越是重要的特征在模型中对应的系数就会越大，而跟输出变量越是无关的特征对应的系数就会越接近于 0。在噪音不多的数据上，或者是数据量远远大于特征数的数据上，如果特征之间相对来说是比较独立的，那么即便是运用最简单的线性回归模型也一样能取得很好的效果。相关代码如下：

```
from sklearn.linear_model import LinearRegression
import numpy as np
np.random.seed(0)
size = 5000
#A dataset with 3 features
X = np.random.normal(0, 1, (size, 3))
#Y = X0 + 2*X1 + noise
Y = X[:,0] + 2*X[:,1] + np.random.normal(0, 2, size)
lr = LinearRegression()
lr.fit(X, Y)
#A helper method for pretty-printing linear models
def pretty_print_linear(coefs, names = None, sort = False):
      if names == None:
          names = ["X%s" % x for x in range(len(coefs))]
      lst = zip(coefs, names)
      if sort:
          lst = sorted(lst,  key = lambda x:-np.abs(x[0]))
      return " + ".join("%s * %s" % (round(coef, 3), name)
                                    for coef, name in lst)
print "Linear model:", pretty_print_linear(lr.coef_)
```

在此例中，虽然数据中存在一些噪音，但这种特征选择模型仍然能够很好地体现出数据的底层结构。当然这也是因为例子中的这个问题非常适合用线性模型来解：特征和响应变量之间全都是线性关系，并且特征之间均是独立的。

在很多实际的数据当中，往往存在多个互相关联的特征，这时候模型就会变得不稳定，数据中细微的变化就可能导致模型的巨大变化(模型的变化本质上是系数，或者叫参数，可以理解成 W)，这会让模型的预测变得困难，这种现象也称为多重共线性。假设我们有个数据集，它的真实模型应该是 $Y = X_1 + X_2$，当我们观察的时候，发现 $Y' = X_1 + X_2 + e$，e 是噪音。如果 X_1 和 X_2 之间存在线性关系，例如 X_1 约等于 X_2，这个时候由于噪音 e 的存在，我们学到的模型可能就不是 $Y = X_1 + X_2$ 了，有可能是 $Y = 2X_1$，或者 $Y = -X_1 + 3X_2$。

下面的例子中，在同一个数据上加入了一些噪音，用随机森林算法进行特征选择。

```
from sklearn.linear_model import LinearRegression

size = 100
np.random.seed(seed=5)

X_seed = np.random.normal(0, 1, size)
X1 = X_seed + np.random.normal(0, .1, size)
X2 = X_seed + np.random.normal(0, .1, size)
X3 = X_seed + np.random.normal(0, .1, size)
```

```
Y = X1 + X2 + X3 + np.random.normal(0,1, size)
X = np.array([X1, X2, X3]).T

lr = LinearRegression()
lr.fit(X,Y)
print "Linear model:", pretty_print_linear(lr.coef_)
```

此例中系数之和接近 3，应该说学到的模型对于预测来说还是不错的。然而，如果从系数的字面意思上去解释特征的重要性的话，X3 对于输出变量来说具有很强的正面影响，而 X1 具有负面影响，而实际上所有特征与输出变量之间的影响是均等的。同样的方法可以用到类似的线性模型上，比如逻辑回归。

1) 正则化模型

正则化就是把额外的约束或者惩罚项加到已有模型(损失函数)上，以防止过拟合并提高泛化能力。

损失函数由原来的 $E(X,Y)$ 变为 $E(X,Y)$+alpha $\|\boldsymbol{w}\|$，$\boldsymbol{w}$ 是模型系数组成的向量(也叫参数)；$\|\cdot\|$ 一般是 L1 或者 L2 范数；alpha 是一个可调的参数，控制着正则化的强度。

当用在线性模型上时，L1 正则化和 L2 正则化也称为 Lasso 和 Ridge。

2) L1 正则化/Lasso Regression(Lasso 回归)

L1 正则化将系数 w 的 L1 范数作为惩罚项加到损失函数上，由于正则项非零，这就迫使那些弱的特征所对应的系数变成 0。因此 L1 正则化往往会使学到的模型很稀疏(系数 w 经常为 0)，这个特性使得 L1 正则化成为一种很好的特征选择方法。

Scikit-learn 为线性回归提供了 Lasso，为分类提供了 L1 逻辑回归。下面的例子在波士顿房价数据上运行了 Lasso 回归，其中参数 alpha 是通过 grid search 进行优化的。相关代码如下：

```
from sklearn.linear_model import Lasso
from sklearn.preprocessing import StandardScaler
from sklearn.datasets import load_boston

boston = load_boston()
scaler = StandardScaler()
X = scaler.fit_transform(boston["data"])
Y = boston["target"]
names = boston["feature_names"]

lasso = Lasso(alpha=.3)
lasso.fit(X, Y)

print "Lasso model: ", pretty_print_linear(lasso.coef_, names, sort =
True)
```

从这个例子中我们能看到很多特征的系数都为 0。如果继续增加 alpha 的值，得到的模型就会越来越稀疏，即越来越多的特征系数会变成 0。但是，L1 正则化像非正则化线性模型一样也是不稳定的，如果特征集合中具有相关联的特征，当数据发生细微变化时也有可能导致很大的模型差异。

3)　L2 正则化/Ridge Regression(岭回归)

L2 正则化将系数向量的 L2 范数添加到了损失函数中。由于 L2 惩罚项中系数是二次方的，这使得 L2 和 L1 有着诸多差异，最明显的一点是，L2 正则化会让系数的取值变得平均。对于关联特征，这意味着它们能够获得更相近的对应系数。

我们还以 $Y = X_1 + X_2$ 为例，假设 X_1 和 X_2 具有很强的关联，如果用 L1 正则化，不论学到的模型是 $Y = X_1 + X_2$ 还是 $Y = 2X_1$，惩罚都是一样的，都是 2×alpha。但是对于 L2 来说，第一个模型的惩罚项是 2×alpha，但第二个模型的是 4×alpha。可以看出，系数之和为常数时，各系数相等时惩罚是最小的，所以才有了 L2 会让各个系数趋于相同的特点。

L2 正则化对于特征选择来说是一种稳定的模型，不像 L1 正则化那样，系数会因为细微的数据变化而波动。因此，L2 正则化和 L1 正则化提供的价值是不同的，L2 正则化对于特征理解来说更加有用：表示能力强的特征对应的系数是非零。

再来看 3 个互相关联的特征的例子，分别以 10 个不同的种子随机初始化运行 10 次，来观察 L1 和 L2 正则化的稳定性。相关代码如下：

```
from sklearn.linear_model import Ridge
from sklearn.metrics import r2_score
size = 100
#We run the method 10 times with different random seeds
for i in range(10):
     print "Random seed %s" % i
     np.random.seed(seed=i)
     X_seed = np.random.normal(0, 1, size)
     X1 = X_seed + np.random.normal(0, .1, size)
     X2 = X_seed + np.random.normal(0, .1, size)
     X3 = X_seed + np.random.normal(0, .1, size)
     Y = X1 + X2 + X3 + np.random.normal(0, 1, size)
     X = np.array([X1, X2, X3]).T
     lr = LinearRegression()
     lr.fit(X,Y)
     print "Linear model:", pretty_print_linear(lr.coef_)
     ridge = Ridge(alpha=10)
     ridge.fit(X,Y)
     print "Ridge model:", pretty_print_linear(ridge.coef_)
     print
```

从此例中可以得出，不同的数据上线性回归得到的模型(系数)相差甚远，但对于 L2 正则化模型来说，结果中的系数非常稳定，差别较小，都比较接近于 1，能够反映出数据的内在结构。

7. 随机森林

随机森林具有准确率高、鲁棒性好、易于使用等优点，这使得它成为目前最流行的机器学习算法之一。随机森林提供了两种特征选择的方法：平均不纯度减少(mean decrease impurity)和平均精确度减少(mean decrease accuracy)。

1) 平均不纯度减少法

随机森林由多个决策树构成。决策树中的每一个节点都是关于某个特征的条件，为的是将数据集按照不同的响应变量一分为二。利用不纯度可以确定节点(最优条件)，对于分类问题，通常采用基尼不纯度或者信息增益；对于回归问题，通常采用的是方差或者最小二乘拟合。当训练决策树的时候，可以计算出每个特征减少了多少树的不纯度。对于一个决策树森林来说，可以算出每个特征平均减少了多少不纯度，并把它平均减少的不纯度作为特征选择的值。

sklearn 中基于随机森林的特征重要度度量方法如下：

```
from sklearn.datasets import load_boston
from sklearn.ensemble import RandomForestRegressor
import numpy as np
#Load boston housing dataset as an example
boston = load_boston()
X = boston["data"]
Y = boston["target"]
names = boston["feature_names"]
rf = RandomForestRegressor()
rf.fit(X, Y)
print "Features sorted by their score:"
print sorted(zip(map(lambda x: round(x, 4), rf.feature_importances_),
names), reverse=True)
```

2) 平均精确度减少法

平均精确度减少法是直接度量每个特征对模型精确率的影响，其思路是打乱每个特征的特征值顺序，并且度量顺序变动对模型的精确率有影响。显然，对于不重要的变量来说，打乱顺序对模型的精确率影响不会太大，但是对于重要的变量来说，打乱顺序就会降低模型的精确率。

这个方法在 sklearn 中没有直接提供，下面继续在波士顿房价数据集上进行实现。程序实现例子如下：

```
from sklearn.cross_validation import ShuffleSplit
from sklearn.metrics import r2_score
from collections import defaultdict
X = boston["data"]
Y = boston["target"]
rf = RandomForestRegressor()
scores = defaultdict(list)
```

```
#对数据的一些不同的随机分割结果进行交叉验证
for train_idx, test_idx in ShuffleSplit(len(X), 100, .3):
   X_train, X_test = X[train_idx], X[test_idx]
   Y_train, Y_test = Y[train_idx], Y[test_idx]
   r = rf.fit(X_train, Y_train)
acc = r2_score(Y_test, rf.predict(X_test))
#遍历特征的每一列
   for i in range(X.shape[1]):
    X_t = X_test.copy()
   #对这一列特征进行混洗，交互了一列特征内部的值的顺序
      np.random.shuffle(X_t[:, i])
      shuff_acc = r2_score(Y_test, rf.predict(X_t))
      scores[names[i]].append((acc-shuff_acc)/acc)
      print "Features sorted by their score:"
      print sorted([(round(np.mean(score), 4), feat) for feat, score
in scores.items()], reverse=True)
```

此例中，由输出结果可以得知，LSTAT 和 RM 这两个特征对模型的性能有着很大的影响，打乱这两个特征的特征值使得模型的性能下降了 73%和 57%。注意，尽管这些我们是在所有特征上进行了训练得到了模型，然后才得到了每个特征的重要性测试，这并不意味着我们扔掉某个或者某些重要特征后模型的性能就一定会下降很多，因为即便某个特征删掉之后，其关联特征一样可以发挥作用，让模型性能基本上不变。

3.4.2　Relief 算法与费希尔判别法的应用

Relief 为一系列算法，它包括最早提出的 Relief 算法以及后来拓展的 ReliefF 算法和 RReliefF 算法，其中 RReliefF 算法是针对目标属性为连续值的回归问题提出的。下面介绍一下针对分类问题的 Relief 和 ReliefF 算法，以及费希尔判别法。

1. Relief 算法

Relief 算法最早由基拉(Kira)提出，最初局限于两类数据的分类问题。Relief 算法是一种特征权重算法，根据各个特征和类别的相关性赋予特征不同的权重，权重小于某个阈值的特征将被移除。Relief 算法中特征和类别的相关性是基于特征对近距离样本的区分能力。算法从训练集 D 中随机选择一个样本 R，然后从和 R 同类的样本中寻找最近邻样本 H，称为 Near Hit，从和 R 不同类的样本中寻找最近邻样本 M，称为 Near Miss，然后根据以下规则更新每个特征的权重：如果 R 和 Near Hit 在某个特征上的距离小于 R 和 Near Miss 的距离，则说明该特征对区分同类和不同类的最近邻是有益的，则增加该特征的权重；反之，如果 R 和 Near Hit 在某个特征的距离大于 R 和 Near Miss 的距离，说明该特征对区分同类和不同类的最近邻起负面作用，则降低该特征的权重。

以上过程重复 m 次，最后得到各特征的平均权重。特征的权重越大，表示该特征的分类能力越强，反之，表示该特征的分类能力越弱。Relief 算法的运行时间随着样本

的抽样次数 m 和原始特征个数 N 的增加呈线性增加，因而运行效率非常高。具体算法如下所示。

```
设训练数据集为 D，样本抽样次数为 m，特征权重的阈值为δ，输出是各个特征的权重 T。
1)  置所有特征权重为 0，T 为空集。
2)  for i=1 to m do
(1) 从 D 中随机选择一个样本 R。
(2) 从同类样本集中找到 R 的最近邻样本 H，从不同类样本集中找到最近邻样本 M。
(3) for A=1 to N do
W(A)=W(A)-diff (A, R, H)/m+diff(A,R, M)/m
3)  for A=1 to N do
if W(A)≥δ
把第 A 个特征添加到 T 中
end
```

2. ReliefF 算法

由于 Relief 算法比较简单，但运行效率高，并且结果也比较令人满意，因此得到广泛应用，但是其局限性在于只能处理两类别数据，因此 1994 年科诺尼尔(Kononeill)对其进行了扩展，得到了 ReliefF 算法，可以处理多类别问题。该算法用于处理目标属性为连续值的回归问题。ReliefF 算法在处理多类问题时，每次从训练样本集中随机取出一个样本 R，然后从和 R 同类的样本集中找出 R 的 k 个近邻样本(Near Hits)，从每个 R 的不同类的样本集中均找出 k 个近邻样本(Near Misses)，然后更新每个特征的权重，如式(3-10)所示。

$$\begin{aligned} W(A) = W(A) - \sum_{j=1}^{k} \frac{\mathrm{diff}(A,R,H_j)}{mk} \\ + \sum_{C \notin \mathrm{class}(R)} \left[\frac{p(C)}{1 - p(\mathrm{class}(R))} \sum_{j=1}^{k} \mathrm{diff}(A,R,M_j(C)) \right] / (mk) \end{aligned} \tag{3-10}$$

式(3-10)中，$\mathrm{diff}(A,R_1,R_2)$ 表示样本 R_1R_2 在特征 A 上的差，$M_1(C)$括号中第 j 个邻样本，如式(3-11)：

$$\mathrm{diff}(A,R_1,R_2)=\begin{cases} \dfrac{|R_1[A]-R_2[A]|}{\max(A)-\min(A)} & A\text{为连续} \\ 0 & A\text{不连续且}R_1[A]=R_2[A] \\ 1 & A\text{不连续且}R_1[A]\neq R_2[A] \end{cases} \tag{3-11}$$

ReliefF 算法具体的伪代码如下所示。

```
设训练数据集为 D，样本抽样次数为 m，特征权重的阈值为δ，最近邻样本个数为 k；输出是各个特征的特征权重 T。
(1) 置所有特征权重为 0，T 为空集。
(2) for i=1 to m do
```

① 从 D 中随机选择一个样本 R;

② 从 R 的同类样本集中找到 R 的 k 个最近邻 H_j(j=1,2,…,k)，从每一个不同类样本集中找出 k 个最相邻 M_j(c)。

```
(3) for A=1 to N All features do
```

$$W(A)=W(A)-\sum_{j=1}^{k}\text{diff}(A,R,H_j)/(mk)+$$

$$\sum_{C\notin class(R)}\left[\frac{p(C)}{1-p(\text{Class}(R))}\sum_{j=1}^{k}\text{diff}(A,R,M_j(C))\right]/(mk)$$

```
end
```

3. 费希尔判别法

费希尔判别法是根据方差分析的思想建立起来的一种能较好区分各个总体的线性判别法。费希尔判别法是一种投影方法，把高维空间的点向低维空间投影。在原来的坐标系下，可能很难把样品分开，而投影后可能区别明显。一般来说，可以先投影到一维空间(直线)上，如果效果不理想，再投影到另一条直线上(从而构成二维空间)，依此类推。每个投影可以建立一个判别函数。关于费希尔判别法的步骤介绍如下。

1) 两个总体的费希尔判别函数

从两个总体中抽取具有 p 个指标的样品观测数据，借助于方差分析的思想构造一个线性判别函数：

$$C(Y)=C_1Y_1+C_2Y_2+\cdots+C_pY_p=C'Y \tag{3-12}$$

其中系数 $C_1,C_2,\cdots,C_p$ 确定的原则是使两组间的组间离差最大，而每个组的组内离差最小。

当建立了判别式以后，对一个新的样品值，我们可以将它的 p 个指标值代入判别式中求出 Y 值，然后与判别临界值比较，就可以将该样品归类。设有两个总体 G_1,G_2，其均值和协方差矩阵分别是 $\boldsymbol{\mu}_1,\boldsymbol{\mu}_2$ 和 $\boldsymbol{\Sigma}_1,\boldsymbol{\Sigma}_2$。可以证明，费希尔判别函数系数为：

$$C=(\Sigma_1+\Sigma_2)^{-1}(\mu_1-\mu_2) \tag{3-13}$$

若总体均值与方差未知，可通过样本进行估计。

设从第一个总体 G_1 取得 n_1 个样本，从第二个总体 G_2 取得 n_2 个样本，记两组样本均值分别为 $\bar{X}^{(1)}$，$\bar{X}^{(2)}$，样本离差阵为 $\boldsymbol{S}^{(1)}$，$\boldsymbol{S}^{(2)}$。显然，μ_1，μ_2 的无偏估计为 $\bar{X}^{(1)}$，$\bar{X}^{(2)}$。$(\Sigma_1+\Sigma_2)^{-1}$ 的估计有两种方式。

第一种估计方式是分别估计：

$$\hat{\boldsymbol{\Sigma}}_1=\frac{1}{n_1-1}\boldsymbol{S}^{(1)},\hat{\boldsymbol{\Sigma}}_2=\frac{1}{n_2-1}\boldsymbol{S}^{(2)} \tag{3-14}$$

判别函数为：

$$\begin{aligned}C(Y)&=Y'(\hat{\boldsymbol{\Sigma}}_1+\hat{\boldsymbol{\Sigma}}_2)^{-1}(\hat{\mu}_1-\hat{\mu}_2)\\&=Y'\left(\frac{1}{n_1-1}\boldsymbol{S}^{(1)}+\frac{1}{n_2-1}\boldsymbol{S}^{(2)}\right)^{-1}\end{aligned} \tag{3-15}$$

第二种估计方式是联合估计：

$$\hat{\Sigma}_1+\hat{\Sigma}_2=\frac{1}{n_1+n_2-2}(\boldsymbol{S}^{(1)}+\boldsymbol{S}^{(2)}) \tag{3-16}$$

因此判别函数：

$$C(Y)=Y'(n_1+n_2-2)(\boldsymbol{S}^{(1)}+\boldsymbol{S}^{(2)})^{-1}(\bar{X}^{(1)}-\bar{X}^{(2)}) \tag{3-17}$$

当$n_1=n_2$时，两种方法是等价的；当n_1与n_2相差不大时，两种方法近似；当n_1与n_2相差很大时，两种方法相差较远。目前采用较多的是第二种方法。

2) 多个总体的费希尔判别函数

费希尔判别法致力于寻找一个最能反映组和组之间差异的投影方向，即寻找使总体之间区别最大，而每个总体内部的离差平方和最小的线性判别函数。

假设有 k 个总体 $G_1,G_2,\cdots,G_k$，其均值和协方差矩阵分别是 $\mu_1,\mu_2,\cdots,\mu_k$ 和 $\Sigma_1,\Sigma_2,\cdots,\Sigma_k$。

在$X\in G_i$的条件下：

$$\begin{aligned}\boldsymbol{E}(\boldsymbol{C'Y})=\boldsymbol{E}(\boldsymbol{C'Y}\mid \boldsymbol{G}_i)=\boldsymbol{C'E}(\boldsymbol{Y}\mid \boldsymbol{G}_i)=\boldsymbol{C'}\mu_i,i=1,2,\cdots,k\\ \boldsymbol{D}(\boldsymbol{C'Y})=\boldsymbol{D}(\boldsymbol{C'Y}\mid \boldsymbol{G}_i)=\boldsymbol{C'D}(\boldsymbol{Y}\mid \boldsymbol{G}_i)\boldsymbol{C}=\boldsymbol{C'}\Sigma_i\boldsymbol{C},i=1,2,\cdots,k\end{aligned} \tag{3-18}$$

令

$$\begin{aligned}\boldsymbol{B}&=\sum_{i=1}^{k}(\boldsymbol{C'}\mu_i-\boldsymbol{C'}\bar{\mu})^2=\boldsymbol{C'}\sum_{i=1}^{k}(\mu_i-\bar{\mu})(\mu_i-\bar{\mu})'\boldsymbol{C}=\boldsymbol{C'B}_0\boldsymbol{C}\\ \boldsymbol{E}&=\sum_{i=1}^{k}\boldsymbol{C'}\Sigma_i\boldsymbol{C}=\boldsymbol{C'}\left(\sum_{i=1}^{k}\Sigma_i\right)\boldsymbol{C}=\boldsymbol{C'E}_0\boldsymbol{C}\end{aligned} \tag{3-19}$$

$\boldsymbol{B}$相当于组间差，$\boldsymbol{E}$相当于组内差。运用判别分析的思想，构造

$$\Delta(\boldsymbol{C})=\frac{\boldsymbol{C'B}_0\boldsymbol{C}}{\boldsymbol{C'E}_0\boldsymbol{C}} \tag{3-20}$$

若求得$\Delta(\boldsymbol{C})$极大值，即可得到判别函数。显然，$\boldsymbol{B}_0$，$\boldsymbol{E}_0$均为非负定矩阵。$\Delta(\boldsymbol{C})$的极大值为方程$|\boldsymbol{B}_0-\lambda\boldsymbol{E}_0|=0$的最大特征根，而系数向量$\boldsymbol{C}$为最大特征根对应的特征向量。

若总体均值与方差未知，可通过样本进行估计。具体估计方法有兴趣的读者可进一步学习。

3) 判别规则

如果我们得到判别函数$\boldsymbol{C}(\boldsymbol{Y})=\boldsymbol{C'Y}$，对于一个新的样本$\boldsymbol{Y}$，可以构造如下判别规则：

$$\boldsymbol{Y}\in \boldsymbol{G}_i,\text{当}|\boldsymbol{C'Y}-\boldsymbol{C'}\mu_i|=\min_{1\leqslant j\leqslant k}|\boldsymbol{C'Y}-\boldsymbol{C'}\mu_j| \tag{3-21}$$

3.5 数据预处理实战案例分析

本案例的目的是对虎嗅网站数据进行预处理。

虎嗅网是一个聚合优质创新信息与人群的新媒体平台。该平台专注于贡献原创、

深度、犀利、优质的商业资讯，围绕创新创业的观点进行剖析与交流。虎嗅网的核心，是关注互联网及传统产业的融合、一系列明星公司(包括公众公司与创业型企业)的起落轨迹、产业潮汐的动力与趋势。

因此，对该平台上的发布内容进行分析，对于研究互联网的发展进程和现状有一定的实际价值。

1. 案例分析目的

本案例中的分析目的包括以下 4 个。

(1) 对虎嗅网内容运营方面的若干分析，主要是对发文量、收藏量、评论量等方面的描述性分析。

(2) 通过文本分析，对互联网行业的一些人、企业和细分领域进行趣味性的分析。

(3) 展现文本挖掘在数据分析领域的实用价值。

(4) 将杂芜无序的结构化数据和非结构化数据进行可视化，展现数据之美。

2. 分析方法

本案例采用的数据分析工具如下：

(1) Python3.5.2(编程语言)；

(2) Gensim(词向量、主题模型)；

(3) Scikit-Learn(用于聚类和分类)；

(4) Keras(深度学习框架)；

(5) Tensorflow(深度学习框架)；

(6) Jieba(用于分词和关键词提取)；

(7) Excel(用于可视化)；

(8) Seaborn(用于可视化)；

(9) Bokeh(用于可视化)；

(10) Gephi(用于网络可视化)；

(11) Plotly(用于可视化)。

使用上述数据分析工具，我们将进行两类数据分析：第一类是较为传统的、针对数值型数据的描述进行统计分析，如阅读量、收藏量等在时间维度上的分布；第二类是本文的重头戏——深层次的文本挖掘，包括关键词提取、文章内容 LDA 主题模型分析、词向量/关联词分析、ATM 模型、词汇分散图和词聚类分析。

3. 数据采集和数据预处理

1) 数据采集

使用爬虫采集来自虎嗅网主页的文章，数据采集的时间区间为 2012.05—2017.11，共计 41 121 篇。采集的字段为文章标题、发布时间、收藏量、评论量、正文内容、作者名称、作者自我简介、作者发文量，然后我们人工提取 4 个特征，主要是时间特征(时点和周几)和内容长度特征(标题字数和文章字数)。

2) 数据预处理

数据分析中，做好数据预处理对于取得理想的分析结果来说是至关重要的。本例的数据规整主要是对文本数据进行清洗，处理的条目如下。

(1) 文本分词。

要进行文本挖掘，分词是最为关键的一步，它直接影响后续的分析结果。我们使用 jieba 来对文本进行分词处理，它有 3 类分词模式，即全模式、精确模式、搜索引擎模式。

① 全模式：把句子中所有的可以成词的词语都扫描出来, 速度非常快，但是不能解决歧义。

② 精确模式：试图将句子最精确地切开，适合文本分析。

③ 搜索引擎模式：在精确模式的基础上，对长词再次切分，提高召回率，适合用于搜索引擎分词。

现以“定位理论认为营销的终极战场在于消费者心智”为例，3 种分词模式的结果如下。

全模式：定位/理论/定位理论/认为/营销/的/终极/战场/终极战场/在/于/在于/消费者/心智/消费者心智。

精确模式：定位理论/认为/营销/的/终极战场/在于/消费者心智。

搜索引擎模式：定位，理论，定位理论，认为，营销，的，终极，战场，终极战场，在于，消费者心智，消费者，心智。

为了避免歧义和切出符合预期效果的词汇，笔者采取的是精确(分词)模式。

(2) 去停用词。

这里的去停用词包括以下三类。

① 标点符号：，。！ /、*+-等。

② 特殊符号：❤❥웃유♋☮✌☏☢☠✔☑♚▲♪等。

③ 无意义的虚词：“the” “a” “an” “that” “你” “我” “他们” “想要” “打开” “可以”等。

(3) 去掉高频词、稀有词，计算 Bigrams。

去掉高频词、稀有词是针对后续的主题模型(LDA、ATM)时使用的，主要是为了排除对区隔主题意义不大的词汇，最终得到类似于停用词的效果。

Bigrams 是为了自动探测出文本中的新词，基于词汇之间的共现关系——如果两个词经常一起毗邻出现，那么这两个词可以结合成一个新词，比如“数据”“产品经理”经常一起出现在不同的段落里，那么，“数据-产品经理”则是二者合成出来的新词，只不过二者之间包含着下画线。

4. 描述性分析

1) 发文数量、评论量和收藏量的变化走势

从图 3-8 可以看出，在 2012 年 5 月—2017 年 11 月期间，以季度为单位，主页的

发文数量起伏波动不大，在均值 1800 上下波动，进入 2016 年后，发文数量有明显提升。

此外，一头(2012 年第二季)一尾(2017 年第四季)因为没有统计完全，所以发文数量较小。

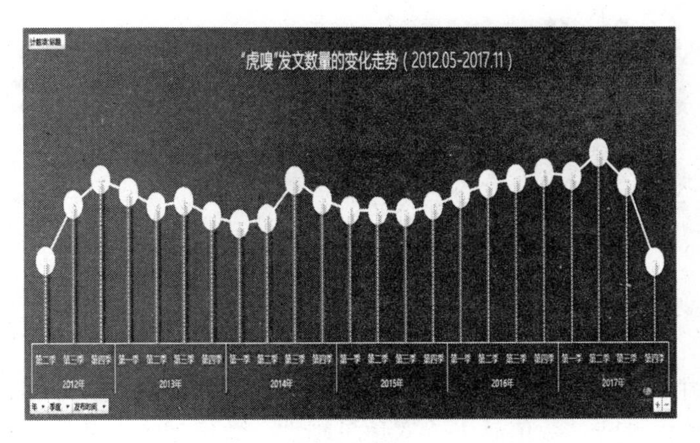

图 3-8　虎嗅网发文数量的变化走势

图 3-9 所示则是该时间段内收藏量和评论量的变化情况，评论量的变化不愠不火，起伏不大，但收藏量一直在攀升中，尤其是在 2017 年的第二季达到峰值。收藏量在一定程度上反映了文章的干货程度和价值性，读者认为有价值的文章才会去保留和收藏，反复阅读，含英咀华，这说明虎嗅的文章质量在不断提高，或读者的数量在增长。

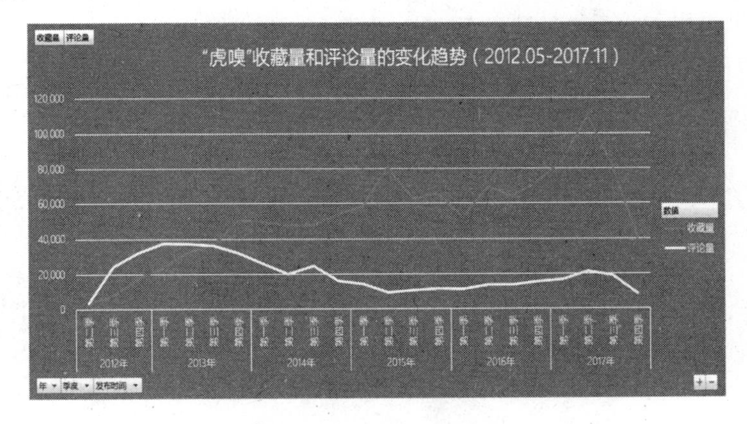

图 3-9　虎嗅网收藏量和评论量的变化趋势

2)　相关性分析

相关性分析是指对文章的评论量、收藏量和标题字数、文章字数是否存在统计学意义上的相关性关系进行分析。基于此，绘制出能反映上述变量关系的两张图。

首先，做出了标题字数、文章字数和评论量之间的气泡图(圆形的气泡被六角星替代，但本质上还是气泡图，如图 3-10 所示)。

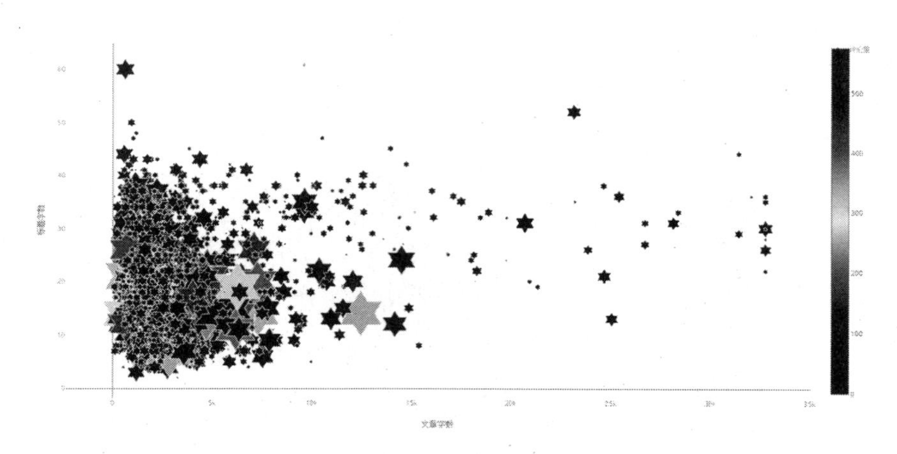

图 3-10　虎嗅网站的标题字数、文章字数和评论数

在图 3-10 中，横轴是文章字数，纵轴是标题字数，评论数大小由六角星的大小和颜色所反映，颜色越暖，数值越大，六角星越大，数值越大。从这张图可以看出，文章评论量较大的文章，绝大部分分布于由文章字数 6000 字、标题字数 20 字所构成的区域内。

接下来，将收藏量、评论量和标题字数、文章字数等指标绘制成一张 3D 立体图，如图 3-11 所示。X 轴和 Y 轴分别为标题字数和正文字数，Z 轴为收藏量和评论量所构成的平面，通过旋转这个三维的 Surface 图，我们可以发现收藏量、评论量和标题字数、文章字数之间的相关关系。

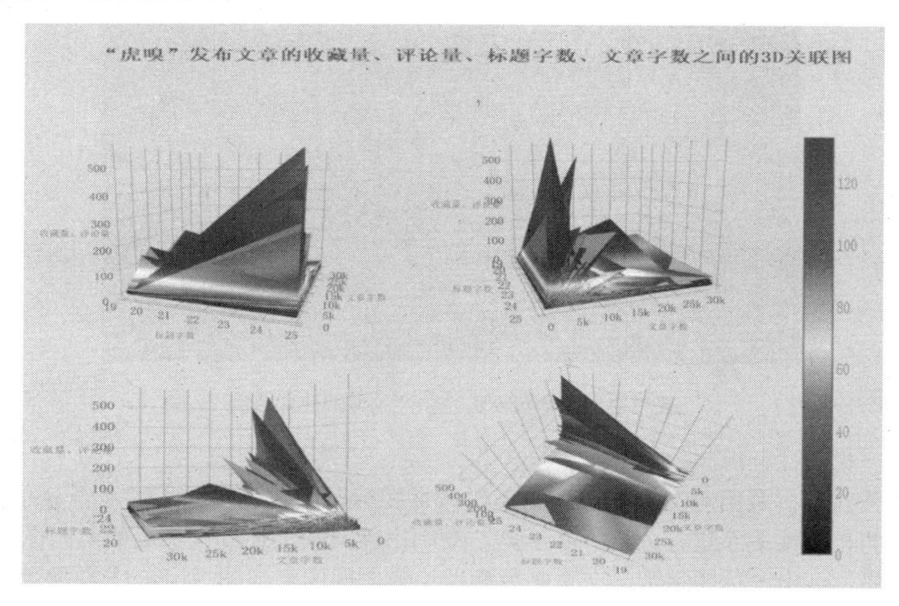

图 3-11　虎嗅网发布文章的收藏量、评论量、标题字数、文章字数之间的 3D 关联图

注意，图 3-11 中的数值表示和前面几张图一样，颜色上的由暖到冷表示数值的由大到小。通过旋转各维度的截面，可以看到在正文字数 5000 字以内、标题字数 15 字左右的收藏量和评论量形成的截面出现“华山式”陡峰，因而这里的收藏量和评论量最大。

3)　城市提及分析

通过构建一个包含全国 1～5 线城市的词表，提取出经过预处理后的文本中的城市名称，根据提及频次的大小，绘制出一张反映城市提及频次的地理分布地图，进而间接地了解各个城市互联网的发展状况(一般城市的提及跟互联网产业、产品和职位信息挂钩，能在一定程度上反映该城市互联网行业的发展态势)。

在所绘出的图中可以看出反映结果比较符合常识，北京、上海、广州、深圳、杭州这些一线城市的提及次数最多，它们是互联网行业发展的重镇。值得注意的是，长三角地区的大块区域(长江三角洲城市群)呈现出较高的热度值，直接说明这些城市在虎嗅网各类资讯文章中的提及次数较多，结合国家政策和地区因素，可以这样理解图中反映的这个事实：

长三角城市群是“一带一路”与长江经济带的重要交汇地带，在中国国家现代化建设大局和全方位开放格局中具有举足轻重的战略地位，是中国参与国际竞争的重要平台、经济社会发展的重要引擎，是长江经济带的引领发展区，是中国城镇化基础最好的地区之一。

对抽取文本中城市之间的共现关系，也就是城市之间两两同时出现的频率，在一定程度上反映出城市间经济、文化、政策等方面的相关关系，共现频次越高，说明二者之间的联系紧密程度越高。由于虎嗅网上的文章大多涉及创业、政策、商业方面的内容，因而这种城市之间的共现关系反映出城际间在资源、人员或者行业方面的关联关系，结果就是北京、上海、广州、深圳、杭州(网络中的枢纽节点)之间的相互流动关系和这几个一线城市向中西部城市的单向流动情形。流动量大、交错密集的区域无疑是中国最发达的 3 个城市群和其他几个新兴的城市群：京津冀城市群、长江三角洲城市群、珠江三角洲城市群、中原城市群、成渝城市群、长江中游城市群。

5. 文本挖掘

数据挖掘是从有结构的数据库中鉴别出有效的、新颖的、可能有用的并最终可理解的模式；而文本挖掘(在文本数据库中也称为文本数据挖掘或者知识发现)是从大量无结构的数据中提炼出模式，也就是有用的信息或知识的半自动化过程。

1)　关键词提取

对于关键词提取，没有采取词频统计的方法，因为词频统计的逻辑是：一个词在文章中出现的次数越多，则它就越重要。因而，我们采用 TF-IDF(Term Frequency-Inverse Document Frequency，词频-逆文档频率)关键词提取方法：它用以评估一字/词对于一个文件集或一个语料库中的其中一份文件的重要程度，字/词的重要性会随着它在文件中出现的次数成正比增加，但同时会随着它在语料库中出现的频率成反比下降。

由此可见，在提取某段文本的关键信息时，关键词提取较词频统计更为可取，能提取出对某段文本具有重要意义的关键词。

2) ATM(Author-Topic Model，作者-主题模型)

在 ATM 模型中，我们会想了解虎嗅网上各个作家的写作主题，分析某些非常有名气的作家喜欢写哪方面的文章(比如“行业洞察”“爆品营销”“新媒体运营”等)，以及写作主题类似的作者有哪些。

因此，我们采用 ATM 模型进行分析。ATM 模型是“概率主题模型”家族的一员，是 LDA(Latent Dirichlet Allocation)主题模型的拓展。它能对某个语料库中作者的写作主题进行分析，找出某个作家的写作主题倾向，以及找到具有同样写作倾向的作家。它是一种新颖的主题探索方式。

ATM 模型的分析步骤：首先，去除若干发布文章数为“1”的作者，再从文本中“析出”若干主题，因为文本数量有删减，所以跟之前的主题划分不太一致。根据各个主题下的主题词特征，归纳为如下主题：“行业新闻”“智能手机”“创业&投融资”“互联网金融”“新媒体&营销”“影视娱乐”“人工智能”“社会化媒体”“投融资&并购”“电商零售”。

3) 词向量、关联词分析

基于深度神经网络的词向量能从大量未标注的普通文本数据中无监督地学习出词向量，这些词向量包含了词汇与词汇之间的语义关系。正如现实世界中的“物以类聚，人以群分”一样，词汇可以由它们身边的词汇来定义。

从原理上讲，基于词嵌入的 Word2vec 是指把一个维数为所有词的数量的高维空间嵌入到一个维数低得多的连续向量空间中，每个单词或词组被映射为实数域上的向量。把每个单词变成一个向量，目的还是方便计算，比如“求单词 A 的同义词”，就可以通过“求与单词 A 在 cos 距离下最相似的向量”来做到。

接下来，通过 Word2vec，我们查找出自己感兴趣的若干词汇的关联词，从而在虎嗅网的这个独特语境下去解读它们。

由此，我们依次对“百度”“人工智能”“褚时健”“罗振宇”这几个关键词进行关联词分析。

出来的都是与百度相关的词汇，不是百度的产品、公司，就是百度的 CEO 和管理者，“搜索”二字变相地出现了很多次，它是百度起家的一大法宝。

4) 对互联网百强公司旗下品牌的词聚类与词分类

2016 年互联网百强企业的互联网业务收入总规模达到 1.07 万亿元，首次突破万亿元大关，同比增长 46.8%，带动信息消费增长 8.73%。数据显示，互联网领域龙头企业效应越来越明显，对他们的研究分析能帮助我们更好地了解中国互联网行业的发展概况和未来方向。2016 年入选的互联网百强企业如表 3-2 所示。

对表 3-2 中百强互联网公司的旗下品牌名录，我们利用上面训练出来的词向量模型，用来进行下面的词聚类和词分类。

表 3-2 2016 年中国互联网百强企业名录(局部)

排 名	公司名称	主要品牌
1	阿里巴巴集团	阿里巴巴、淘宝、天猫
2	腾讯公司	腾讯、QQ、微信
3	百度公司	百度
4	京东集团	京东
5	奇虎 360 科技有限公司	360 安全卫士
6	搜狐公司	搜狐、搜狗、畅游
7	网易公司	网易、有道
8	携程计算机技术(上海)有限公司	携程旅行网、途风旅行网
9	广州唯品会信息科技有限公司	唯品会、乐蜂网
10	苏宁云商集团股份有限公司	苏宁易购、苏宁红孩子、PPTV
11	北京新美大科技有限公司	美团、大众点评
12	网宿科技股份有限公司	网宿 CDN、网宿科技云分发平台
13	小米科技有限责任公司	小米、MIUI、多看
14	新浪公司	新浪网、新浪微博
15	乐视网信息技术(北京)股份有限公司	乐视网、乐视 TV、乐视商城
16	北京搜房科技发展有限公司	房天下
17	北京五八信息技术有限公司	58 同城
18	三七互娱(上海)科技有限公司	37 游戏
19	东方财富信息股份有限公司	东方财富网、天天基金网
20	新华网股份有限公司	新华网
21	鹏博士电信传媒集团股份有限公司	长城宽带、宽带通
22	四三九九网络股份有限公司	4399 小游戏
23	易车公司	易车网、易车二手车、易湃
24	上海二三四五网络科技有限公司	2345 网址导航

(1) 词聚类。

运用基于 Word2vec(词向量)的 K-Means 聚类，充分考虑了词汇之间的语义关系，将余弦夹角值较小的词汇聚集在一起，形成簇群。如图 3-12 所示是高维词向量压缩到二维空间的可视化呈现。

(2) 词分类。

在这里，还是利用之前训练得出的词向量，通过基于卷积神经网络(Convolutional Neural Networks，CNN)做文本分类，用来预测。

由于文本分类(Text Classification)与文本聚类(Text Cluster)在机器学习中分属不同的任务，前者是有监督的学习(所有训练数据都有标签)，后者是无监督的学习(数据没有标签)，因而，在正式的文本分类任务开始前，先用有标注的语料训练模型，再来预测后续的未知的文本。

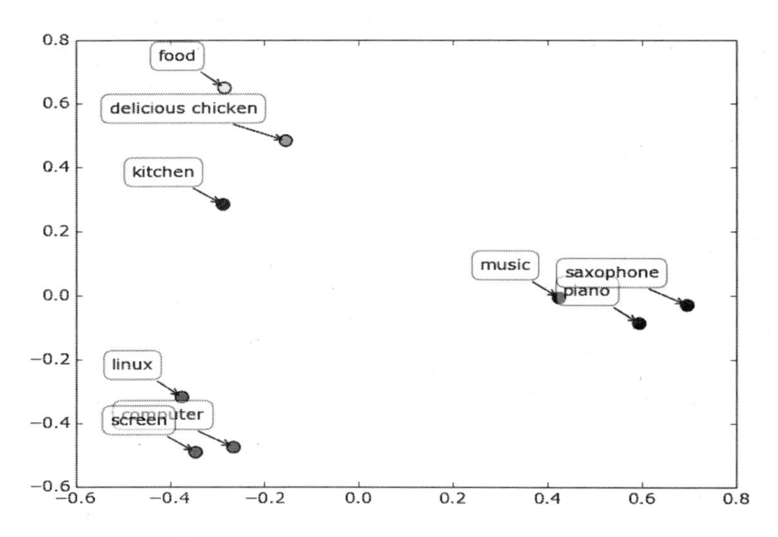

图 3-12　高维词向量压缩到二维空间的可视化呈现

根据互联网企业所属细分领域的不同，划分为 17 个类别，每个类别只有很少的标注语料参与训练，也就是几个词。我们借助外部语义信息(之前训练好的词向量模型，已经包含有大量的语义信息)，只需要少许的标注语料就可以完成分类模型的训练，如图 3-13 所示。

```
classdict2={
'新闻资讯服务':['腾讯新闻','凤凰网','南方网','36氪','人人的是产品经理'],
'信息搜索类':['百度搜索','谷歌搜索','搜狗'],
'邮箱':['foxmail','gmail','网易企业邮箱'],
'信息聚合':['58同城','赶集网','百姓网'],
'企业信息化服务':['金蝶','SAP','阿里云','微指数','百度指数','新浪微舆情'],
'电子商务':['淘宝','唯品会','京东商城','美团','百度糯米','饿了么','小米','咸鱼','人人车'],
'人才招聘':['51job','猎聘网','拉钩网'],
'网络教育':['新东方','网易公开课','慕课网',"中华会计网"],
'交易支付':['支付宝','微信支付'],
'互联网理财':['雪球','蚂蚁聚宝','51信用卡'],
'即时通讯':['微信','Skype'],
'影视视频':['QQ音乐、网易云音乐','酷狗音乐盒','优酷','暴风影音','腾讯视频'],
'社会化媒体':['新浪微博','微信','博客'],
'社区':['天涯','猫扑','榕树下'],
'网络游戏':['王者荣耀','天天酷跑','魔兽世界','4399小游戏'],
'共享经济':['ofo','Airbnb','摩拜单车'],
'互联网科技公司':['科大讯飞','商汤','IBM']
}
```

图 3-13　根据互联网企业所属细分领域的不同划分类别

然后，用之前未出现在训练语料中的词来检验效果，出来的结果是类别标签及其对应的概率，概率值大的类别是品牌最有可能从属的细分领域。结果如图 3-14 所示。

```
1  classifier2.score('抖音')
[('邮箱', 0.030999999),
 ('网络游戏', 0.071999997),
 ('网络教育', 0.041999999),
 ('社区', 0.13),
 ('社会化媒体', 0.039999999),
 ('电子商务', 0.043000001),
 ('新闻资讯服务', 0.111),
 ('影视视频', 0.30700001),
 ('即时通讯', 0.017999999),
 ('共享经济', 0.028000001),
 ('信息聚合', 0.024),
 ('信息搜索类', 0.014),
 ('企业信息化服务', 0.039999999),
 ('人才招聘', 0.022),
 ('交易支付', 0.014),
 ('互联网科技公司', 0.024),
 ('互联网理财', 0.041999999)]
```

图 3-14 显示品牌与其对应的细分领域

小 结

数据预处理是机器学习项目成功的关键，在数据处理的过程中预处理占据了很大的时间比重。并且数据准备是数据预处理的重要扩展，它最适合在可视化分析工具中使用，这能够避免分析流程被打断。可视化分析工具与开源数据科学组件(component)(如 R、Python、KNIME、RapidMiner)之间，互为补充。

第 4 章　数据相关性分析与回归分析的黄金法则

4.1　什么是数据集

4.1.1　数据集的概念与常见类型

1. 数据集的概念

数据集(Dataset)，又称作资料集、数据集合或资料集合，是由数据所组成的集合。

数据集是一个数据的集合，通常是以表格的形式出现，每一列代表一个特定变量，每一行都对应于某一成员的数据集的每一个变量，如一个人的身高和体重或一个物品的价格和数量。每个数值被称为数据资料。对应于行数，该数据集的数据可能包括一个或多个成员。

2. 数据集的类型

数据集一般包括以下几种类型。

1)　Iris 数据集

在模式识别文献中，Iris 数据集恐怕是最通用也是最简单的数据集了。要学习分类技术，Iris 数据集绝对是最方便的途径。如果你之前从未接触过数据科学这一概念，从这里开始一定没错，因为该数据集只有 4 列 150 行。

典型问题：在可用属性基础上预测花的类型。

2)　泰坦尼克数据集

泰坦尼克数据集也是全球数据科学殿堂中出镜率最高的数据集之一。借助一些教程和指导，泰坦尼克数据集可以让你深入了解数据科学。通过对类别、数字、文本等数据的结合，你能从该数据集中总结出最疯狂的想法。该数据集更重视分类问题，共有 12 列 891 行。

典型问题：预测泰坦尼克号上生还的幸存者人数。

3)　贷款预测数据集

在所有行业中，保险业对数据的倚重最为明显，预测数据集可以让保险公司更好地面对各种挑战和出现的问题。该数据集共有 13 列 615 行。

典型问题：预测贷款申请能否得到批准或通过。

4)　大市场销售数据集

在客户群体中零售业对数据分析的使用程度也越来越大，对数据的需求也是日趋明显。利用数据分析来优化、细化整个商业流程，并且管理人员可以准确地完成产品调配、供货和打包等一系列流程。市场数据的出现就是来解决回归的问题。该数据集共有 12 列 8523 行。

典型问题：预测销售情况。

5)　波士顿数据集

波士顿数据集也是模式识别文献中的典型数据集，该数据集得名是因为波士顿的房地产行业，同时它也是一个回归问题。该数据集共有 14 列 8506 行。

典型问题：预测房屋售价的中间值。

6)　进阶级别的数据集

(1)　人类活动识别数据集。

该数据集是由几十个受试人智能手机内置的传感器收集来的。在许多机器学习课程中该数据集是学生联手的重要助手。该数据集属于多标记分类问题，共有 561 列 10 299 行。

典型问题：预测人类活动的类别。

(2)　“黑五”数据集。

该数据集主要是由零售店的交易记录组成的，它在数据集界资格很老，可以帮助商家了解自己商店每天的购物体验。“黑五”数据集也是个回归问题，它共有 12 列 550 069 行。

典型问题：预测消费者购物量。

(3)　文本挖掘数据集。

该数据集包含航空公司飞行数据中关于航空安全问题的报告，属于多标记分类的高维问题。它共有 30 438 列 21 519 行。

典型问题：根据标签为文档分类。

(4)　访问历史数据集。

该数据集来源于美国的一个单车分享服务。该数据集 2010 年第四季度开始每季度都会总结出一个新文档，每个文档拥有 7 列。它属于典型的分类问题。

典型问题：预测用户的类型。

(5)　百万歌曲数据集。

在娱乐业中也有用到此项技术，该数据集能帮你完成回归问题。它包括 515 345 个观察值和 90 个变量。只不过，这还只是百万首歌曲数据库中的一个小子集。

典型问题：预测发行歌曲的最佳年份。

(6)　人口收入数据集。

该数据集属于非平衡数据分类和机器学习问题。众所周知，机器学习在解决非平衡问题上效果显著，它可以执行癌症和欺诈检测等任务。该数据集共有 14 列 48 842 行。

典型问题：预测美国人的收入阶层。

(7)　电影镜头数据集。

利用该数据集，你能搭建一个推荐引擎。同时，该数据集也是数据科学行业的老兵之一，它可运用在许多领域。它的数据量相当庞大，共有 4000 部电影和 6000 多位用户发出的超过 100 万个评分。

典型问题：为用户推荐新电影。

4.1.2 高效进行数据度量的实战技巧

使用快速度量可快速执行常见的高效计算。快速度量在后台运行一组数据分析表达式 (DAX)命令，然后显示结果以供用户在报表中使用。用户无须编写 DAX，系统会根据对话框中提供的输入自动完成此操作。计算有较多类别，可通过多种方式来根据自己的需求修改所有计算，尤其可以查看快速度量执行的 DAX，从而可更好地学习 DAX 知识。

1. 创建快速度量

创建快速度量的具体步骤如下。

(1) 在 Power BI Desktop 中创建快速度量：右击或单击“字段”窗格中任意项旁边的省略号(...)，然后从弹出的菜单中选择“新建快速度量值”命令，如图 4-1 所示。

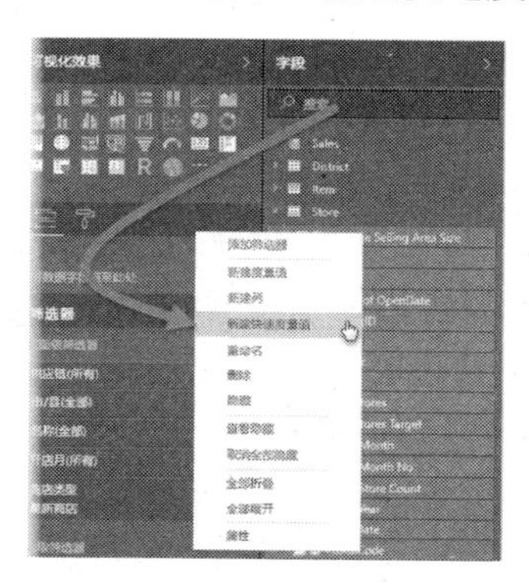

图 4-1 选择“新建快速度量值”命令

(2) 选择“新建快速度量值”命令后将显示“快速度量”对话框，随即可以选择所需计算，以及要对其运行计算的字段。

(3) 选择“选择计算”字段，查看一长串的可用快速度量，如图 4-2 所示。

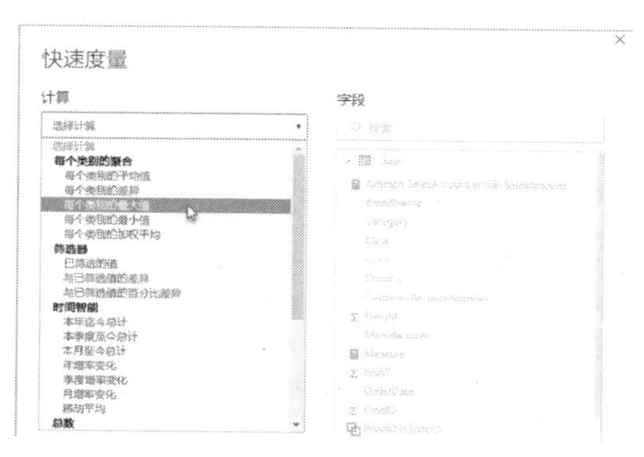

图 4-2 在“快速度量”对话框中选择“选择计算”字段

快速度量的计算类型有 6 种，具体说明如表 4-1 所示。

表 4-1　快速度量的计算类型及其说明

类型	每个类别的聚合	筛选器	时间智能	总数	数学运算	文本
说明	①每个类别的平均值； ②每个类别的差异； ③每个类别的最大值； ④每个类别的最小值； ⑤每个类别的加权平均	①已筛选的值； ②与已筛选值的差异； ③与已筛选值的百分比差异； ④新客户的销售额	①本年至今总计； ②本季度至今总计； ③本月至今总计； ④年增率变化； ⑤季度增率变化； ⑥月增率变化； ⑦移动平均	①汇总； ②类别总数(应用筛选器)； ③类别总数(未应用筛选器)	①加法； ②减法； ③乘法； ④除法； ⑤百分比差异； ⑥相关系数	①星级评分； ②值连接列表

若要针对想查看的新快速度量、底层 DAX 公式或其他快速度量相关内容提交建议，可参考后续内容讲解。

说明：使用 SQL Server Analysis Services(SSAS)实时连接时，可以使用一些快速度量。Power BI Desktop 仅显示连接到的 SSAS 版本所支持的快速度量。如果连接到 SSAS 实时数据源，但列表中没有显示特定的快速度量，这是因为连接到的 SSAS 版本不支持用于实现这些快速度量的 DAX 度量。

(4)　选择要用于快速度量的计算和字段后，单击“确定”按钮。新建的快速度量将显示在“字段”窗格中，而基础 DAX 公式显示在“公式”栏中。

2. 快速度量的应用

在图 4-3 中的矩阵视觉对象显示了一张各种产品的销售额表(这是包含了每个类别的销售总额的基本表)。

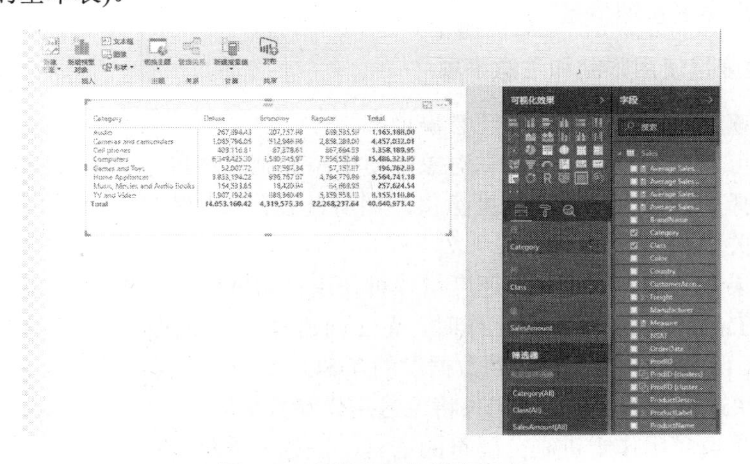

图 4-3　各种产品的销售额表

(1) 选择矩阵视觉对象，在“值”框中单击 TotalSales 旁边的下拉箭头，然后在弹出的下拉列表中选择“新建快速度量”选项。

(2) 在“快速度量”对话框的“计算”下拉列表框中，选择“每个类别的平均值”选项。

(3) 将 Average Unit Price 从“字段”窗格拖到“基值”字段，将“类别”字段保留为 Category，然后单击“确定”按钮。

(4) 单击“确定”按钮后，可以看到：①矩阵视觉对象有一个新列，其中显示已计算的 Average Unit Price average per Category；②新建的快速度量的 DAX 公式显示在公式栏中；③新建的快速度量在“字段”窗格中以选中和高亮显示状态显示。

说明：新建的快速度量值可用于报表中的任何视觉对象，而不只是您为其创建的视觉对象。

3. 使用快速度量了解 DAX

快速度量的一个强大优点在于显示了实现度量值的 DAX 公式。选择“字段”窗格中的快速度量后将显示公式栏，其中显示了 Power BI 为实现此度量值而创建的 DAX 公式。

公式栏不仅显示度量值背后的公式，而且更重要的可能是，使你可以了解如何创建 DAX 公式基础快速度量。

假设需要执行年增率计算，但你不确定该如何编写 DAX 公式，此时你无须坐在桌前苦思冥想，可以使用“年增率变化”计算创建快速度量，然后看它在视觉对象中如何显示以及 DAX 公式如何运作。然后，你还可以直接更改 DAX 公式，也可以创建符合要求和预期的类似度量值。这就像你只需单击几下，即有老师迅速回答你的“假设”问题一样。

如果不喜欢快速度量，你可以随时将其从模型中删除，只需右击或单击度量值旁边的省略号(...)，然后在弹出的菜单中选择“删除”命令；还可以在菜单中选择“重命名”命令，重命名快速度量。

4. 快速度量使用限制和注意事项

使用快速度量有几点限制和注意事项：

(1) 你可以在报表的任何视觉对象中使用添加到“字段”窗格的快速度量。

(2) 选择“字段”列表中的度量值，然后查看公式栏中的公式，可以随时查看与快速度量相关联的 DAX。

(3) 如果能够修改模型，快速度量才可使用；如果使用某些实时连接，则不适用。

(4) 在 DirectQuery 模式下工作时，无法创建时间智能快速度量，这些快速度量中使用的 DAX 函数在转换为发送到数据源的 T-SQL 语句时会影响性能。

注意：快速度量的 DAX 语句只将逗号用作参数分隔符。如果 Power BI Desktop 版本使用的是将逗号用作十进制分隔符的语言，快速度量将无法正常运行。

5. 时间智能和快速度量

可以将自己的自定义日期表与时间智能快速度量配合使用。如果使用的是外部表格模型，请确保在生成模型时，此表中的主日期列被标记为“日期”表。如果要导入自己的日期表，请确保将其标记为“日期”表。

4.2　做好数据相关性分析

4.2.1　进行数据相关性分析的作用

在我们的工作中，会有一个这样的场景：有若干数据罗列在我们的面前，这组数据相互之间可能会存在一些联系，可能是此增彼涨，或者是负相关，也可能是没有关联。因此，进行数据相关性分析的作用就是把这种关联性进行定量对数据进行分析，从而给我们的决策提供支持。

4.2.2　常用的数据相关分析方法

数据分析的方法有很多，初级的方法如正相关、负相关或不相关；中级的方法如完全相关、不完全相关等；高级的方法可以将数据间的关系转化为模型，并通过模型对未来的业务发展进行预测。下面根据一组广告的成本数据和曝光量数据对每一种相关分析方法进行介绍。

表 4-2 所示是每日广告曝光量和费用成本的数据，每一行代表一天中的花费和获得的广告曝光数量。凭经验判断，这两组数据间应该存在联系，但仅通过这两组数据我们无法证明这种关系真实存在，也无法对这种关系的强度进行度量。因此我们希望通过相关分析来找出这两组数据之间的关系，并对这种关系进行度量。

表 4-2　每日广告曝光量和费用成本的数据

投放时间	广告曝光量(y)	费用成本(x)
2019/11/1	18 681	4616
2019/11/2	15 106	4649
2019/11/3	17 692	4600
2019/11/4	16 680	4557
2019/11/5	18 963	4541
2019/11/6	10 660	680
2019/11/7	…	…
2019/11/8	…	…
2019/11/9	…	…

1. 图表相关分析(折线图及散点图)

1) 折线图

第一种相关分析方法是将数据进行可视化处理，简单地说就是绘制图表。单纯从数据的角度很难发现其中的趋势和联系，而将数据点绘制成图表后趋势和联系就会变得清晰起来。对于有明显时间维度的数据，我们选择使用折线图。

为了更清晰地对比这两组数据的变化和趋势，我们使用双坐标轴折线图，如图 4-4 所示，其中主坐标轴用来绘制广告曝光量数据，次坐标轴用来绘制费用成本的数据。通过折线图可以发现，费用成本和广告曝光量两组数据的变化和趋势大致相同，从整体的大趋势来看，费用成本和广告曝光量两组数据都呈现增长趋势。从规律性来看，费用成本和广告曝光量数据每次的最低点都出现在同一天。从细节来看，两组数据的短期趋势的变化也基本一致。

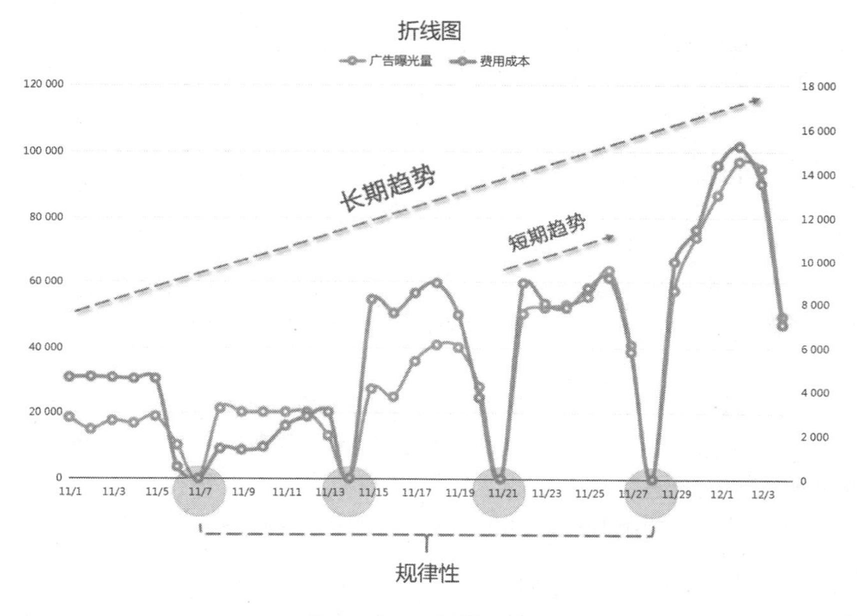

图 4-4 双坐标轴折线图

经过图 4-4 对比，我们可以说广告曝光量和费用成本之间有一些相关关系，但这种方法在整个分析过程和解释上过于复杂，如果换成复杂一点的数据或者相关度较低的数据就会出现很多问题。

2) 散点图

散点图比折线图更直观。散点图去除了时间维度的影响，只关注广告曝光量和费用成本这两组数据间的关系。在绘制散点图之前，我们将费用成本标识为 x，也就是自变量，将广告曝光量标识为 y，也就是因变量。图 4-5 是根据每一天中广告曝光量和费用成本数据绘制的散点图，x 轴是自变量费用成本数据，y 轴是因变量广告曝光量数据。从数据点的分布情况可以发现，自变量 x 和因变量 y 有着相同的变化趋势，当费用成

本增加后，广告曝光量也随之增加。

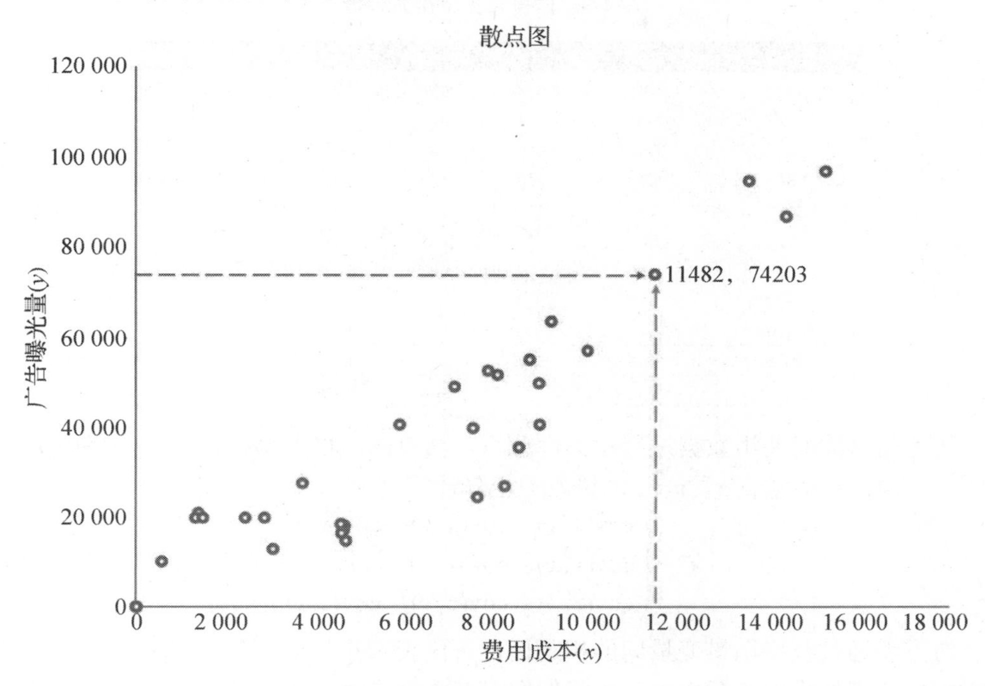

图 4-5　散点图

折线图和散点图都清晰地表示了广告曝光量和费用成本两组数据间的相关关系，优点是对相关关系的展现清晰，缺点是无法对相关关系进行准确的度量，缺乏说服力。并且当数据超过两组时也无法完成各组数据间的相关分析。若要通过具体数字来度量两组或两组以上数据间的相关关系，需要使用第二种方法：计算协方差。

2. 协方差及协方差矩阵

第二种相关分析方法是计算协方差。协方差用来衡量两个变量的总体误差：如果两个变量的变化趋势一致，协方差就是正值，说明两个变量正相关；如果两个变量的变化趋势相反，协方差就是负值，说明两个变量负相关；如果两个变量相互独立，那么协方差就是 0，说明两个变量不相关。式(4-1)是协方差的计算公式：

$$\operatorname{cov}(X,Y)=\frac{\sum_{i=1}^{n}(X_i-\overline{X})(Y_i-\overline{Y})}{n-1} \tag{4-1}$$

表 4-3 所示是广告曝光量和费用成本间协方差的计算过程和结果，经过计算，我们得到了一个很大的正值，因此可以说明两组数据间是正相关的。广告曝光量随着费用成本的增长而增长。在实际工作中不需要按下面的方法来计算，可以通过 Excel 中 COVAR()函数直接获得两组数据的协方差值。

表 4-3 广告曝光率协方差值

投放时间	广告曝光量(y)	费用成本(x)	$y_i-\bar{y}$	$x_i-\bar{x}$	$(x_i-\bar{x})(y_i-\bar{y})$
2016/7/1	18,481	4,616	-16,344	-1,283	20,966,307
2016/7/2	15,094	4,649	-19,731	-1,250	24,663,380
2016/7/3	17,619	4,600	-17,206	-1,299	22,350,167
2016/7/4	16,825	4,557	-18,000	-1,342	24,154,482
2016/7/5	18,811	4,541	-16,014	-1,358	21,741,416
2016/7/6	10,430	568	-24,395	-5,331	130,058,373
2016/7/7	18	-	-34,807	-5,899	205,327,475
2016/7/8	…	…	…	…	…
2016/7/9	…	…	…	…	…
均值:	34,825	5,899		求和:	3,508,979,770
				n=34	106,332,720

协方差只能对两组数据进行相关性分析，当有两组以上数据时就需要使用协方差矩阵。下面是三组数据 x，y，z 的协方差矩阵计算公式。

$$\boldsymbol{C}=\begin{pmatrix}\operatorname{cov}(x,x) & \operatorname{cov}(x,y) & \operatorname{cov}(x,z)\\ \operatorname{cov}(y,x) & \operatorname{cov}(y,y) & \operatorname{cov}(y,z)\\ \operatorname{cov}(z,x) & \operatorname{cov}(z,y) & \operatorname{cov}(z,z)\end{pmatrix} \tag{4-2}$$

协方差通过数字衡量变量间的相关性，正值表示正相关，负值表示负相关。但无法对相关的密切程度进行度量。当我们面对多个变量时，无法通过协方差来说明哪两组数据的相关性最高。要衡量和对比相关性的密切程度，就需要使用下一个方法：相关系数。

3. 相关系数

第三个相关分析方法是相关系数。相关系数(Correlation Coefficient)是反映变量之间关系密切程度的统计指标。相关系数的取值区间在 1 到−1 之间：1 表示两个变量完全线性相关，−1 表示两个变量完全负相关，0 表示两个变量不相关。数据越趋近于 0 表示相关关系越弱。以下是相关系数的计算公式：

$$r_{xy}=\frac{S_{xy}}{S_x S_y} \tag{4-3}$$

式中 r_{xy} 表示样本相关系数，S_{xy} 表示样本协方差，S_x 表示 x 的样本标准差，S_y 表示 y 的样本标准差。下面分别是 S_{xy} 协方差和 S_x、S_y 标准差的计算公式。由于是样本协方差和样本标准差，因此分母使用的是 $n-1$。

S_{xy} 样本协方差计算公式如下：

$$S_{xy}=\frac{\sum_{i=1}^{n}(X_i-\overline{X})(Y_i-\overline{Y})}{n-1} \tag{4-4}$$

S_x 样本标准差计算公式如下：

$$S_x = \sqrt{\frac{\sum (x_i - \bar{x})^2}{n-1}} \tag{4-5}$$

S_y 样本标准差计算公式如下：

$$S_y = \sqrt{\frac{\sum (y_i - \bar{y})^2}{n-1}} \tag{4-6}$$

表 4-4 所示是计算相关系数的过程，我们分别计算了 x，y 变量的协方差以及各自的标准差，并求得相关系数值为 0.93。0.93 大于 0，说明两个变量间正相关，同时 0.93 非常接近于 1，说明两个变量间高度相关。

表 4-4　计算相关系数

投放时间	广告曝光量(y)	费用成本(x)	$y_i-\bar{y}$	$x_i-\bar{x}$	$(x_i-\bar{x})(y_i-\bar{y})$	$(y_i-\bar{y})^2$	$(x_i-\bar{x})^2$
2016/7/1	18,481	4,616	-16,344	-1,283	20,966,307	267,109,992	1,645,712
2016/7/2	15,094	4,649	-19,731	-1,250	24,663,380	389,292,630	1,562,532
2016/7/3	17,619	4,600	-17,206	-1,299	22,350,167	296,029,230	1,687,435
2016/7/4	16,825	4,557	-18,000	-1,342	24,154,482	323,982,000	1,800,838
2016/7/5	18,811	4,541	-16,014	-1,358	21,741,416	256,432,182	1,843,330
2016/7/6	10,430	568	-24,395	-5,331	130,058,373	595,091,630	28,424,497
2016/7/7	18	-	-34,807	-5,899	205,327,475	1,211,492,442	34,799,533
2016/7/8	…	…	…	…	…	…	…
2016/7/9	…	…	…	…	…	…	…
$n=34$					s_{xy} 106,332,720	s_y 26,615	s_x 4,266
					r_{xy} 0.936447666		

在实际工作中，不需要上面这么复杂的计算过程，在 Excel 的数据分析模块中选择相关系数功能，设置好 x，y 变量后可以自动求得相关系数的值。在图 4-6 所示的结果中可以看到，广告曝光量和费用成本的相关系数与我们手动求的结果一致。

	广告曝光量(y)	费用成本(x)
广告曝光量(y)	1	
费用成本(x)	0.936447666	1

图 4-6　广告曝光量和费用成本的相关系数

相关系数的优点是可以通过数字对变量的关系进行度量，并且带有方向性，1 表示正相关，−1 表示负相关，可以对变量关系的强弱进行度量，越靠近 0，相关性越弱。缺点是无法利用这种关系对数据进行预测，即没有对变量间的关系进行提炼和固化，形成模型。要利用变量间的关系进行预测，需要使用到下一种相关分析方法：回归分析。

4. 一元回归及多元回归

回归分析(Regression Analysis)是确定两组或两组以上变量间关系的统计方法。回归分析按照变量的数量分为一元回归和多元回归。两个变量使用一元回归，两个以上变量使用多元回归。进行回归分析之前有两个准备工作：确定变量的数量；确定自变量和因变量。

我们的数据中只包含广告曝光量和费用成本两个变量，因此使用一元回归。根据经验，广告曝光量是随着费用成本的变化而改变的，因此将费用成本设置为自变量 x，广告曝光量设置为因变量 y，b_0 为方程的截距，b_1 为斜率，得出一元回归方程式如下：

$$y = b_0 + b_1 x \tag{4-7}$$

从式(4-7)中可知，得出 b_0 和 b_1 的值，我们就可知道变量间的关系，并且可以通过这个关系在已知费用成本的情况下预测广告曝光量。

通过已知的费用成本 x 和广告曝光量 y 来计算 b_1 的值得：

$$b_1 = \frac{\sum (x_i - \overline{x})(y_i - \overline{y})}{\sum (x_i - \overline{x})^2} \tag{4-8}$$

通过最小二乘法计算 b_1 值的具体计算过程和结果如表 4-5 所示。经计算，b_1 的值为 5.84。

表 4-5　通过最小二乘法计算 b_1 值的具体计算过程

投放时间	广告曝光量(y)	费用成本(x)	$y_i - \bar{y}$	$x_i - \bar{x}$	$(x_i - \bar{x})(y_i - \bar{y})$	$(x_i - \bar{x})^2$
2016/7/1	18,481	4,616	-16,344	-1,283	20,966,307	1,645,712
2016/7/2	15,094	4,649	-19,731	-1,250	24,663,380	1,562,532
2016/7/3	17,619	4,600	-17,206	-1,299	22,360,167	1,687,435
2016/7/4	16,825	4,557	-18,000	-1,342	24,154,482	1,800,838
2016/7/5	18,811	4,541	-16,014	-1,358	21,741,416	1,843,330
2016/7/6	10,430	568	-24,395	-5,331	130,058,373	28,424,497
2016/7/7	18	-	-34,807	-5,899	205,327,476	34,799,533
2016/7/8	…	…	…	…	…	…
2016/7/9	…	…	…	…	…	…
	$\bar{y}$	$\bar{x}$			$\sum (x_i - \bar{x})(y_i - \bar{y})$	$\sum (x_i - \bar{x})^2$
	34,825	**5,899**			**3,508,979,770**	**600,651,674**
					b_1 =	5.841954536

在已知 b_1 和自变量与因变量均值的情况下，b_0 的计算公式如下：

$$b_0 = \overline{y} - b_1 \overline{x} \tag{4-9}$$

因此，$b_0 = \overline{y} - b_1 \overline{x}$=34 825−5.84×5899=374。

在实际的工作中不需要进行如此烦琐的计算，Excel 可以帮我们自动完成并给出结果。在 Excel 中使用数据分析中的回归功能，输入自变量和因变量的范围后可以自动获得 b_0 (Intercept)的值 362.15 和 b_1 的值 5.84。这里的 b_0 和之前手动计算获得的值有一些差异，因为前面用于计算的 b_1 值只保留了两位小数。

将截距 b_0 和斜率 b_1 代入到一元回归方程中，就获得了自变量与因变量的关系(即式(4-10))。费用成本每增加 1 元，广告曝光量会增加 379.84 次。通过这个关系我们可以根据费用成本预测广告曝光量数据，也可以根据所需的广告曝光量来反推投入的费用成本。

$$y = 374 + 5.84x \tag{4-10}$$

获得这个方程还可简单在 Excel 中对自变量和因变量生成散点图，然后选择添加趋势线，在添加趋势线的菜单中选中显示公式和显示 R 平方值即可。

如果有两个以上的变量使用 Excel 中的回归分析，可选中相应的自变量和因变量范围，多元回归方程如下：

$$y = b_0 + b_1x_1 + b_2x_2 + \cdots + b_nx_n \tag{4-11}$$

5. 信息熵及互信息

上面我们围绕费用成本和广告曝光量两组数据展开了分析。实际工作中影响最终效果的因素可能有很多，并且不一定都是数值形式。比如我们站在更高的维度来看之前的数据，广告曝光量只是一个过程指标，最终要分析和关注的是用户是否购买的状态。而影响这个结果的因素也不仅仅是费用成本或其他数值化指标，可能是一些特征值。例如用户所在的城市、用户的性别、年龄区间分布，以及是否第一次到访网站等，这些都不能通过数字进行度量。

度量这些文本特征值之间相关关系的方法就是互信息。通过这种方法我们可以发现哪一类特征与最终的结果关系密切。如表 4-6 所示是模拟的一些用户特征和数据，在这些数据中我们忽略之前的费用成本和广告曝光量数据，只关注特征与状态的关系。

表 4-6 模拟一些用户特征和数据

城市	消费成本	广告曝光量	性别	新用户	年龄分布	状态
杭州	13,588	78,844	男	是	岁25-34	未购买
杭州	20,738	120,473	男	否	岁25-34	未购买
北京	18,949	111,982	女	否	岁25-34	购买
上海	30,908	167,093	男	是	岁35-45	未购买
北京	27,822	167,897	男	否	岁<25	购买
北京	30,100	185,418	男	否	岁35-45	未购买
南京	23,317	129,550	女	是	岁25-34	未购买
广州	19,057	120,861	女	否	岁<25	未购买
北京	16,091	101,915	女	否	岁25-34	购买
…	…	…	…	…	…	…
…	…	…	…	…	…	…

1) 信息熵的计算

我们把抛硬币这个事件看作一个随机变量 T，它可能的取值有 2 种，分别是正面 x_1 和反面 x_2，每一种取值的概率分别为 P_1 和 P_2。我们要获得随机变量 T 的取值结果至少要进行 1 次试验，试验次数与随机变量 T 可能的取值数量(2 种)的对数函数 log 有联系，因此熵的计算公式是：

$$E(T) = \sum_{i=1}^{c} -p_i \log_2 p_i \tag{4-12}$$

2) 条件熵的计算

在现实生活中，有很多问题无法仅仅通过自身概率来判断。比如对于网站的用户我们无法通过他们的历史购买频率来判断这个用户在下一次访问时是否会完成购买，因为用户的购买行为存在着不确定性，要消除这些不确定性需要更多的信息。例如用户历史行为中的广告创意、促销活动、商品价格、配送时间等信息。因此这里我们不能只借助一元模型来进行判断和预测了，需要获得更多的信息并通过二元模型或更高阶的模型了解用户的购买行为与其他因素间的关系来消除不确定性，衡量这种关系的指标叫作条件熵。

计算条件熵时使用到了两种概率，分别是购买与促销活动的联合概率 $P(c)$，和不同促销活动出现时购买也出现的条件概率 $E(c)$。以下是条件熵 $E(T,X)$的计算公式。条件熵的值越低，说明二元模型的不确定性越小。

$$E(T,X)=\sum_{c\in X}P(c)E(c) \tag{4-13}$$

3) 互信息的计算

互信息是用来衡量信息之间相关性的指标。当两个信息完全相关时，互信息为 1，不相关时为 0。比如用户购买与促销活动这两个信息间的相关性究竟有多高，我们可以通过互信息这个指标来度量。具体的计算方法即熵与条件熵之间的差。用户购买的熵 $E(T)$减去促销活动出现时用户购买的熵 $E(T,X)$。以下为计算公式：

$$G(T,X)=E(T)-E(T,X) \tag{4-14}$$

经过互信息计算，城市与购买状态的相关性最高，所在城市为北京的用户购买率较高，如表 4-7 所示。

表 4-7 每个特征的互信息值以及排名结果

特征	互信息	排名
城市	0.557727779	1
性别	0.072780226	4
新用户	0.251629167	2
年龄分布	0.156656615	3

通过学习上述 5 种方法可知：图表方法最为直观；通过相关系数方法可以看到变量间两两的相关性；使用回归方程可以对相关关系进行提炼，并生成模型用于预测；使用互信息可以对文本类特征间的相关关系进行度量。

4.3 做好数据回归分析实战要领

在统计学中，回归分析(Regression Analysis)指的是确定两种或两种以上变量间相互依赖的定量关系的一种统计分析方法。回归分析按照涉及的变量的多少，可分为一元回归分析和多元回归分析；按照因变量的多少，可分为简单回归分析和多重回归分析；按照自变量和因变量之间的关系类型，可分为线性回归分析和非线性回归分析。

在大数据分析中，回归分析是一种预测性的建模技术，它研究的是因变量(目标)和自变量(预测器)之间的关系。这种技术通常用于预测分析、时间序列模型以及发现变量之间的因果关系。例如，关于司机的鲁莽驾驶与道路交通事故数量之间的关系，最好的研究方法就是回归分析。

4.3.1　数据回归分析方法概述

常用的数据回归分析方法有以下几种。

1. 线性回归

线性回归是最为人熟知的建模技术之一。线性回归通常是人们在学习预测模型时首选的少数几种技术之一。在该技术中，因变量是连续的，自变量(单个或多个)可以是连续的也可以是离散的，回归线的性质是线性的。线性回归使用最佳的拟合直线(也就是回归线)在因变量(Y)和一个或多个自变量(X)之间建立一种关系。用一个式子来表示为：

$$Y = a + bX + e \tag{4-15}$$

其中 a 表示截距，b 表示直线的倾斜率，e 是误差项。这个式子可以根据给定的单个或多个预测变量来预测目标变量的值。

一元线性回归和多元线性回归的区别在于：多元线性回归有一个以上的自变量，而一元线性回归通常只有一个自变量。

线性回归的要点如下：

(1)　自变量与因变量之间必须有线性关系。

(2)　多元回归存在多重共线性、自相关性和异方差性。

(3)　线性回归对异常值非常敏感。它会严重影响回归线，最终影响预测值。

(4)　多重共线性会增加系数估计值的方差，使得估计值对于模型的轻微变化异常敏感，结果就是系数估计值不稳定。

(5)　在存在多个自变量的情况下，我们可以使用向前选择法、向后剔除法和逐步筛选法来选择最重要的自变量。

2. 逻辑回归

逻辑回归可用于发现“事件=成功”和“事件=失败”的概率。当因变量的类型属于二元(1 / 0、真/假、是/否)变量时，我们就应该使用逻辑回归。这里，Y 的取值范围是从 0 到 1，它可以用下面的等式表示：

```
odds= p/ (1-p) =某事件发生的概率/某事件不发生的概率
ln(odds) = ln(p/(1-p));
logit(p) = ln(p/(1-p))=b0+b1*X1+b2*X2+b3*X3+…+bk*Xk。
```

如上，p 表示具有某个特征的概率。在这里我们使用对数 log 是因为我们使用的是二项分布(因变量)，我们需要选择一个最适用于这种分布的连接函数，即 Logit 函数。在上述等式中，通过观测样本的极大似然估计值来选择参数，而不是最小化平方和误差(如在普通回归使用的)。

逻辑回归的要点如下：

(1) 逻辑回归广泛用于分类问题。

(2) 逻辑回归不要求自变量和因变量存在线性关系。它可以处理多种类型的关系，因为它对预测的相对风险指数使用了一个非线性的 log 转换。

(3) 为了避免过拟合和欠拟合，我们应该包括所有重要的变量。有一个很好的方法来确保这种情况，就是使用逐步筛选方法来估计逻辑回归。

(4) 逻辑回归需要较大的样本量，因为在样本数量较少的情况下，极大似然估计的效果比普通的最小二乘法差。

(5) 自变量之间应该互不相关，即不存在多重共线性。然而，在分析和建模中，我们可以选择包含分类变量相互作用的影响。

(6) 如果因变量的值是定序变量，则称它为序逻辑回归。

(7) 如果因变量是多类的话，则称它为多元逻辑回归。

3. 多项式回归

对于一个回归方程，如果自变量的指数大于 1，那么它就是多项式回归方程。其方程表示如下：

$$y = a + bx^2 \tag{4-16}$$

在这种回归技术中，最佳拟合线不是直线，而是一个用于拟合数据点的曲线。

4. 逐步回归

在处理多个自变量时，我们可以使用逐步回归。在这种技术中，自变量的选择是在一个自动的过程中完成的，其中包括非人为操作。

这一步是通过观察统计的值，如 R-square、t-stats 和 AIC 指标，来识别重要的变量。逐步回归通过同时添加/删除基于指定标准的协变量来拟合模型。下面是一些最常用的逐步回归方法：

(1) 标准逐步回归法。主要用来增加和删除每个步骤所需的预测。

(2) 向前选择法。从模型中最显著的预测开始，然后为每一步添加变量。

(3) 向后剔除法。与模型的所有预测同时开始，然后在每一步消除最小显著性的变量。

逐步回归建模技术的目的是使用最少的预测变量数来最大化预测能力，这也是处理高维数据集的方法之一。

5. 岭回归

当数据之间存在多重共线性(自变量高度相关)时，就需要使用岭回归分析。在存在多重共线性时，尽管使用最小二乘法(OLS)测得的估计值不存在偏差，它们的方差也会很大，从而使得观测值与真实值相差甚远。岭回归通过给回归估计值添加一个偏差值，来降低标准误差。岭回归和线性回归方程一样，也有一个误差项，其等式表示如下：

$$y = a + bx + e \tag{4-17}$$

e 为误差项，误差项是用以纠正观测值与预测值之间预测误差的值。针对包含多个自变量的情形，其等式表示如下：

$$y = a + y = a + b_1 \times 1 + b_2 \times 2 + \cdots + e \tag{4-18}$$

在线性等式中，预测误差可以划分为两个分量：一个是偏差造成的，一个是方差造成的。预测误差可能会由这两者或两者之一造成。

岭回归的要点如下：

(1) 除常数项以外，岭回归的假设与最小二乘回归相同；

(2) 它收缩了相关系数的值，但没有达到零，这表明它不具有特征选择功能；

(3) 这是一个正则化方法，并且使用的是 L2 正则化。

6. 套索回归

套索回归类似于岭回归，它也会惩罚回归系数的绝对值大小。此外，它能够减少变化程度并提高线性回归模型的精度。

套索回归与岭回归有一点不同，它使用的惩罚函数是绝对值，而不是平方。这导致惩罚(或等于约束估计的绝对值之和)值使一些参数估计结果等于零。使用惩罚值越大，进一步估计会使得缩小值趋近于零，这将导致我们要从给定的 n 个变量中选择变量。

7. ElasticNet 回归

ElasticNet 回归是套索回归和岭回归的组合体。它使用 L1 来训练并且 L2 优先作为正则化矩阵。当存在多个相关的特征时，ElasticNet 会很有用。岭回归一般会随机选择其中一个特征，而 ElasticNet 则会选择其中的两个。同时包含岭回归和套索回归的一个优点是，ElasticNet 回归可以在循环状态下继承岭回归的一些稳定性。

ElasticNet 回归的要点如下：

(1) 在具有高度相关变量的情况下，它会产生群体效应；

(2) 选择变量的数目没有限制；

(3) 它可以承受双重收缩。

4.3.2　数据回归分析所能解决的实际问题

一般来说，回归分析是通过规定因变量和自变量来确定变量之间的因果关系，建立回归模型，并根据实测数据来求解模型的各个参数，然后评价回归模型是否能够很好地拟合实测数据；如果能够很好地拟合，则可以根据自变量作进一步预测。

例如，如果要研究质量和用户满意度之间的因果关系，从实践意义上讲，产品质量会影响用户的满意情况，因此设用户满意度为因变量，记为 Y；质量为自变量，记为 X。可以建立这样的线性关系：

$$Y = A + BX + e \tag{4-19}$$

式中：A 和 B 为待定参数，A 为回归直线的截距，B 为回归直线的斜率，表示 X 变化一个单位时，Y 的平均变化情况；e 为依赖于用户满意度的随机误差项。

对于经验回归方程：$Y=0.865+0.841X$

回归直线在 Y 轴上的截距为 0.865、斜率为 0.841，即质量每提高 1 分，用户满意度平均上升 0.841 分；或者说质量每提高 1 分对用户满意度的贡献是 0.841 分。

上面所示的例子是简单的一个自变量的线性回归问题，在进行数据分析的时候，也可以将此推广到多个自变量的多元回归。此外，在 SPSS 的结果输出里，还可以汇报 R2(又称为方程的确定性系数，Coefficient of Determination)、F 检验值和 T 检验值。R2 表示方程中变量 X 对 Y 的解释程度。R2 取值在 0 到 1 之间，越接近 1，表明方程中 X 对 Y 的解释能力越强。通常将 R2 乘以 100%来表示回归方程解释 Y 变化的百分比。F 检验值是通过方差分析表输出的，通过显著性水平(Significant Level)检验回归方程的线性关系是否显著。一般来说，显著性水平在 0.05 以上，均有意义。当 F 检验通过时，意味着方程中至少有一个回归系数是显著的，但是并不一定所有的回归系数都是显著的，这样就需要通过 T 检验来验证回归系数的显著性。同样地，T 检验值可以通过显著性水平或查表来确定。在上面所示的例子中，各参数的意义如表 4-8 所示。

表 4-8　各参数的意义

指　标	值	显著性水平	意　义
R2	0.89		质量解释了 89%的“用户满意度”的变化程度
F	276.82	0.001	回归方程的线性关系显著
T	16.64	0.001	回归方程的系数显著

下面以实例讲解回归分析在各种因素中的应用。

1. SIM 手机用户满意度与相关变量线性回归分析

我们以 SIM 手机的用户满意度与相关变量的线性回归分析为例，来进一步说明线性回归的应用。从实践意义上讲，手机的用户满意度应该与产品的质量、价格和形象有关，因此我们以“用户满意度”为因变量，“质量”“形象”和“价格”为自变量，作线性回归分析。利用 SPSS 软件的回归分析，得到回归方程如下：

$$用户满意度=0.008\times形象+0.645\times质量+0.221\times价格 \tag{4-20}$$

对于 SIM 手机来说，质量对其用户满意度的贡献比较大，质量每提高 1 分，用户满意度将提高 0.645 分；其次是价格，用户对价格的评价每提高 1 分，其满意度将提高 0.221 分；而形象对产品用户满意度的贡献相对较小，形象每提高 1 分，用户满意度仅提高 0.008 分。

方程各检验指标及含义如表 4-9 所示。

表 4-9　方程各检验指标及含义(1)

指　标	值	显著性水平	意　义
R2	0.89		89%的用户满意度的变化程度
F	248.53	0.001	回归方程的线性关系显著
T(形象)	0.00	1.000	“形象”对回归方程几乎没有贡献
T(质量)	13.93	0.001	“质量”对回归方程有很大贡献
T(价格)	5.00	0.001	“价格”对回归方程有很大贡献

从方程的检验指标来看，“形象”对整个回归方程的贡献不大，应予以删除。所以重新做“用户满意度”与“质量”“价格”的回归方程如下：

$$用户满意度=0.645\times质量+0.221\times价格 \tag{4-21}$$

从式(4-21)看出，用户对价格的评价每提高 1 分，其满意度将提高 0.221 分(在本示例中，因为“形象”对方程几乎没有贡献，所以得到的方程与前面的回归方程系数差不多)。

方程各检验指标及含义如表 4-10 所示。

表 4-10　方程各检验指标及含义(2)

指　标	值	显著性水平	意　义
R2	0.89		89%的用户满意度的变化程度
F	374.69	0.001	回归方程的线性关系显著
T(质量)	15.15	0.001	“质量”对回归方程有很大贡献
T(价格)	5.06	0.001	“价格”对回归方程有很大贡献

本示例分析的步骤如下。

1)　确定变量

明确预测的具体目标，也就确定了因变量。如预测具体目标是下一年度的销售量，那么销售量 Y 就是因变量。通过市场调查和查阅资料，寻找与预测目标相关的影响因素，即自变量，并从中选出主要的影响因素。

2)　建立预测模型

依据自变量和因变量的历史统计资料进行计算，在此基础上建立回归分析方程，即回归分析预测模型。

3)　进行相关分析

回归分析是对具有因果关系的影响因素(自变量)和预测对象(因变量)所进行的数理统计分析处理。只有当自变量与因变量确实存在某种关系时，建立的回归方程才有意义。因此，作为自变量的因素与作为因变量的预测对象是否有关，相关程度如何，以及判断这种相关程度的把握性多大，就成为进行回归分析必须要解决的问题。进行相关分析，一般要求出相关关系，以相关系数的大小来判断自变量和因变量相关的程度。

4) 计算预测误差

回归预测模型是否可用于实际预测，取决于对回归预测模型的检验和对预测误差的计算。回归方程只有通过各种检验，且预测误差较小，才能将回归方程作为预测模型进行预测。

5) 确定预测值

利用回归预测模型计算预测值，并对预测值进行综合分析，确定最后的预测值。

应用回归预测法时应首先确定变量之间是否存在相关关系。如果变量之间不存在相关关系，对这些变量应用回归预测法就会得出错误的结果。应用回归预测法时应注意以下几点：

(1) 用定性分析判断现象之间的依存关系；

(2) 避免回归预测的任意外推；

(3) 应用合适的数据资料。

2. 回归分析在游戏人气分析的实践应用探索

回归分析是研究一个变量(因变量)和另一个变量(自变量)关系的统计方法，用最小二乘方法拟合因变量和自变量的回归模型，把具有不确定的关系的若干变量转化为有确定关系的方程模型进行近似分析，并且通过自变量的变化来预测因变量的变化趋势。在回归分析中两个变量的地位是不平等的，考察某一个变量的变化是依存于其他变量的变化程度，也就是存在因果关系。

我们利用回归分析对游戏数据分析的某些指标进行分析探讨，针对DAU、PCU、ACU、新登等指标进行回归分析。一般而言我们使用Excel就能做一元回归分析。Excel做回归分析有两种方式：散点图和回归分析工具。散点图通过添加趋势线可以直观地显示自变量和因变量的关系，如果不存在明显的线性或者曲线关系，就放弃建立回归模型。趋势线能够输出方程的拟合度(R-square，该值越接近1，方程拟合越好)。使用回归分析工具，能够更加详细地输出回归分析指标相关信息，便于更加仔细地进行分析和预测。

回归分析分为线性回归分析和非线性回归分析。使用线性回归分析需要考虑以下几点。

(1) 自变量与因变量的关系，是否呈直线，是否一个变量依存于另一个变量的变化程度。如刚才所言，变量之间的地位是不平等的。

(2) 因变量是否符合正态分布。

(3) 因变量数值之间是否独立。

(4) 方差是否齐性。

一般来说，从使用回归分析工具得出的结果来看，应着重看看残差(Residual)是否正态、独立以及方差齐性。残差就是因变量的实际值与估计值的差值。在实际应用中，这些理论的条框我们有时不明白，那么我们可以通过其他办法来看，这就是通过散点图的方法。

是否呈现直线关系，通过散点图就能看出来，如图 4-7 所示，大致呈现直线关系。

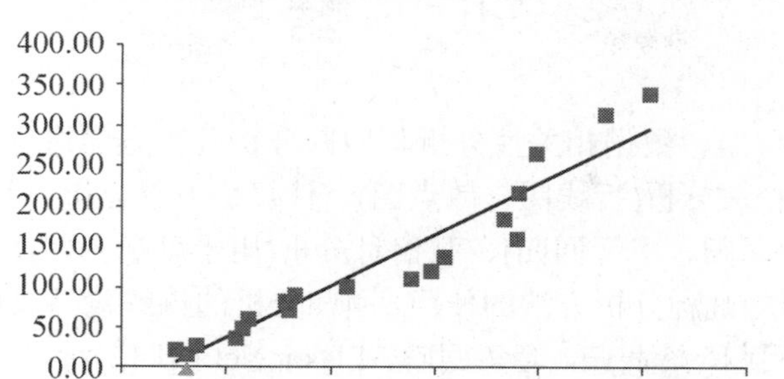

图 4-7　因变量的实际值与估计值的散点分布

对于正态分布可以考察残差的正态概率图，如果正态概率图呈现一条直线，表示符合正态分布，当然了，也可以通过正态性检验方法来检验一下是否符合正态分布。

是否方差齐性，可以通过残差的分布来看。即以因变量的预测值为 x 轴，以残差为 y 轴作图，如果残差无明显的分布，表明方差齐性。如果有一定的趋势，可能存在方差不齐的情况。如图 4-8 所示，随着 x 轴的增加，残差的范围逐渐增大，是明显的方差不齐的情形。

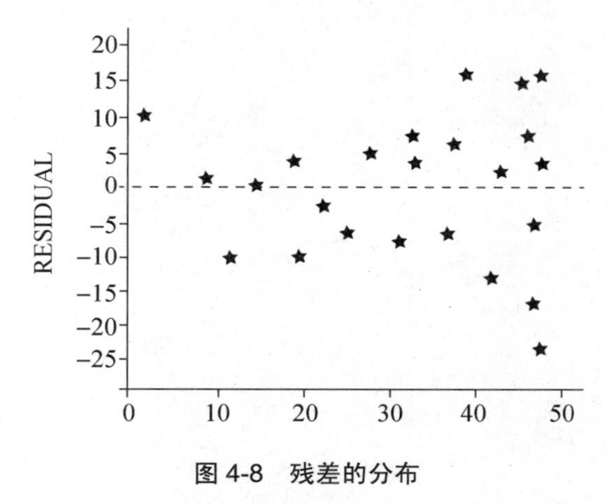

图 4-8　残差的分布

对于是否独立，也可以通过图形来看。如图 4-9 所示，随着时间的变化，因变量应该没有任何趋势，否则可能表明因变量之间有一定的相关性。

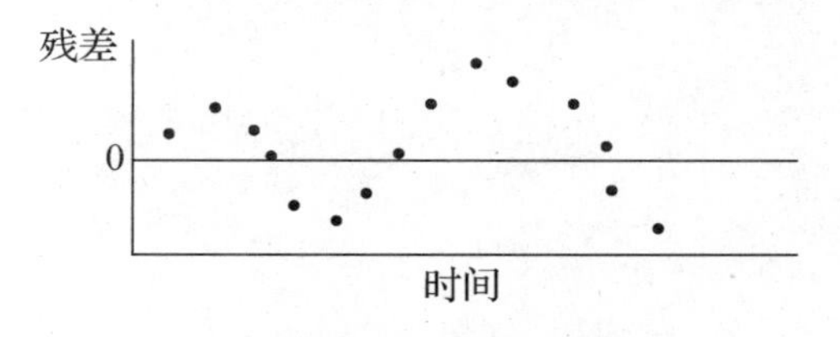

图 4-9　因变量的相关性

小　　结

本章主要从数据集、数据相关性分析与回归分析几个方面进行讲解。数据相关性分析主要讲解图表相关分析(折线图、散点图)、计算协方差分析、利用相关系数分析、回归分析(包括一元回归、多元回归)、互信息分析(用于度量一些文本特征值而非数据之间相关关系的方法)几种分析方法的使用。回归分析的讲解包括线性回归、逻辑回归、多项式回归、逐步回归、岭回归、套索回归、ElasticNet 回归 7 种常见方法的使用讲解，以及 SIM 手机用户满意度与相关变量线性回归分析等。

第5章 如何利用关联规则进行大数据挖掘

5.1 关 联 规 则

5.1.1 什么是关联规则

关联规则是形如 $X \rightarrow Y$ 的蕴含式，其中，X 和 Y 分别称为关联规则的先导(Antecedent 或 Left-Hand-Side，LHS)和后继(Consequent 或 Right-Hand-Side，RHS) 。其中，关联规则 XY，存在支持度和信任度。

关联规则最初提出的动机是针对购物篮分析(Market Basket Analysis)问题提出的。假设分店经理想更多地了解顾客的购物习惯，特别是想知道哪些商品顾客可能会在一次购物时同时购买。为解决这个问题，可对顾客购物篮中的不同物品进行关联分析，得出顾客的购物习惯。这种关联的发现可以了解到顾客喜好购买商品的类型，从而帮助零售商开发出更好的营销策略，来应对客户的需求。

1993 年，Agrawal 等人首先提出关联规则概念，同时给出了相应的挖掘算法 AIS，但是性能较差。后来有了著名的 Apriori 算法，Apriori 算法一直作为关联规则挖掘的经典算法，同时也有很多的研究人员对关联规则的挖掘问题进行了大量研究。

根据韩家炜等的观点，关联规则定义为：假设 $I=\{I_1,I_2\cdots,I_m\}$ 是项的集合，给定一个事务数据库 D，其中每个事务 t 都是 I 的非空子集，即每一个事务都与一个唯一的标识符 TID(Transaction ID)对应。关联规则在 D 中的支持度(Support)是 D 中事务同时包含 X，Y 的百分比，即概率；置信度(Confidence)是 D 中事务已经包含 X 的情况下，包含 Y 的百分比，即条件概率。如果满足最小支持度阈值和最小置信度阈值，则认为关联规则是有趣的(这些阈值可根据挖掘需要人为设定)。

5.1.2 关联规则挖掘的应用场景

关联规则挖掘技术目前主要应用领域包括金融行业、市场数据分析(从庞大复杂的市场数据中筛选有用信息，从而用于市场的经营)、电商行业(电子商务网站使用关联规则中的规则进行挖掘，然后设置用户有意要一起购买的捆绑包，同时可使用它们设置相应的交叉销售。也就是向购买某种商品的顾客推荐相关的另外一种商品)等。关联规则挖掘的应用场景主要包括以下一些。

1. 银行营销方案推荐

在西方金融行业中已广泛应用到关联规范挖掘的技术，它能提前预测出银行客户的需求。银行在获得了这些信息后，就可以根据需要改变自身的营销策略，在与客户的沟通中开发出新的方法。各银行在自己的ATM上就捆绑了顾客可能感兴趣的本行产品信息，供使用本行ATM的用户了解。如果数据库中显示，某个高信用限额的客户更换了地址，这个客户很有可能新近购买了一栋更大的住宅，因此会有可能需要更高信用限额、更高端的新信用卡，或者需要一个住房改善贷款，这些产品都可以通过信用卡账单邮寄给客户。当客户打电话咨询的时候，数据库可以有力地帮助电话销售代表。销售代表的电脑屏幕上可以显示出客户的特点，同时也可以显示出顾客感兴趣的产品。

但是在我们国家，银行面临的尴尬处境是数据量巨大、信息缺乏，没有有效的分析与预测来应对客户的需求。金融业的大数据库中实施的大多数数据库只是简单地能实现数据的录入、查询、统计等较低层次的功能，却无法发现数据中存在的各种有用的信息，譬如对这些数据进行分析，发现其数据模式及特征，然后可能发现某个客户、消费群体或组织的金融和商业兴趣，并可观察金融市场的变化趋势。可以说，关联规则挖掘的技术在我国的研究与应用并不是很广泛和深入。

2. 穿衣搭配推荐

在现在人们的穿衣搭配中，服饰、衣帽、鞋包的快捷导购是非常重要的，基于搭配专家和达人生成的搭配组合数据、千百万级别的商品的文本和图像数据，以及用户的行为数据，期待能从以上行为、文本和图像数据中挖掘穿衣搭配模型，为用户提供个性化、优质的、专业的穿衣搭配方案，预测给定商品的搭配商品集合。

3. 互联网情绪指标和生猪价格的关联关系挖掘和预测

畜牧业的第一大产业——生猪产业，因与民众的需求紧紧相连，生猪价格的上涨和下跌都会引起社会的反响。生猪价格变动的主要原因在于受市场供求关系的影响。然而专家和媒体对于生猪市场前景的判断、疫情的报道，是否会对养殖户和消费者的情绪有所影响？互联网作为网民发声的第一平台，在网民情绪的捕捉上具有天然的优势。我们基于大量的数据基础，挖掘出互联网情绪指标与生猪价格之间的关联关系，从而形成基于互联网数据的生猪价格预测模型，挖掘互联网情绪指标与生猪价格之间的关联关系。

4. 依据用户轨迹的商户精准营销

中国现在的网民数截止到2019年上半年已达到8.54亿人，居世界之首。在如此庞大的网民数量之下，随着移动终端的大力发展，越来越多的用户选择使用移动终端访问网络。根据用户访问网络偏好，也形成了相当丰富的用户网络标签和画像等。如何根据用户的画像对用户进行精准营销成了很多互联网和非互联网企业的新发展方向。此外，如何利用已有的用户画像对用户进行分类，并针对不同分类进行业务推荐，特别是在用户身处特定的地点、商户，怎样根据用户画像进行商户和用户的匹配，并将相应的优惠和广告信息通过不同渠道进行推送都是常用手段。我们根据商户位置及分类数据、用户标签画像数据提取用户标签和商户分类的关联关系，然后根据用户在某一段时间内的位置数据，判断用户进入该商户地位范围 300 米内，则对用户推送符合该用户画像的商户位置和其他优惠信息。

5. 地点推荐系统

因移动社交网络的兴起，移动数据势必会有大量的积累，使得这些移动数据能够基于地点推荐技术帮助人们熟悉周围环境，提升地点的影响力等。具体我们可以利用用户的签到记录和地点的位置、类别等信息，为每个用户推荐感兴趣的地点。

6. 气象关联分析

在社会经济生活中，各行各业都与天气变化息息相关，对天气信息的需求也是越来越大，社会对气象数据服务的个性化和精细化要求也在不断提升。如何开发气象数据在不同领域的应用，更好地支持大众创业、万众创新，服务民计民生，是气象大数据面临的迫切需求。

为了更深入地挖掘气象资源的价值，可基于过去一些年的地面历史气象数据，推动气象数据与其他各行各业数据的有效结合，寻求气象要素之间及气象与其他事物之间的相互关系，让气象数据发挥更多元化的价值。

7. 交通事故成因分析

交通便利化对社会产生巨大贡献的同时，也引起了各类交通事故，严重地影响了人们生命财产安全和社会经济的发展。为了能解决这些问题，挖掘交通事故的潜在诱因，带动公众关注交通安全，现在部分城市开放交通事故数据及多维度参考数据，希望通过对事故类型、事故人员、事故车辆、事故天气、驾照信息、驾驶人员犯罪记录数据以及其他和交通事故有关的数据进行深度挖掘，形成交通事故成因分析方案。

8. 基于兴趣的实时新闻推荐

在互联网飞速发展的同时，个性化需求俨然成了人们的生活中的一部分。跟传统的门户网站提供的传统服务相比，个性化服务还有很大的差距。互联网用户可能不会都在购物，但是绝大多数的用户都在线阅读新闻，了解实时信息，因此资讯类网站的用户覆盖面更广。如果能够更好地挖掘用户的潜在兴趣并进行相应的新闻推荐，就能够产生更大的社会和经济价值。初步研究发现，同一个用户浏览的不同新闻的内容之间会存在一定的相似性和关联，物理世界完全不相关的用户也有可能拥有类似的新闻浏览兴趣。此外，用户浏览新闻的兴趣也会随着时间变化，这给推荐系统带来了新的机会和挑战。

因此，希望通过对带有时间标记的用户浏览行为和新闻文本内容进行分析，挖掘用户的新闻浏览模式和变化规律，设计及时准确的推荐系统预测用户未来可能感兴趣的新闻。

9. 银行金融客户交叉销售分析

某商业银行试图通过对个人客户购买本银行金融产品的数据进行分析，从而发现交叉销售的机会，这就是银行金融客户交叉销售的应用体现。

10. 电子商务搭配购买推荐

电子购物网站使用关联规则进行挖掘，然后设置用户有意要一起购买的捆绑包。也有一些购物网站使用它们设置相应的交叉销售，也就是购买某种商品的顾客会看到相关的另外一种商品的广告。

5.2 关联规则挖掘实战流程分析

5.2.1 关联规则常见分类与四个基本属性

1. 关联规则的常见分类

关联规则常见分类包括以下几种。

(1) 基于规则中处理的变量的类别，关联规则可分为布尔型和数值型。布尔型关联规则处理的值都是离散的、种类化的，它显示了这些变量之间的关系；而数值型关联规则可以和多维关联或多层关联规则结合起来，对数值型字段进行处理，将其进行动态的分割，或者直接对原始的数据进行处理，当然数值型关联规则中也可以包含种类变量。例如：性别=“女”=>职业=“秘书”，是布尔型关联规则；性别=“女”=>收入(avg)=2300，涉及的收入是数值类型，所以是一个数值型关联规则。

(2) 基于规则中数据的抽象层次，可以分为单层关联规则和多层关联规则。在单层的关联规则中，所有的变量都没有考虑到现实的数据是具有多个不同的层次的；而在多层的关联规则中，对数据的多层性已经进行了充分的考虑。例如：联想台式机=>爱普生打印机，是一个细节数据上的单层关联规则；台式机=>爱普生打印机，是一个较高层次和细节层次之间的多层关联规则。

(3) 基于规则中涉及的数据的维数，关联规则中的数据可以分为单维的和多维的。在单维的关联规则中，我们只涉及数据的一个维，如用户购买的物品；而在多维的关联规则中，要处理的数据将会涉及多个维。即单维关联规则是处理单个属性中的一些关系，多维关联规则是处理各个属性之间的某些关系。例如：啤酒=>尿布，这条规则只涉及用户购买的物品；性别=“女”=>职业=“秘书”，这条规则就涉及两个字段的信息，是两个维上的一条关联规则。

2. 关联规则的四个基本属性

关联规则的四个基本属性具体如下。

(1) 置信度(Condifence)。置信度用来衡量规则的可信程度。假设 *W* 中支持物品集 *A* 的事务中，有 *c*%的事务同时也支持物品集 *B*，那么 *c*%称为关联规则的可信度。它是对关联规则的准确度的衡量。

(2) 支持度(Support)。支持度用来表示项目集在数据库中的出现频率。假设 *W* 中有 *s*%的事务同时支持物品集 *A* 和 *B*，那么 *s*%称为关联规则的支持度。它是对关联规则重要性(或适用范围)的衡量。支持度说明了这条规则在所有事务中有多大代表性。支持度越大，关联规则越重要，应用越广泛。

(3) 期望可信度(Expected Confidence)。假设 *W* 中有 *e*%的事务支持物品集 *B*，那么 *e*%称为关联规则的期望可信度。描述的是在没有任何条件影响时，物品集 *B* 在所有事务中出现的概率；或者说是在没有物品集 *A* 的作用下，物品集 *B* 本身的支持度。

(4) 作用度(Lift)。作用度是可信度与期望可信度的比值，描述的是物品集 *A* 的出现对物品集 *B* 的出现有多大影响。通过可信度对期望可信度的比值反映了在加入“物品集 *A* 出现”这个条件后，物品集 *B* 的出现概率发生了多大的变化。作用度越大，说明物品集 *B* 受物品集 *A* 的影响越大。

四个属性参数的计算公式如表 5-1 所示。

表 5-1　四个属性参数的计算公式

属　性	含　义	计算公式
置信度(Condifence)	在物品集 *A* 出现的前提下，*B* 出现的概率	$P(B\|A)$
支持度(Support)	物品集 *A* 、*B* 同时出现的概率	$P(B\cap A)$
期望置信度(Expected Confidence)	物品集 *B* 出现的概率	$P(B)$
作用度(Lift)	可信度对期望可信度的比值	$P(B\|A)/P(A)$

5.2.2　快速找出最大高频项目组的实战技巧

关联规则在数据挖掘领域中的应用研究已经比较成熟，并且已经有了多种算法。但是，很多关联规则的算法都是关于如何找出较短的关联规则，这些较短的关联规则虽然很有意义，但长度较长的关联规则也可能是使用者想要的。目前很多数据库的数据长度都很长，比如商场的交易数据、网页的浏览路径，或者是日益重要的生物科技和遗传基因的资料等。因此，找出长度较长的项目组是很有用的。

传统上针对关联规则的算法，其处理方向都是由下而上进行，类似 Apriori 算法与 OCD 算法，当最大高频项目组都很短的时候，其效果会表现不错。但是当有些最大高频项目组较长时，其效果就会变得很差。因为当关联规则的长度逐渐变长时，其项目组的数量将随着关联规则的长度成指数增长。因此，我们需要一个有效的算法来解决这个问题。

MFSA(Maximum Frequent Itemset Algorithm)算法是集合 Parameterised 算法与 Pincer-Search 算法的优点，它可以快速找到最大高频项目组，并更进一步改善效能。

MFSA 算法概念图如图 5-1 所示。其为上下两个方向同时处理，因此能提升整体的效能。

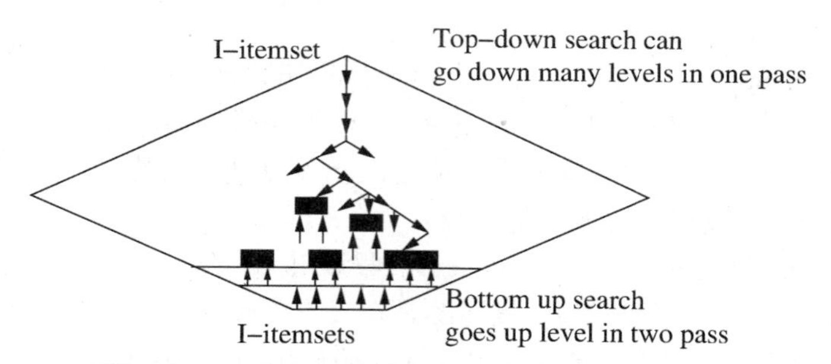

图 5-1　MFSA 算法概念图

MFSA 算法的伪代码实现方法如下：

```
n:=number of lattice levels traversed at a time;
sup:=minimum support;
Results:=ø;
generate statistics table T;
generate L1;
join frequent 1-itemset to generate C2;
MFCI:= { {i} |i∈L1} ;MFS:= ø
Result:=Result∪L1;
k:=2;
while(Lk-1?øand Ck)do
predict_candidates(T,Lk-1,tf,tt,n,k,C);
scan database and count supports for C and MFCI;
remove frequent itemsets from MFCI and add them to MFS;
inf:={infrequent itemsets in C};
update the MFCI if int?ø;
if predict error
    generate remaining candidate itemsets CR;
scan database and count supports for CR and MFCI;
remove frequent itemsets from MFCI and add them to MFS;
inf:={infrequent itemsets in CR};
update the MFCI in inf?ø;
    Ln+k-1={frequent(n+k-1)-itemsets}\{subsets of MFS};
    join frequent (n+k-1)-itemsets to generate Cn+k;
    if any frequent (n+k-1)-itemsets is removed
        recover candidates to Cn+k;
    prune candidates in Cn+k;
    Result:=Result∪{Lk,Lk+1,...,Lk+n-1};
    k:=k+n;
end;
```

MFSA 算法中出现的符号及其说明如表 5-2 所示。

表 5-2　MFSA 算法中出现的符号说明

符　号	说　明
T	出现次数加总表(sum table)
sup	最小支持度阈值
MFCI	最大候选项目组集合
MFS	最大高频项目组集合
inf	非高频项目组
tf	代表单一项目中某一事务长度的出现频率阈值
tt	代表利用出现次数加总表数据预测候选项目组时，只进行到事务长度为 m 的事务数据以预测高频候选项目组或非高频候选项目组
n	每次搜寻的层级数
Ck	候选 k 项目组
Lk	高频 k 项目组

MFSA 算法运用了 Pincer-Search 算法的由上而下搜寻机制，且结合了 Parameterised 算法可利用参数设定预测高频候选项目组与非高频候选项目组并一次搜寻多层级的概念，以能快速地找出最大高频项目组；找出最大高频项目组以后，相对地便已找出所有的高频项目组，当数据项的长度较长时尤其有用，可以大量减少搜寻数据库的时间。

5.3　关联规则发掘中重要的 Apriori 算法

5.3.1　Apriori 算法的基本原理

Apriori 算法作为挖掘数据关联规则的算法，它用来找出数据值中频繁出现的数据集合，找出这些集合的模式有助于我们做一些决策。例如，在常见的超市购物数据集或电商的网购数据集中，如果我们找到了频繁出现的数据集，那么对于超市，我们就可以优化产品的位置摆放；对于电商，我们可以优化商品所在的仓库位置，以此达到节约成本，增加经济效益的目的。关于 Apriori 算法的原理，可以从以下内容讲解。

1. 频繁项集的评估标准

频繁项集的评估标准主要用来确定某两个或多个记录是否构成频繁项集。常用的频繁项集的评估标准有支持度、置信度和提升度 3 个。

(1)　支持度就是几个关联的数据在数据集中出现的次数占总数据集的比重，或者说几个数据关联出现的概率。比如有两个需要分析关联性的数据 X 和 Y，则对应的支持度如下：

$$\text{Support}(X,Y)=P(XY)=\frac{\text{number}(XY)}{\text{num(AllSamples)}} \tag{5-1}$$

以此类推，如果有三个需要分析关联性的数据 X，Y 和 Z，则对应的支持度如下：

$$\text{Support}(X,Y,Z)=P(XYZ)=\frac{\text{number}(XYZ)}{\text{num(AllSamples)}} \tag{5-2}$$

一般来说，支持度高的数据不一定构成频繁项集，但是支持度太低的数据肯定不构成频繁项集。

(2) 置信度体现了一个数据出现后，另一个数据出现的概率，或者说数据的条件概率。如果我们有两个需要分析关联性的数据 X 和 Y，X 对 Y 的置信度如下：

$$\text{Confidence}(X\Leftarrow Y)=P(X\,|\,Y)=P(XY)/P(Y) \tag{5-3}$$

以此类推，如果对于三个数据 X，Y，Z，则 X 对于 Y 和 Z 的置信度如下：

$$\text{Confidence}(X\Leftarrow YZ)=P(X\,|\,YZ)=P(XYZ)/P(YZ) \tag{5-4}$$

例如，在购物数据中，袜子对应泡面的置信度为 50%，支持度为 3%，这就意味着在购物数据中，总共有 3%的用户既买泡面又买袜子，同时买泡面的用户中有 50%的用户购买袜子。

(3) 提升度表示含有 Y 的条件下，同时含有 X 的概率，与 X 总体发生的概率之比。提升度公式表示如下：

$$\text{Lift}(X\Leftarrow Y)=P(X\,|\,Y)/P(X)=\text{Confidence}(X\Leftarrow Y)/P(X) \tag{5-5}$$

提升度表示了 X 和 Y 之间的关联关系，提升度大于 1，则 $X\Leftarrow Y$ 是有效的强关联规则；提升度小于等于 1，则 $X\Leftarrow Y$ 是无效的强关联规则。一个特殊的情况，如果 X 和 Y 独立，则 $\text{Lift}(X\Leftarrow Y)=1$，达到最大，因为此时 $P(X\,|\,Y)=P(X)$。

一般来说，要选择一个数据集合中的频繁项集，需要自定义评估标准。最常用的评估标准是用自定义的支持度，或者是自定义支持度和置信度的一个组合。

2. Apriori 算法的思想

对于 Apriori 算法，我们使用支持度来作为我们判断频繁项集的标准。Apriori 算法的目标是找到最大的 k 项频繁集。这里有两层意思：①要找到符合支持度标准的频繁集，但是这样的频繁集可能有很多；②要找到最大个数的频繁集。例如，我们找到符合支持度的频繁集 AB 和 ABE，那么我们会抛弃 AB，只保留 ABE，因为 AB 是 2 项频繁集，而 ABE 是 3 项频繁集。

Apriori 算法挖掘 k 项频繁集采用的是迭代的方法，具体步骤如下：

(1) 先搜索出候选 1 项集及对应的支持度，剪枝去掉低于支持度的 1 项集，得到频繁 1 项集。

(2) 对剩下的频繁 1 项集进行连接，得到候选的频繁 2 项集，筛选去掉低于支持度的候选频繁 2 项集，得到真正的频繁 2 项集。

(3) 以此类推，迭代下去，直到无法找到频繁 k+1 项集为止，对应的频繁 k 项集的集合即为算法的输出结果。

由此可见，该算法的思想并不复杂，即：第 i 次的迭代过程包括扫描计算候选频繁 i 项集的支持度，剪枝得到真正频繁 i 项集和连接生成候选频繁 i+1 项集三步。

举例说明：我们的数据集 D 有 4 条记录，分别是 134，235，1235 和 25，现在我们用 Apriori 算法来寻找频繁 k 项集，最小支持度设置为 50%。具体步骤如下：

(1) 我们先生成候选频繁 1 项集，包括我们所有的 5 个数据并计算 5 个数据的支持度，计算完毕后我们进行剪枝，数据 4 由于支持度只有 25%被剪掉。我们最终的频繁 1 项集为 1235，现在我们链接生成候选频繁 2 项集，包括 12，13，15，23，25，35 共 6 组。至此，第一轮迭代结束，如图 5-2 所示。

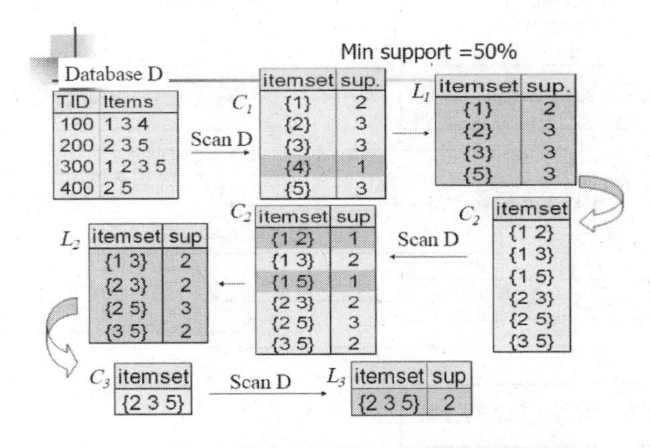

图 5-2　Apriori 算法采用迭代方法挖掘 k 项频繁集

(2) 进入第二轮迭代，我们扫描数据集计算候选频繁 2 项集的支持度，接着进行剪枝，由于 12 和 15 的支持度只有 25%而被筛除，得到真正的频繁 2 项集，包括 13，23，25，35。现在我们链接生成候选频繁 3 项集，123，125，135 和 235 共 4 组，这部分图中没有画出。通过计算候选频繁 3 项集的支持度，我们发现 123，125 和 135 的支持度均为 25%，因此接着被剪枝，最终得到的真正频繁 3 项集为 235 一组。由于此时我们无法再进行数据链接，进而得到候选频繁 4 项集，最终的结果即为频繁 3 项集 235。

5.3.2　Apriori 算法运行的基本流程

Apriori 算法的流程包括输入和输出，说明如下。

输入：数据集合 D，支持度阈值 α。

输出：最大的频繁 k 项集。

Apriori 算法运行的流程如下。

(1) 扫描整个数据集，得到所有出现过的数据，作为候选频繁 1 项集。k=1，频繁 0 项集为空集。

(2) 挖掘频繁 k 项集，具体包括：

① 扫描数据计算候选频繁 k 项集的支持度。

② 去除候选频繁 k 项集中支持度低于阈值的数据集，得到频繁 k 项集。如果得到的频繁 k 项集为空，则直接返回频繁 k−1 项集的集合作为算法结果，算法结束；如果得到的频繁 k 项集只有一项，则直接返回频繁 k 项集的集合作为算法结果，算法结束。

③ 基于频繁 k 项集，连接生成候选频繁 k+1 项集。

(3) 令 k=k+1，转入步骤(2)。

从算法的步骤可以看出，Apriori 算法每轮迭代都要扫描数据集，因此在数据集很大、数据种类很多的时候，算法效率很低。Apriori 算法运行的基本流程如图 5-3 所示。

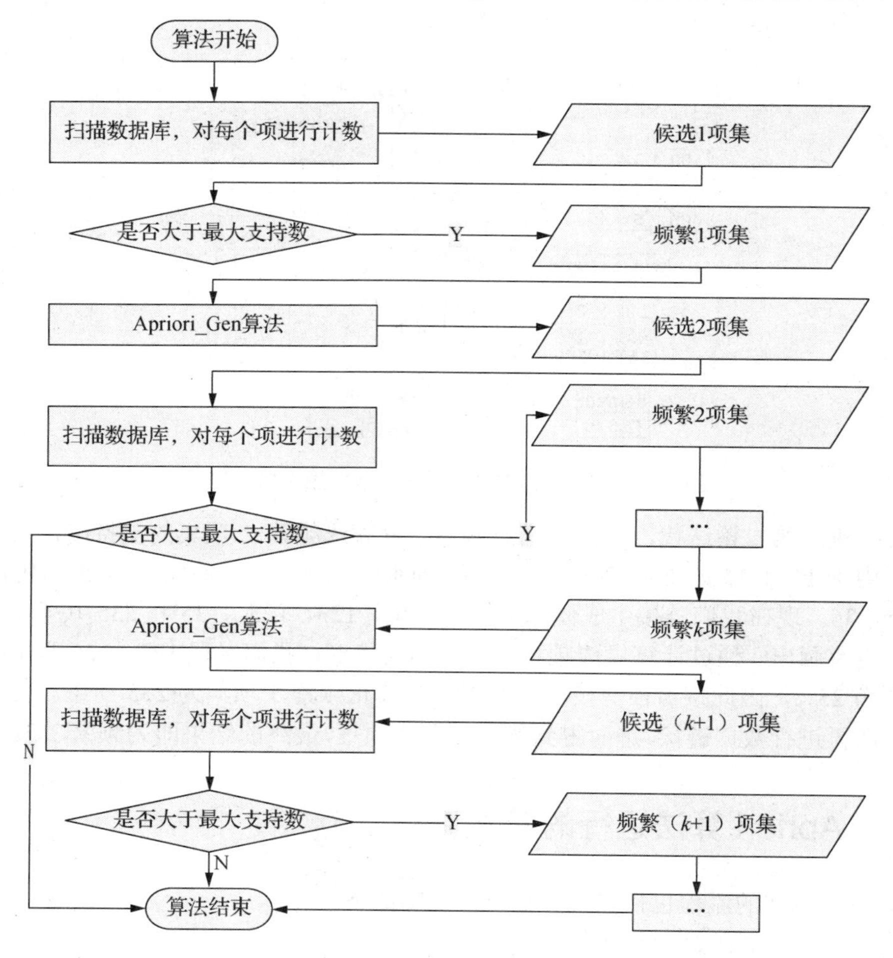

图 5-3 Apriori 算法运行的基本流程

5.4　针对 Apriori 算法缺点的其他关联规则挖掘算法

5.4.1　Apriori 算法的两大缺点

Apriori 算法是一种挖掘关联规则的算法，用于挖掘其内涵的、未知的却又实际存在的数据关系，其核心是基于两阶段频集思想的递推算法。

Apriori 算法的缺点有以下两点：

(1) 在每一步产生候选项目集时循环产生的组合过多，没有排除不应该参与组合的元素；

(2) 每次计算项集的支持度时，都对数据库中的全部记录进行了一遍扫描比较，需要很大的 I/O 负载。

5.4.2　基于划分规则的算法

基于划分规则的算法主要有以下两种。

1. 快速排序(quickSort)方法

快速排序的核心是对无序向量进行快速划分，选取一个元素作为轴点(pivot)对向量进行划分，确保比轴点大的元素在轴点之后，比轴点小的元素在轴点之前，将原向量划分为两个子向量。

快速排序算法的思想是：

(1) 选取一个元素为轴点，可以取首元素为轴点，并将轴点的值备份。

(2) 从向量的起始(low)和末尾(high)同时进行扫描。

(3) 若 nums[high]<pivot，将其换到 nums[low]；若 nums[low]>pivot，将其换到 nums[high]。

(4) 当 low 与 high 位置重合后，将备份的 pivot 值填回 nums[low]。

实现该算法的核心代码如下：

```
int partition(vector<int>& nums, int low, int high) {
    //任取一元素与首元素交换，以交换后的首元素作为基准
    int r = low + rand() % (high-low + 1);
    int tmp = nums[low];
    nums[low] = nums[r];
    nums[r] = tmp;
    int pivot = nums[low];
    //由向量两端向中部扫描
    while (low < high) {
        while (low < high && pivot <= nums[high])
            high--;
```

```
        nums[low] = nums[high];
        while (low < high && pivot >= nums[low])
            low++;
        nums[high] = nums[low];
    }
    nums[low] = pivot;
    return low;
}
```

上面代码中的 partition 方法返回轴点 nums 向量中的位置。

2. 三划分方法

三划分方法是将向量快速划分为三块进行排序，例如 LeetCode Sort Colors，向量 nums 中的元素等于 0，1 或 2，要求在排序后，所有的 0 在最前面，然后是所有的 1，最后是所有的 2，这就可用三划分方法。

与快速排序的划分方法相同，三划分方法也是分别从向量的首尾开始扫描，同时从向量的左侧向右侧扫描，若 nums[i] == 0，则与 nums[low]交换，并且 low++，i++；若 nums[i] == 1，i++；若 nums[i] == 2，则与 nums[high]交换，并且 high--，注意此时 i 并不增加。

三划分方法的实现代码如下：

```
void sortColors(vector<int>& nums) {
    if (nums.empty()) return;
    int i = 0, low = 0, high = nums.size() - 1;
    while (i <= high) {
        if (nums[i] == 1) i++;
        else if (nums[i] == 0) swap(nums[i++], nums[low++]);
        else swap(nums[i], nums[high--]);  // i 不增加
    }
}
```

5.4.3 FP-Growth 算法

1. 算法的概念

FP-Growth(Frequent Pattern-Growth)算法使用了一种紧缩的数据结构频繁模式树(Frequent Pattern Tree，简写为 FP-Tree)来存储查找频繁项集所需要的全部信息。它与 Apriori 算法一样也是用来挖掘频繁项集的，不同的是，FP-Tree 算法是 Apriori 算法的优化处理，它解决了 Apriori 算法在过程中会产生大量的候选集的问题，而 FP-Tree 算法则是发现频繁模式而不产生候选集。但是，频繁模式挖掘出来后，产生关联规则的步骤和 Apriori 是一样的。

FP-Tree 的结构满足以下条件：

(1) 它由一个根节点(值为 null)、项前缀子树(作为子女)和一个频繁项头表组成。

(2) 项前缀子树中的每个节点包括三个域：item_name、count 和 node_link。其中：item_name 记录节点表示的项的标识；count 记录到达该节点的子路径的事务数；node_link 用于连接树中具有相同标识的下一个节点，如果不存在具有相同标识的下一个节点，则值为 null。

(3) 频繁项头表的表项包括一个频繁项标识域 item_name 和一个指向树中具有该项标识的第一个频繁项节点的头指针 head of node_link。

对于包含在 FP-Tree 中某个节点上的项α，将会有一个从根节点到达α的路径，该路径中不包含α所在节点的部分路径称为α的前缀子路径，α称为该路径的后缀。在一个 FP-Tree 中，有可能有多个包含α的节点存在，它们从频繁项头表中的α项出发，通过项头表中的 head of node_link 和项前缀子树中的 node_link 连接在一起。FP-tree 中每个包含α的节点可以形成α的一个不同的前缀子路径，所有的这些路径组成α的条件模式基。用α的条件模式基所构建的 FP-Tree 称为α的条件模式树。

2. 算法的原理

FP-Tree 的构造步骤如下：

(1) 创建根节点，用 NULL 标记。

(2) 统计所有的事务数据，统计事务中各个类型项的总支持度(在下面的例子中就是各个商品 ID 的总个数)。

(3) 依次读取每条事务，比如 T1，1，2，5，因为按照总支持度计数数量降序排列，输入的数据顺序就是 2，1，5，然后挂到根节点上。

(4) 依次读取后面的事务，并以同样的方式加入 FP-Tree 中，顺着根节点路径添加，并更新节点上的支持度计数。最后形成的树如图 5-4 所示。

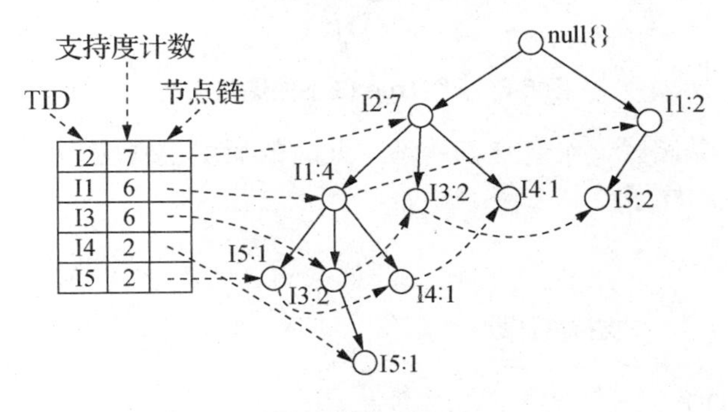

图 5-4　FP-Tree

(5) 接着新建一个项头表(以备后续使用)，代表所有节点的类型和支持度计数。

至此，FP-Tree 的算法过程还没结束，算法的终结过程为最后的 FP-Tree 只包括单路径，就是树呈现直线形式，也就是节点都只有一个孩子或没有孩子，顺着一条线下来，没有其他的分支，这就算是一条挖掘出的频繁模式。所以上面的算法还要继续递归地构造 FP-Tree。递归构造 FP-Tree 的过程如下。

(1) 从最下面的 I5 开始取出，把 I5 加入到后缀模式中，后缀模式到时会与频繁模式组合出现构成最终的频繁模式。

(2) 获取频繁模式基，<I2, Ii>，<I2, I1, I3>，计数为 I5 节点的 count 值，然后以这 2 条件模式基为输入的事务，继续构造一个新的 FP-Tree。

(3) 这样 FP-Tree 单路径的目标就有了，如图 5-5 所示。这里要把支持度计数不够的点排除，这里的 I3:1 就不符合，所以最后 I5 后缀模式下的<I2, I1>与 I5 的组合模式就为<I2, I5>, <I1, I5>,<I1, I2, I5>。

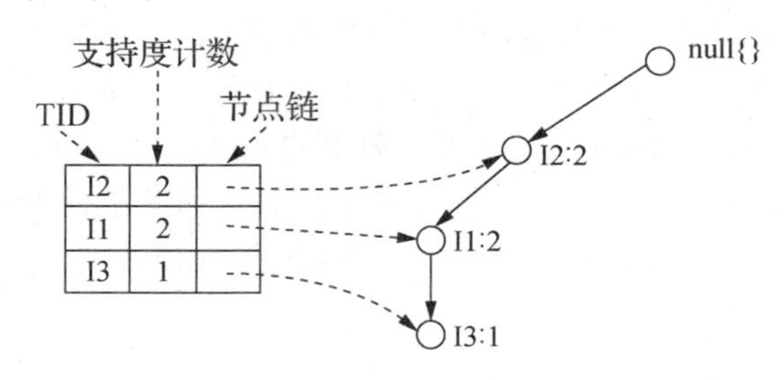

图 5-5 FP-Tree 单路径的目标

I5 下的挖掘频繁模式是比较简单的，没有出现递归，但 I3 下的递归构造不简单，同样的操作，最后就会出现如图 5-6 的样子。

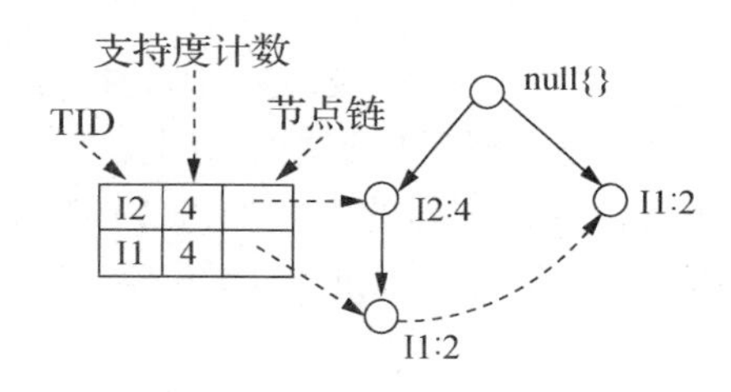

图 5-6 FP-Tree I3 下的递归构造

发现还不是单条路径，继续递归构造，此时的后缀模式应为 I3+I1，即<I3, I1>，然后就有如图 5-7 的样子。

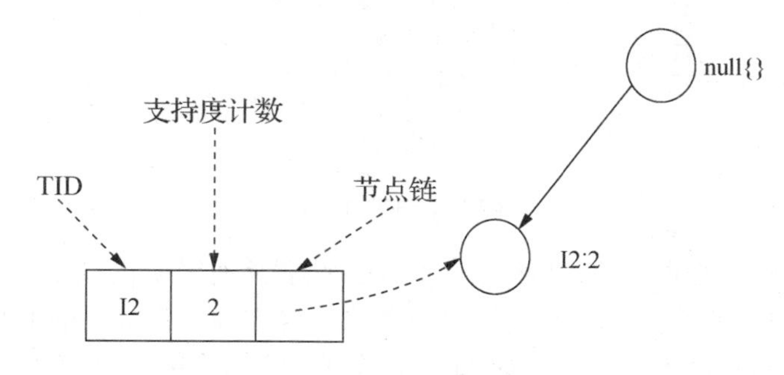

图 5-7 FP-Tree 后缀模式<I3，I1>

3. 算法的实现

算法的实现过程如下。

(1) 输入如表 5-3 所示的数据。

表 5-3　输入数据

交易 ID	商品 ID 列表
T100	I1，I2，I5
T200	I2，I4
T300	I2，I3
T400	I1，I2，I4
T500	I1，I3
T600	I2，I3
T700	I1，I3
T800	I1，I2，I3，I5
T900	I1，I2，I3

(2) 在文件中的形式如下：

```
1 T1 1 2 5
2 T2 2 4
3 T3 2 3
4 T4 1 2 4
5 T5 1 3
6 T6 2 3
7 T7 1 3
8 T8 1 2 3 5
9 T9 1 2 3
```

(3) 算法的树节点类代码如下：

```
/**
 * FP-Tree 节点
*/
public class TreeNode implements Comparable<TreeNode>, Cloneable{
    //节点类别名称
    private String name;
    //计数数量
    private Integer count;
    //父节点
    private TreeNode parentNode;
    //孩子节点，可以为多个
    private ArrayList<TreeNode> childNodes;
```

```
public TreeNode(String name, int count){
    this.name = name;
    this.count = count;
}

public String getName() {
    return name;
}

public void setName(String name) {
    this.name = name;
}

public Integer getCount() {
    return count;
}

public void setCount(Integer count) {
    this.count = count;
}

public TreeNode getParentNode() {
    return parentNode;
}

public void setParentNode(TreeNode parentNode) {
    this.parentNode = parentNode;
}

public ArrayList<TreeNode> getChildNodes() {
    return childNodes;
}

public void setChildNodes(ArrayList<TreeNode> childNodes) {
    this.childNodes = childNodes;
}

@Override
public int compareTo(TreeNode o) {
    //TODO Auto-generated method stub
    return o.getCount().compareTo(this.getCount());
}

@Override
protected Object clone() throws CloneNotSupportedException {
    //TODO Auto-generated method stub
```

```
        //因为对象内部有引用，需要采用深拷贝
        TreeNode node = (TreeNode)super.clone();
        if(this.getParentNode() != null){
            node.setParentNode((TreeNode) this.getParentNode().clone());
        }

        if(this.getChildNodes() != null){
            node.setChildNodes((ArrayList<TreeNode>)
this.getChildNodes().clone());
        }

        return node;
    }

}
```

(4) 算法主要实现类的代码如下：

```
package DataMining_FPTree;

import java.io.BufferedReader;
import java.io.File;
import java.io.FileReader;
import java.io.IOException;
import java.util.ArrayList;
import java.util.Collections;
import java.util.HashMap;
import java.util.Map;

/**
 * FP-Tree 算法工具类
*/
public class FPTreeTool {
    //输入数据文件位置
    private String filePath;
    //最小支持度阈值
    private int minSupportCount;
    //所有事务 ID 记录
    private ArrayList<String[]> totalGoodsID;
    //各个 ID 的统计数目映射表项，计数用于排序使用
    private HashMap<String, Integer> itemCountMap;

    public FPTreeTool(String filePath, int minSupportCount) {
        this.filePath = filePath;
        this.minSupportCount = minSupportCount;
        readDataFile();
    }
```

```
/**
 * 从文件中读取数据
 */
private void readDataFile() {
    File file = new File(filePath);
    ArrayList<String[]> dataArray = new ArrayList<String[]>();

    try {
        BufferedReader in = new BufferedReader(new FileReader(file));
        String str;
        String[] tempArray;
        while ((str = in.readLine()) != null) {
            tempArray = str.split(" ");
            dataArray.add(tempArray);
        }
        in.close();
    } catch (IOException e) {
        e.getStackTrace();
    }

    String[] temp;
    int count = 0;
    itemCountMap = new HashMap<>();
    totalGoodsID = new ArrayList<>();
    for (String[] a : dataArray) {
        temp = new String[a.length - 1];
        System.arraycopy(a, 1, temp, 0, a.length - 1);
        totalGoodsID.add(temp);
        for (String s : temp) {
            if (!itemCountMap.containsKey(s)) {
                count = 1;
            } else {
                count = ((int) itemCountMap.get(s));
                //支持度计数加 1
                count++;
            }
            //更新表项
            itemCountMap.put(s, count);
        }
    }
}

/**
 * 根据事务记录构造 FP-Tree
 */
private void buildFPTree(ArrayList<String> suffixPattern,
```

```
    ArrayList<ArrayList<TreeNode>> transctionList) {
//设置一个空根节点
TreeNode rootNode = new TreeNode(null, 0);
int count = 0;
//节点是否存在
boolean isExist = false;
ArrayList<TreeNode> childNodes;
ArrayList<TreeNode> pathList;
//相同类型节点链表，用于构造新的 FP-Tree
HashMap<String, ArrayList<TreeNode>> linkedNode = new HashMap<>();
HashMap<String, Integer> countNode = new HashMap<>();
//根据事务记录，一步步构建 FP-Tree
for (ArrayList<TreeNode> array : transctionList) {
    TreeNode searchedNode;
    pathList = new ArrayList<>();
    for (TreeNode node : array) {
        pathList.add(node);
        nodeCounted(node, countNode);
        searchedNode = searchNode(rootNode, pathList);
        childNodes = searchedNode.getChildNodes();

        if (childNodes == null) {
            childNodes = new ArrayList<>();
            childNodes.add(node);
            searchedNode.setChildNodes(childNodes);
            node.setParentNode(searchedNode);
            nodeAddToLinkedList(node, linkedNode);
        } else {
            isExist = false;
            for (TreeNode node2 : childNodes) {
                //如果找到名称相同的节点，则更新支持度计数
                if (node.getName().equals(node2.getName())) {
                    count = node2.getCount() + node.getCount();
                    node2.setCount(count);
                    //标识已找到节点位置
                    isExist = true;
                    break;
                }
            }

            if (!isExist) {
                //如果没有找到，需添加子节点
                childNodes.add(node);
                node.setParentNode(searchedNode);
                nodeAddToLinkedList(node, linkedNode);
            }
```

```
            }

        }
    }

    //如果 FP-Tree 已经是单条路径，则输出此时的频繁模式
    if (isSinglePath(rootNode)) {
        printFrequentPattern(suffixPattern, rootNode);
        System.out.println("-------");
    } else {
        ArrayList<ArrayList<TreeNode>> tList;
        ArrayList<String> sPattern;
        if (suffixPattern == null) {
            sPattern = new ArrayList<>();
        } else {
            //进行一个拷贝，避免互相引用的影响
            sPattern = (ArrayList<String>) suffixPattern.clone();
        }

        //利用节点链表构造新的事务
        for (Map.Entry entry : countNode.entrySet()) {
            //添加到后缀模式中
            sPattern.add((String) entry.getKey());
            //获取到了条件模式基，作为新的事务
            tList = getTransactionList((String) entry.getKey(),
linkedNode);

            System.out.print("[后缀模式]: {");
            for(String s: sPattern){
                System.out.print(s + ", ");
            }
            System.out.print("}, 此时的条件模式基: ");
            for(ArrayList<TreeNode> tnList: tList){
                System.out.print("{");
                for(TreeNode n: tnList){
                    System.out.print(n.getName() + ", ");
                }
                System.out.print("}, ");
            }
            System.out.println();
            // 递归构造 FP 树
            buildFPTree(sPattern, tList);
            //再次移除此项，构造不同的后缀模式，防止对后面造成干扰
            sPattern.remove((String) entry.getKey());
        }
    }
```

```
}

/**
 * 将节点加入到同类型节点的链表中
 *
 * @param node
 * 待加入节点
 * @param linkedList
 * 链表图
 */
private void nodeAddToLinkedList(TreeNode node,
        HashMap<String, ArrayList<TreeNode>> linkedList) {
    String name = node.getName();
    ArrayList<TreeNode> list;

    if (linkedList.containsKey(name)) {
        list = linkedList.get(name);
        //将 node 添加到此队列中
        list.add(node);
    } else {
        list = new ArrayList<>();
        list.add(node);
        linkedList.put(name, list);
    }
}

/**
 * 根据链表构造出新的事务
 *
 * @param name
 * 节点名称
 * @param linkedList
 * 链表
 * @return
 */
private ArrayList<ArrayList<TreeNode>> getTransactionList(String name,
        HashMap<String, ArrayList<TreeNode>> linkedList) {
    ArrayList<ArrayList<TreeNode>> tList = new ArrayList<>();
    ArrayList<TreeNode> targetNode = linkedList.get(name);
    ArrayList<TreeNode> singleTansaction;
    TreeNode temp;

    for (TreeNode node : targetNode) {
        singleTansaction = new ArrayList<>();

        temp = node;
```

```
                while (temp.getParentNode().getName() != null) {
                    temp = temp.getParentNode();
                    singleTansaction.add(new TreeNode(temp.getName(), 1));
                }

                //按照支持度计数得反转一下
                Collections.reverse(singleTansaction);

                for (TreeNode node2 : singleTansaction) {
                    //支持度计数调成与模式后缀一样
                    node2.setCount(node.getCount());
                }

                if (singleTansaction.size() > 0) {
                    tList.add(singleTansaction);
                }
            }

            return tList;
        }

        /**
         * 节点计数
         *
         * @param node
         * 待加入节点
         * @param nodeCount
         * 计数映射图
         */
        private void nodeCounted(TreeNode node, HashMap<String, Integer>
nodeCount) {
            int count = 0;
            String name = node.getName();

            if (nodeCount.containsKey(name)) {
                count = nodeCount.get(name);
                count++;
            } else {
                count = 1;
            }

            nodeCount.put(name, count);
        }

        /**
         * 显示决策树
```

```
     *
     * @param node
     * 待显示的节点
     * @param blankNum
     * 行空格符，用于显示树形结构
     */
    private void showFPTree(TreeNode node, int blankNum) {
        System.out.println();
        for (int i = 0; i < blankNum; i++) {
            System.out.print("\t");
        }
        System.out.print("--");
        System.out.print("--");

        if (node.getChildNodes() == null) {
            System.out.print("[");
            System.out.print("I" + node.getName() + ":" +
node.getCount());
            System.out.print("]");
        } else {
            //递归显示子节点
            // System.out.print("[" + node.getName() + "]");
            for (TreeNode childNode : node.getChildNodes()) {
                showFPTree(childNode, 2 * blankNum);
            }
        }

    }

    /**
     * 待插入节点的抵达位置节点，从根节点开始向下寻找待插入节点的位置
     *
     * @param root
     * @param list
     * @return
     */
    private TreeNode searchNode(TreeNode node, ArrayList<TreeNode> list)
{
        ArrayList<TreeNode> pathList = new ArrayList<>();
        TreeNode tempNode = null;
        TreeNode firstNode = list.get(0);
        boolean isExist = false;
        //重新转一遍，避免出现同一引用
        for (TreeNode node2 : list) {
            pathList.add(node2);
        }
```

```
        //如果没有孩子节点，则直接返回，在此节点下添加子节点
        if (node.getChildNodes() == null) {
            return node;
        }

        for (TreeNode n : node.getChildNodes()) {
            if (n.getName().equals(firstNode.getName()) && list.size()
== 1) {
                tempNode = node;
                isExist = true;
                break;
            } else if (n.getName().equals(firstNode.getName())) {
                //还没有找到最后的位置，继续找
                pathList.remove(firstNode);
                tempNode = searchNode(n, pathList);
                return tempNode;
            }
        }

        //如果没有找到，则新添加到孩子节点中
        if (!isExist) {
            tempNode = node;
        }

        return tempNode;
    }

    /**
     * 判断目前构造的 FP-Tree 是否单条路径的
     *
     * @param rootNode
     * 当前 FP 树的根节点
     * @return
     */
    private boolean isSinglePath(TreeNode rootNode) {
        //默认是单条路径
        boolean isSinglePath = true;
        ArrayList<TreeNode> childList;
        TreeNode node;
        node = rootNode;

        while (node.getChildNodes() != null) {
            childList = node.getChildNodes();
            if (childList.size() == 1) {
                node = childList.get(0);
```

```
        } else {
            isSinglePath = false;
            break;
        }
    }

    return isSinglePath;
}

/**
 * 开始构建 FP-Tree
 */
public void startBuildingTree() {
    ArrayList<TreeNode> singleTransaction;
    ArrayList<ArrayList<TreeNode>> transactionList = new ArrayList<>();
    TreeNode tempNode;
    int count = 0;

    for (String[] idArray : totalGoodsID) {
        singleTransaction = new ArrayList<>();
        for (String id : idArray) {
            count = itemCountMap.get(id);
            tempNode = new TreeNode(id, count);
            singleTransaction.add(tempNode);
        }

        //根据支持度数的多少进行排序
        Collections.sort(singleTransaction);
        for (TreeNode node : singleTransaction) {
            //支持度计数重新归为 1
            node.setCount(1);
        }
        transactionList.add(singleTransaction);
    }

    buildFPTree(null, transactionList);
}

/**
 * 输出此单条路径下的频繁模式
 *
 * @param suffixPattern
 * 后缀模式
 * @param rootNode
 * 单条路径 FP-Tree 根节点
 */
```

```
private void printFrequentPattern(ArrayList<String> suffixPattern,
        TreeNode rootNode) {
    ArrayList<String> idArray = new ArrayList<>();
    TreeNode temp;
    temp = rootNode;
    //用于输出组合模式
    int length = 0;
    int num = 0;
    int[] binaryArray;

    while (temp.getChildNodes() != null) {
        temp = temp.getChildNodes().get(0);

        //筛选支持度系数大于最小阈值的值
        if (temp.getCount() >= minSupportCount) {
            idArray.add(temp.getName());
        }
    }

    length = idArray.size();
    num = (int) Math.pow(2, length);
    for (int i = 0; i < num; i++) {
        binaryArray = new int[length];
        numToBinaryArray(binaryArray, i);

        //如果后缀模式只有 1 个，不能输出自身
        if (suffixPattern.size() == 1 && i == 0) {
            continue;
        }

        System.out.print("频繁模式：{[后缀模式：");
        //先输出固有的后缀模式
        if (suffixPattern.size() > 1
                || (suffixPattern.size() == 1 && idArray.size() > 0)) {
            for (String s : suffixPattern) {
                System.out.print(s + ", ");
            }
        }
        System.out.print("]");
        //输出路径上的组合模式
        for (int j = 0; j < length; j++) {
            if (binaryArray[j] == 1) {
                System.out.print(idArray.get(j) + ", ");
            }
        }
        System.out.println("}");
```

```
            }
        }

        /**
         * 数字转为二进制形式
         *
         * @param binaryArray
         * 转化后的二进制数组形式
         * @param num
         * 待转化数字
         */
        private void numToBinaryArray(int[] binaryArray, int num) {
            int index = 0;
            while (num != 0) {
                binaryArray[index] = num % 2;
                index++;
                num /= 2;
            }
        }

    }
```

(5) 算法调用测试类的代码如下：

```
    /**
     * FP-Tree 频繁模式树算法
     */
    public class Client {
        public static void main(String[] args){
            String filePath =
"C:\\Users\\lyq\\Desktop\\icon\\testInput.txt";
            //最小支持度阈值
            int minSupportCount = 2;

            FPTreeTool tool = new FPTreeTool(filePath, minSupportCount);
            tool.startBuildingTree();
        }
    }
```

4. FP-Tree 算法编码时的难点

FP-Tree 算法编码时的难点具体如下。

(1) 在构造树的时候要重新构建一棵树时，不能对原来的树做更改，在此期间用了老的树的对象，又造成了重复引用的问题，于是果断又新建了一个 TreeNode，只把原树的 name 和 count 值拿了过来，父子节点关系完全重新构造。

(2) 在事务生产树的过程中，把事务映射到 TreeNode 数组中，然后过程就是加

Node 节点或者更新 Node 节点的 count 值，过程简单许多，也许会让人很难理解，但个人感觉这样比较方便。如果是 String[]字符串数组的形式，中间还要与 TreeNode 进行各种转化将更麻烦。

(3) 在计算条件模式基的时候，存放在了 HashMap<String, ArrayList<TreeNode>> map 中，而不是弄成链表的形式，直接在生成树的时候就全部统计好。

(4) 此处算法用了两处递归：一是在添加树节点的时候，搜索要在哪个 node 上做添加的方法，即 searchNode(TreeNode node, ArrayList<TreeNode> list)；另一个是整个的 buildFPTree()算法，这都不是很容易看明白的地方。

5. FP-Tree 算法的缺点

FP-Tree 算法在挖掘频繁模式的过程中与 Apriori 算法比较不产生候选集，比 Apriori 算法快不少，但整体上 FP-Tree 算法在时间和空间消耗的开销上还是比较大。

小　　结

本章主要讲解利用关联规则进行大数据挖掘，具体介绍了关联规则的相关概念、分类及关联规则挖掘的十大应用场景；在讲解快速找出最大高频项目组的方法时，主要以 MFSA 算法的实现来进行讲解；此外重点讲解了 Apriori 算法(包括算法思想、运行流程等)，它是一种常用于超市购物数据集或电商的网购数据集中，作为挖掘数据关联规则的算法；最后讲解了基于划分规则的算法(包括快速排序方法、三划分方法)和 FP-Tree 算法，FP-Tree 算法从算法概念、原理、实现过程等方面进行重点阐述。

第 6 章　大数据分析中的四种常见分类算法

6.1　分类算法概述

6.1.1　有关分类算法的基本概念

分类，就是根据文本的特征或属性，划分到已有的类别中。常用的分类算法包括：决策树(Decision Tree)分类算法、贝叶斯分类算法、K-最近邻(K-Nearest Neighbor，KNN)算法、支持向量机(Support Vector Machine，SVM)算法等。

1. 决策树分类算法

决策树分类算法是一种逼近离散函数值的方法。它是一种典型的分类方法，首先对数据进行处理，利用归纳算法生成可读的规则和决策树，然后使用决策对新数据进行分析。本质上决策树是通过一系列规则对数据进行分类的过程。

决策树分类算法最早产生于 20 世纪 60 年代。到 70 年代末，由 J. Ross Quinlan 提出了 ID3 算法。此算法的目的在于减少树的深度，但是忽略了叶子数目的研究。C4.5 算法在 ID3 算法的基础上进行了改进，对于预测变量的缺值处理、剪枝技术、派生规则等方面作了较大改进，既适合于分类问题，又适合于回归问题。

2. 贝叶斯分类算法

贝叶斯分类算法是一类利用概率统计知识进行分类的算法，如朴素贝叶斯((Naive Bayesian)算法，该算法能运用到大型数据库中，而且方法简单、分类准确率高、速度快。这些算法主要利用贝叶斯定理来预测一个未知类别的样本属于各个类别的可能性，选择其中可能性最大的一个类别作为该样本的最终类别。

由于贝叶斯定理的成立本身需要一个很强的条件独立性假设前提，而此假设在实际情况中经常是不成立的，因而其分类准确性就会下降。为此就出现了许多降低独立性假设的贝叶斯分类算法，如 TAN(Tree Augmented Bayes Network)算法，它是在贝叶斯网络结构的基础上增加属性对之间的关联来实现的。

3. KNN 算法

KNN 算法是一种基于实例的分类方法，它是数据挖掘分类技术中最简单的方法之一。“K-最近邻”是 k 个最近的邻居的意思，说的是每个样本都可以用它最接近的 k 个邻居来代表。该方法就是找出与未知样本 x 距离最近的 k 个训练样本，看这 k 个样本中多数属于哪一类，就把 x 归为那一类。

KNN 算法是一种懒惰学习方法，它存放样本，直到需要分类时才进行分类，如果样本集比较复杂，可能会导致很大的计算开销，因此无法应用到实时性很强的场合。

4. SVM 算法

SVM 是由 Corinna Cortes 和 Vapnik 等于 1995 年首先提出的，它在解决小样本、非线性及高维模式识别中表现出许多特有的优势，并能够推广应用到函数拟合等其他机器学习问题中。在机器学习中，SVM(还支持矢量网络)是与相关的学习算法有关的监督学习模型，可以分析数据，识别模式，用于分类和回归分析。

SVM 算法是建立在统计学习理论的 VC 维理论和结构风险最小原理基础上的，根据有限的样本信息在模型的复杂性(即对特定训练样本的学习精度)和学习能力(即无错误地识别任意样本的能力)之间寻求最佳折中，以期获得最好的推广能力。

6.1.2 分类算法的常见应用场景

分类算法的应用场景目前主要包括以下方面。

1. O2O 优惠券使用预测

在 O2O 中使用优惠券的形式来刺激老用户吸引新用户是一种常见的营销方式。然而随机投放优惠券会对多数用户造成无意义的干扰；对商家而言，滥发优惠券可能会降低品牌声誉，同时难以估算营销成本。个性化投放是提高优惠券核销率的重要技术，它可以让具有一定偏好的消费者得到真正的实惠，同时赋予商家更强的营销能力。

根据与现有 O2O 场景相关的丰富数据，我们可通过分析建模，精准预测用户是否会在规定时间内使用相应优惠券。

2. 市民出行选乘公交预测

公交是大家最便捷的出行工具，每天都有海量的数据记录，我们可通过对市民出行公交线路选乘预测为方向，通过分析挖掘出固定人群在公共交通中的行为模式，分析推测乘客的出行习惯和偏好，从而建立模型预测人们在未来一周内将会搭乘哪些公交线路，为广大乘客提供信息对称、安全舒适的出行环境，用数据引领未来城市智慧出行。

3. 待测微生物种类判别

DNA 是多数生物的遗传物质，DNA 上的碱基(A、T、C 和 G)储藏了遗传信息，不同物种的 DNA 序列的长度和碱基组成有明显差异。所以我们能够通过 DNA 序列的比较分析，来判断 DNA 序列是来自哪些物种。由于测序技术限制，我们只能得到一定长度的 DNA 序列片段。通过把 DNA 序列片段与已知的微生物 DNA 序列进行比较，可以确定 DNA 片段的来源微生物，进而确定待测微生物种类。

我们可在相关数据基础上，建立分析方法，在计算资源消耗尽量小的情况下，尽可能快地给出准确的结果，以满足临床诊断需求。

4. 基于运营商数据的个人征信评估

运营商作为网络服务供应商，积累了大量的用户基本信息及行为特征数据，如终端数据、套餐消费数据、通信数据等。实名制政策保证了运营商用户数据能与用户真实身份匹配，并真实客观地反映用户行为。广泛覆盖的网络基础设施提供了积累大量实时数据的条件，这些用户数据实时反馈着用户的各个维度的信息及特征。

在我国，个人征信评估主要通过引用央行个人征信报告，但对于很多没有建立个人信用记录的用户，金融机构想要了解他们的信用记录成本又较高，传统征信评估手段难以满足目前多种多样的新兴需求。金融业务不同于其他大数据业务，对数据的真实性、可信度和时效性要求较高，而这正是运营商数据的价值所在。利用运营商用户数据，可以提供完善的个人征信评估。

5. 商品图片分类

在各大电商网站中含有数以百万计的商品图片，“拍照购”“找同款”等应用必须对用户提供的商品图片进行分类。同时，提取商品图像特征，可以提供给推荐、广告等系统，提高推荐/广告的效果。

6. 广告点击行为预测

在用户浏览网页的过程中，会有广告的曝光或被点击，这就需要对广告点击进行预测，让广告主进行定向广告投放和优化，使广告投入产生较大回报。

7. 基于文本内容的垃圾短信识别

垃圾短信是目前我们常见的困扰问题，会对我们的正常生活造成不良影响，同时也严重侵害了运营商的社会形象。然而，不法分子运用科技手段不断更新垃圾短信形式且传播途径非常广泛，传统的基于策略、关键词等过滤的效果已经逐渐失效。

我们可以基于短信文本内容，并结合机器学习算法、大数据分析挖掘来智能地识别垃圾短信及其变种。

8. 中文句子类别精准分析

精确的语义分析是大数据必备的技术，在分析句子时，不同句子类别即使用类似的关键词，表达的含义仍有很大差别，特别是在情感判断中。分类算法就可以对中文句子、微博等文本数据，进行类别分析。

9. P2P 网络借贷平台的经营风险量化分析

P2P 网络借贷即点对点信贷，其风险情况始终触碰着投资人的神经。据统计，截至 2016 年 9 月，出现问题的网贷平台一共有 1000 多家，而仅仅 2016 年就有 640 多家平台出现问题，因此随着我国 P2P 行业的迅猛发展，P2P 平台的风险预测已经成为一个至关重要的问题。P2P 平台的风险主要是在运营过程中产生的，与运营数据有着密不可分的关系。P2P 平台的风险预测并非无线索可寻，像借款期限和年化收益率等指标，就对 P2P 平台的风险预测有很重要的参考意义。

可以通过互联网数据，构建出 P2P 网贷平台的经营风险模型，从而能够比较准确地预测 P2P 网贷平台的经营风险，促进我国 P2P 行业向正规化方向发展。

10. 国家电网客户用电异常行为分析

社会用电量的增加自然会增加社会经济的发展，但受到利益因素的影响，偷窃用电的现象也日益严重。窃电行为不仅给供电企业造成了重大经济损失，也严重影响了正常的供用电秩序。目前，窃电方式已经发展到设备智能化、手段专业化、行为隐蔽化、实施规模化的高科技窃电，给反窃电工作进一步增加了很大的难度。但随着电力系统升级，智能电力设备的普及，国家电网公司可以实时收集海量的用户用电行为数据、电力设备监测数据，因此，国家电网公司希望通过大数据分析技术，科学地开展防窃电监测分析，以提高反窃电工作效率，降低窃电行为分析的时间及成本。

通过国家电网公司提供的关于用户用电量、电能表停走、电表失流等异常情况、窃电行为等相关数据，以及经过现场电工人员现场确认的窃电用户清单，我们可以利用大数据分析算法与技术，发现窃电用户的行为特征，以帮助系统更快速、准确地识别窃电用户，提高窃电监测效率，降低窃电损失。

11. 自动驾驶场景中的交通标志检测

无人自动驾驶技术对识别道路上的交通标志和理解周围环境都有很高的要求。例如通过检测识别限速标志来控制当前车辆的速度等；另一方面，将交通标志嵌入高精度地图中，对定位导航也起到关键的辅助作用。对交通标志的检测是一项非常有挑战的任务，较精确的检测对后续识别、辅助定位导航起着决定性的作用。交通标志的种类众多，大小、角度不一，本身就很难做到较精确检测，并且在真实的行车环境中，受到天气、光照等因素的影响，使得对交通标志的检测更加困难。

我们可以把完全真实场景下的图片数据用于训练和测试，训练能够实际应用在自动驾驶中的识别模型。

12. 大数据精准营销中搜狗用户画像挖掘

在现代数字广告投放系统中，以物拟人，以物窥人，是比任何大数据都要更大的前提。在现代广告投放系统中，多层级成体系的用户画像构建算法是实现精准广告投放的基础技术之一。其中，基于人口属性的广告定向技术是普遍适用于品牌展示广告和精准竞价广告的关键性技术。在搜索竞价广告系统中，用户通过在搜索引擎输入具体的查询词来获取相关信息。因此，用户的历史查询词与用户的基本属性及潜在需求有密切的关系。

我们可以把用户历时一个月的查询词与用户的人口属性标签(性别、年龄、学历)

作为训练数据，通过机器学习、数据挖掘技术构建分类算法来对新增用户的人口属性进行判定。

13. 基于视角的领域情感分析

情感分析是网络舆情分析中必不可少的技术，基于视角的领域情感分析更是情感分析应用于特定领域的关键技术。在对句子进行情感分析时，站在不同的视角，同一个句子的情感倾向判断结果将有所差别。

比如给定一个句子，如果该句子中包含某个词，则应针对这一视角进行情感分析；如果句子中包含多个某词语，则应在不同视角进行单独的情感分析；如果句子中不包含某个词，则不做情感判别处理。

14. 监控场景下的行人精细化识别

随着平安中国、平安城市的提出，视频监控被广泛应用于各种领域，这给维护社会治安带来了便捷；但同时也带来了一个问题，即海量的视频监控流使得发生突发事故后，需要耗费大量的人力物力去搜索有效信息。行人作为视频监控中的重要目标之一，若能对其进行有效的外观识别，不仅能提高视频监控工作人员的工作效率，对检索视频、解析行人行为也具有重要意义。

例如，我们可基于监控场景下多张带有标注信息的行人图像，在定位(头部、上身、下身、脚、帽子、包)的基础上研究行人精细化识别算法，自动识别出行人图像中行人的属性特征。标注的行人属性可以包括性别、头发长度和上下身衣着、鞋子及包的种类和颜色，并提供图像中行人头部、上身、下身、脚、帽子、包位置的标注。

15. 用户评分预测

个性化推荐已经成为电子商务网站的必备服务，网站给客户提供准确的推荐服务不仅可以提高商家的产品销量，更能为顾客提供优质快速的购物体验。目前，随着推荐系统的发展，已经有许多非常优秀的推荐算法。有不少研究表明，客户在短期内会浏览相似的商品，但其兴趣可能会随时间发生些许变化。

我们可以通过训练带有时间标记的用户打分行为，准确地预测这些用户对其他商品的打分。

16. 猫狗识别大战

猫与狗一直处于敌对状态，主要是由于在长期进化过程中迫于对生存资源进行争夺而造成的残酷竞争导致的，也有说法是它们天生的交流方式不同而导致它们总是处于敌对状态。我们可以从训练集里建立一个模型去识别测试集里的小狗。

17. 微额借款用户人品预测

随着互联网金融的兴起，大量资本和个人涌入到这个领域来挖掘财富。金融领域无论是投资理财还是借贷放款，风险控制永远是业务的核心基础。而在所有的互联网金融产品中，微额借款(借款金额 500～1000 元)因其主要服务对象的特殊性，被公认为是风险较高的细分领域。我们可通过数据挖掘来分析“小额微贷”申请借款用户的信用状况，以分析其是否逾期。

18. 验证码识别

我们可使用各类验证码的训练集进行学习、编码与测试，形成验证码算法模型。

6.2 KNN 算法

6.2.1 KNN 算法的工作原理与特点

KNN 算法是一种监督学习算法，通过计算新数据与训练数据特征值之间的距离，然后选取 $k(k\geqslant1)$个距离最近的邻居进行分类判(投票法)或者回归。若 k=1，新数据被简单分配给其近邻的类。KNN 算法主要的应用领域包括：文本分类、聚类分析、预测分析、模式识别、图像处理等。

1. KNN 算法的工作原理

训练数据中每个数据都存在标记(分类信息)，当输入新样本后，将新样本的每个特征与样本集中数据对应的特征进行比较，然后算法提取样本集中特征最相似数据的分类信息。一般来说，我们只选择样本集数据中前 k 个最相似的数据。最后，选择 k 个最相似数据出现次数最多的分类。

2. 代码实现思路

代码实现思路具体如下。

(1) 计算新样本点与训练数据点的距离。

(2) 将距离按照递增的顺序排序。

(3) 选取距离最小的 k 个点。

(4) 确定前 k 个点所在类别出现的频率。

(5) 将距离按照递增的顺序排序。

3. KNN 算法的优缺点

KNN 算法的优缺点具体如下。

1) 优点

(1) 理论成熟，思想简单，既可以用来做分类也可以用来做回归。

(2) 可用于非线性分类。

(3) 训练时间复杂度比支持向量机之类的算法低，仅为 $O(n)$。

(4) 和朴素贝叶斯之类的算法比，对数据没有假设，准确度高，对异常点不敏感。

(5) 由于 KNN 算法主要靠周围有限的邻近的样本，而不是靠判别类域的方法来确定所属类别，因此对于类域的交叉或重叠较多的待分样本集来说，KNN 方法较其他方法更为适合。

(6) 该算法比较适用于样本容量比较大的类域的自动分类，而那些样本容量较小的类域采用这种算法比较容易产生误分。

2) 缺点

(1) 计算量大，尤其是特征数非常多的时候。

(2) 样本不平衡的时候，对稀有类别的预测准确率低。

(3) 对于 KD 树、球树之类的模型建立需要大量的内存。

(4) 使用懒散学习方法，基本上不学习，导致预测时速度比起逻辑回归之类的算法慢。

(5) 相比决策树模型，KNN 模型可解释性不强。

6.2.2 快速找到最优 k 值的实用策略

KNN 算法中关于 k 值的选取应遵循以下几个原则。

(1) k 值较小，则模型复杂度较高，容易发生过拟合，学习的估计误差会增大，预测结果对近邻的实例点非常敏感。

(2) k 值较大，可以减少学习的估计误差，但是学习的近似误差会增大，与输入实例较远的训练实例也会对预测起作用，使预测发生错误，k 值增大，模型的复杂度会下降。

(3) 在应用中，k 值一般取一个比较小的值，通常采用交叉验证法来选取最优的 k 值。

【案例】KNN 算法驱动产品优化实例分析

KNN 算法对 k 值的选取很敏感，因为它给所有的近邻分配相同权重，无论距离测试样本有多远。为了降低该敏感性，可以使用加权 KNN，给更近的近邻分配更大的权重，给较远的样本权重相应减少。Gaussian 函数可以实现这一点，如图 6-1 所示。

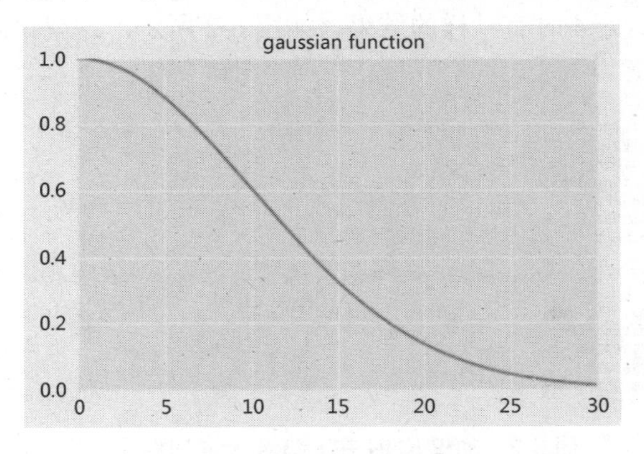

图 6-1　Gaussian 函数

用 Python 语言实现的代码如下：

```
def gaussian(dist, sigma = 10.0):
    """ Input a distance and return its weight"""
    weight = np.exp(-dist**2/(2*sigma**2))
    return weight

### 加权 KNN
def weighted_classify(input, dataSet, label, k):

    dataSize = dataSet.shape[0]
    diff = np.tile(input, (dataSize, 1))-dataSet
    sqdiff = diff**2
    squareDist = np.array([sum(x) for x in sqdiff])
    dist = squareDist**0.5
    #print(input, dist[0], dist[1164])
    sortedDistIndex = np.argsort(dist)

    classCount = {}
    for i in range(k):
        index = sortedDistIndex[i]
        voteLabel = label[index]
        weight = gaussian(dist[index])
        #print(index, dist[index],weight)
        ## 这里不再是加 1，而是权重*1
        classCount[voteLabel] = classCount.get(voteLabel, 0) + weight*1

    maxCount = 0
    #print(classCount)
    for key, value in classCount.items():
        if value > maxCount:
            maxCount = value
            classes = key

    return classes
```

下面是分别用 KNN 和加权 KNN 运行 k=[3,4,5]的准确率。相比于 KNN，可以发现加权 KNN 在 k=3 和 k=4 时有一样的结果，如图 6-2 所示，这就说明加权 KNN 能够缓解对 k 值选取的敏感。

```
In [100]: runfile('D:/Users/zhangxin/Desktop/knn_digital.py', wdir='D:/Users/zhangxin/Desktop')
Reloaded modules: KNN
---Getting training set....
---Getting testing set...
0.9894291754756871
0.9883720930232558
0.9820295983086681

In [101]: runfile('D:/Users/zhangxin/Desktop/knn_digital.py', wdir='D:/Users/zhangxin/Desktop')
Reloaded modules: KNN
---Getting training set....
---Getting testing set...
0.9894291754756871
0.9894291754756871
0.9820295983086681
```

图 6-2　加权 KNN 在 k=3 和 k=4 时结果一样

6.3　决策树与随机森林算法

6.3.1　决策树算法

决策树是在已知各种情况发生概率的基础上，通过构成决策树来求取净现值的期望值大于等于零的概率。评价项目风险，判断其可行性的决策分析方法，是直观运用概率分析的一种图解法。由于这种决策分支画成图形很像一棵树的枝干，故称决策树。在机器学习中，决策树是一个预测模型，它代表的是对象属性与对象值之间的一种映射关系。Entropy 等于系统的凌乱程度，使用算法 ID3，C4.5 和 C5.0 生成树算法使用熵(这一度量是基于信息学理论中熵的概念)。

决策树是一种用于对实例进行分类的树形结构，一种依托于策略抉择而建立起来的树。决策树由节点(Node)和有向边(Directed Edge)组成。节点的类型有两种：内部节点和叶子节点。其中，内部节点表示一个特征或属性的测试条件(用于分开具有不同特性的记录)，叶子节点表示一个分类。另外，每个分支代表一个测试输出。

决策树分类算法构造决策树来发现数据中蕴含的分类规则，如何构造精度高、规模小的决策树是决策树算法的核心内容。决策树构造可以分两步，具体如下。

(1)　决策树的生成：由训练样本集生成决策树的过程。一般情况下，训练样本数据集是根据实际需要有历史的、有一定综合程度的，用于数据分析处理的数据集。

(2)　决策树的剪枝：决策树的剪枝是对上一阶段生成的决策树进行检验、校正等的过程，主要是用新的样本数据集(称为测试数据集)中的数据校验决策树生成过程中产生的初步规则，将那些影响预测准确性的分支剪除。

1．构建决策树模型

当我们构造了一个决策树模型，以它为基础来进行分类将是非常容易的。具体做法是：从根节点开始，对实例的某一特征进行测试，根据测试结果将实例分配到其子节点(也就是选择适当的分支)；沿着该分支可能达到叶子节点或者到达另一个内部节点时，就使用新的测试条件递归执行下去，直到抵达一个叶子节点。当到达叶子节点时，我们便得到了最终的分类结果。图 6-3 所示为决策树模型。

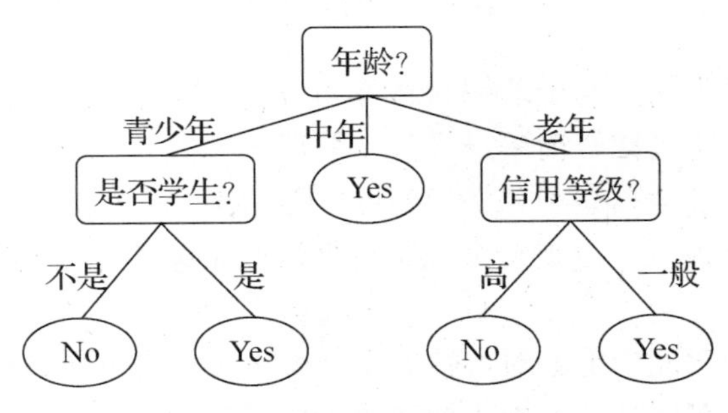

图 6-3　决策树模型

从数据产生决策树的机器学习技术叫作决策树学习，通俗点说就是决策树，是一种依托于分类、训练上的预测树，根据已知预测、归类未来。

决策树学习也是资料探勘中一个普通的方法。在这里，每个决策树都表述了一种树形结构，它由它的分支来对该类型的对象依靠属性进行分类。每个决策树可以依靠对源数据库的分割进行数据测试，这个过程可以递归式地对树进行修剪。当不能再进行分割或一个单独的类可以被应用于某一分支时，递归过程就完成了。另外，随机森林分类器将许多决策树结合起来以提升分类的正确率。决策树同时也可以依靠计算条件概率来构造。

2. 剪枝

剪枝是决策树停止分支的方法之一。剪枝分预先剪枝和后剪枝两种。

(1) 预先剪枝是在树的生长过程中设定一个指标，当达到该指标时就停止生长，这样做容易产生“视界局限”，就是一旦停止分支，使得节点 N 成为叶节点，就断绝了其后继节点进行“好”的分支操作的任何可能性。不严格地说这些已停止的分支会误导学习算法，导致产生的树不纯度降差最大的地方过分靠近根节点。

(2) 后剪枝中树首先要充分生长，直到叶节点都有最小的不纯度值为止，因而可以克服“视界局限”。然后对所有相邻的成对叶节点考虑是否消去它们，如果消去能引起令人满意的不纯度增长，那么执行消去，并令它们的公共父节点成为新的叶节点。这种“合并”叶节点的做法和节点分支的过程恰好相反，经过剪枝后叶节点常常会分布在很宽的层次上，树也变得非平衡。

后剪枝技术的优点是克服了“视界局限”效应，而且无须保留部分样本用于交叉验证，所以可以充分利用全部训练集的信息。但后剪枝的计算量代价比预先剪枝方法大得多，特别是在大样本集中，不过对于小样本的情况，后剪枝方法还是优于预先剪枝方法的。

3. 决策树的优缺点

决策树分类算法是一种启发式算法，核心是在决策树各个节点上应用信息增益等准则来选取特征，进而递归地构造决策树。其优缺点分别体现在以下方面。

1) 优点

(1) 计算复杂度不高，易于理解和解释，可以理解决策树所表达的意义。

(2) 数据预处理阶段比较简单，且可以处理缺失数据。

(3) 能够同时处理数据型和分类型属性，且可对有许多属性的数据集构造决策树。

(4) 是一个白盒模型，给定一个观察模型，则根据所产生的决策树很容易推断出相应的逻辑表达式。

(5) 在相对短的时间内能够对大数据集合做出可行且效果良好的分类结果。

(6) 可以对有许多属性的数据集构造决策树。

2) 缺点

(1) 对于那些各类别样本数目不一致的数据，信息增益的结果偏向于那些具有更多数值的属性。

(2) 对噪声数据较为敏感。

(3) 容易出现过拟合问题。

(4) 忽略了数据集中属性之间的相关性。

(5) 处理缺失数据时比较困难。

4. 决策树 ID3 算法

ID3(Iterative Dichotomiser 3)算法，迭代二叉树 3 代，是 Ross Quinlan 发明的一种决策树算法，这个算法的基础就是奥卡姆剃刀原理，越是小型的决策树越优于大的决策树，尽管如此，也不总是生成最小的树形结构，而是一个启发式算法。

在信息论中，期望信息越小，则信息增益就越大，从而纯度就越高。ID3 算法的核心思想就是以信息增益来度量属性的选择，选择分裂后信息增益最大的属性进行分裂。该算法采用自顶向下的贪婪搜索遍历可能的决策空间。

1) 信息熵

在信息增益中，重要性的衡量标准就是看特征能够为分类系统带来多少信息，带来的信息越多，该特征越重要。在认识信息增益之前，先了解信息熵。熵这个概念最早起源于物理学，在物理学中是用来度量一个热力学系统的无序程度，而在信息学里面，熵是对不确定性的度量。1948 年，香农引入了信息熵，将其定义为离散随机事件出现的概率。一个系统越是有序，信息熵就越低，反之一个系统越是混乱，它的信息熵就越高。所以信息熵可以被认为是系统有序化程度的一个度量。

如果有一个随机变量 $X=\{x_1,x_2,\cdots,x_n\}$，每一种取到的概率分别是 $\{p_1,p_2,\cdots,p_n\}$，那么 X 的熵定义为：

$$H(X)=-\sum_{i=1}^{n} p_i \log_2 p_i \tag{6-1}$$

从式(6-1)看出，一个变量的变化情况越多，它携带的信息量就越大。

对于分类系统来说，类别 C 是变量，它的取值是 $C_1,C_2,\cdots,C_n$，每一个类别出现的概率分别是 $P(C_1),P(C_2),\cdots,P(C_n)$，这里 n 为类别的总数，此时分类系统的熵可以表示如下：

$$H(C)=-\sum_{i=1}^{n} P(C_i)\log_2 P(C_i) \tag{6-2}$$

2) 信息增益

信息增益是针对一个一个特征而言的，就是看一个特征 t，系统有它和没有它时的信息量各是多少，两者的差值就是这个特征给系统带来的信息量，即信息增益。这里以天气预报的例子来说明，如表 6-1 所示为天气数据表，学习目标是 play 或者 not play。

表 6-1　天气预报数据集表

Outlook	Temperature	Humidity	Windy	Play?
sunny	hot	high	false	no
sunny	hot	high	true	no
overcast	hot	high	false	yes
rain	mild	high	false	yes
rain	cool	normal	false	yes
rain	cool	normal	true	no
overcast	cool	normal	true	yes
sunny	mild	high	false	no
sunny	cool	normal	false	yes
rain	mild	normal	false	yes
sunny	mild	normal	true	yes
overcast	mild	high	true	yes
overcast	hot	normal	false	yes
rain	mild	high	true	no

表 6-1 中共有 14 个样例，其中 9 个正例和 5 个负例。当前信息的熵计算如下：

$$\text{Entropy}(S)=-\frac{9}{14}\log_2\frac{9}{14}-\frac{5}{14}\log_2\frac{5}{14}=0.940286$$

在决策树分类问题中，信息增益就是决策树在进行属性选择划分前和划分后信息的差值。假设利用属性 outlook 来分类，则如图 6-4 所示。

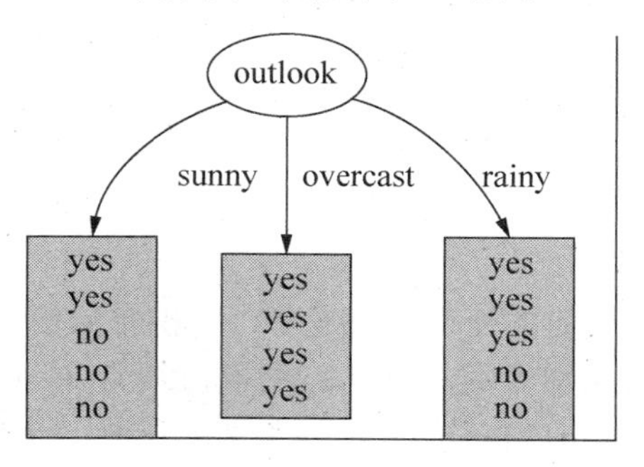

图 6-4　利用属性 outlook 分类

划分后，数据被分为三个部分，那么各个分支的信息熵计算如下：

$$\text{Entropy(sunny)}=-\frac{2}{5}\log_2\frac{2}{5}-\frac{3}{5}\log_2\frac{3}{5}=0.970951$$

$$\text{Entropy(sunny)}=-\frac{4}{4}\log_2\frac{4}{4}-0\log_2 0=0$$

$$\text{Entropy(sunny)}=-\frac{3}{5}\log_2\frac{3}{5}-\frac{2}{5}\log_2\frac{2}{5}=0.970951$$

由上可得，划分后的信息熵为：

$$\text{Entropy}(S\,|\,T)=\frac{5}{14}\times 0.970951+\frac{4}{14}\times 0+\frac{5}{14}\times 0.970951=0.693536$$

上式中 $\text{Entropy}(S\,|\,T)$ 代表在特征属性 T 的条件下样本的条件熵。最终我们得到特征属性 T 带来的信息增益为：

$$\text{IG}(T)=\text{Entropy}(S)-\text{Entropy}(S\,|\,T)=0.24675$$

我们得出信息增益的计算公式为：

$$\text{IG}(S\,|\,T)=\text{Entropy}(S)-\sum_{\text{value}(T)}\frac{|S_v|}{S}\text{Entropy}(S_v) \tag{6-3}$$

式(6-3)中 S 为全部样本集合，value(T) 是属性 T 所有取值的集合，v 是 T 的其中一个属性值，S_v 是 S 中属性 T 的值为 v 的样例集合，$|S_v|$ 为 S_v 中所含样例数。

在决策树的每一个非叶子节点划分之前，先计算每一个属性所带来的信息增益，选择最大信息增益的属性来划分，因为信息增益越大，区分样本的能力就越强，越具有代表性，显然这是一种自顶向下的贪心策略。

5. 决策树 C4.5 算法

ID3 算法有一些缺陷，在计算的时候，倾向于选择取值多的属性，因此，C4.5 算法采用信息增益率的方式来选择属性，这样就避免了上述问题。

如图 6-5 所示，以一个包括四个属性(天气、温度、湿度、风速)的数据集与执行活动与否为例，对 C4.5 算法进行具体讲解如下。

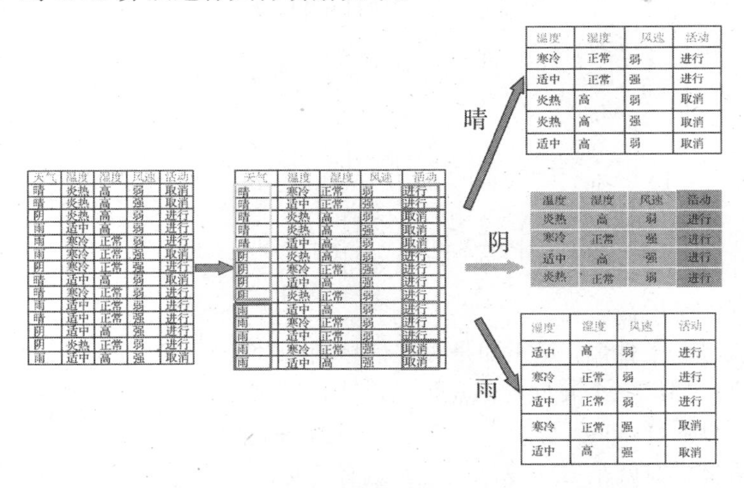

图 6-5　四个天气属性数据集与执行活动与否的关系表

在图 6-5 中，属性集合 A={天气，温度，湿度，风速}，类别标签有两个，类别集合 L={进行，取消}。

1)　计算类别信息熵

类别信息熵表示的是所有样本中各种类别出现的不确定性之和。根据熵的概念，熵越大，不确定性就越大，把事情搞清楚所需要的信息量就越多。类别信息熵的计算如下：

$$\mathrm{Info}(D)=-\frac{9}{14}\times\log_2\left(\frac{9}{14}\right)-\frac{5}{14}\times\log_2\left(\frac{5}{14}\right)=0.940$$

2)　计算每个属性的信息熵

每个属性的信息熵相当于一种条件熵，它表示的是在某种属性的条件下，各种类别出现的不确定性之和。属性的信息熵越大，表示这个属性中拥有的样本类别越不“纯”。四个属性的信息熵分别计算如下：

$$\mathrm{Info}(天气)=\frac{5}{14}\times\left[-\frac{2}{5}\times\log_2\left(\frac{2}{5}\right)-\frac{3}{5}\times\log_2\left(\frac{3}{5}\right)\right]+\frac{4}{14}\times\left[-\frac{4}{4}\times\log_2\left(\frac{4}{4}\right)\right]+\frac{5}{14}\times\left[-\frac{3}{5}\times\log_2\left(\frac{3}{5}\right)-\frac{2}{5}\times\log_2\left(\frac{2}{5}\right)\right]=0.694$$

$$\mathrm{Info}(温度)=\frac{4}{14}\times\left[-\frac{2}{4}\times\log_2\left(\frac{2}{4}\right)-\frac{2}{4}\times\log_2\left(\frac{2}{4}\right)\right]+\frac{6}{14}\times\left[-\frac{4}{6}\times\log_2\left(\frac{4}{6}\right)-\frac{2}{6}\times\log_2\left(\frac{2}{6}\right)\right]+\frac{4}{14}\times\left[-\frac{3}{4}\times\log_2\left(\frac{3}{4}\right)-\frac{1}{4}\times\log_2\left(\frac{1}{4}\right)\right]=0.911$$

$$\mathrm{Info}(湿度)=\frac{7}{14}\times\left[-\frac{3}{7}\times\log_2\left(\frac{3}{7}\right)-\frac{4}{7}\times\log_2\left(\frac{4}{7}\right)\right]+\frac{7}{14}\times\left[-\frac{6}{7}\times\log_2\left(\frac{6}{7}\right)-\frac{1}{7}\times\log_2\left(\frac{1}{7}\right)\right]=0.789$$

$$\mathrm{Info}(风速)=\frac{6}{14}\times\left[-\frac{3}{6}\times\log_2\left(\frac{3}{6}\right)-\frac{3}{6}\times\log_2\left(\frac{3}{6}\right)\right]+\frac{8}{14}\times\left[-\frac{6}{8}\times\log_2\left(\frac{6}{8}\right)-\frac{2}{8}\times\log_2\left(\frac{2}{8}\right)\right]]=0.892$$

3)　计算信息增益

信息增益=熵-条件熵，这里即是类别信息熵-属性信息熵，它表示的是信息不确定性减少的程度。如果一个属性的信息增益越大，就表示用这个属性进行样本划分可以更好地减少划分后样本的不确定性。当然，选择该属性就可以更快更好地完成我们的分类目标。信息增益就是 ID3 算法的特征选择指标。

四个属性的信息增益分别计算如下：

Gain(天气)=Info(D)−Info(天气)=0.940−0.694=0.246

Gain(温度)=Info(D)−Info(温度)=0.940−0.911=0.029

Gain(湿度)=Info(D)−Info(湿度)=0.940−0.789=0.15

Gain(风速)=Info(D)−Info(风速)=0.940−0.892=0.048

我们假设每个属性中每种类别都只有一个样本，那这样属性信息熵就等于零，根据信息增益就无法选择出有效分类特征。因此，C4.5 算法选择使用信息增益率对 ID3 算法进行改进。

4) 计算属性分裂信息度量

用分裂信息度量来考虑某种属性进行分裂时分支的数量信息和尺寸信息，我们把这些信息称为属性的内在信息。信息增益率=信息增益/内在信息，这会导致属性的重要性随着内在信息的增大而减小(即如果这个属性本身不确定性就很大，那我们就越不倾向于选取它)，这样算是对单纯用信息增益有所补偿。分别计算属性分裂信息度量如下：

$$H(\text{天气})=-\frac{5}{14}\times\log_2\left(\frac{5}{14}\right)-\frac{5}{14}\times\log_2\left(\frac{5}{14}\right)-\frac{4}{14}\times\log_2\left(\frac{4}{14}\right)=1.577$$

$$H(\text{温度})=-\frac{4}{14}\times\log_2\left(\frac{4}{14}\right)-\frac{6}{14}\times\log_2\left(\frac{6}{14}\right)-\frac{4}{14}\times\log_2\left(\frac{4}{14}\right)=1.556$$

$$H(\text{湿度})=-\frac{7}{14}\times\log_2\left(\frac{7}{14}\right)-\frac{7}{14}\times\log_2\left(\frac{7}{14}\right)=1.0$$

$$H(\text{风速})=-\frac{6}{14}\times\log_2\left(\frac{6}{14}\right)-\frac{8}{14}\times\log_2\left(\frac{8}{14}\right)=0.985$$

5) 计算信息增益率

对各属性计算信息增益率如下：

IGR(天气)=Gain(天气)/H(天气)=0.246/1.577=0.155

IGR(温度)=Gain(温度)/H(温度)=0.029/1.556=0.0186

IGR(湿度)=Gain(湿度)/H(湿度)=0.151/1.0=0.151

IGR(风速)=Gain(风速)/H(风速)=0.048/0.985=0.048

天气的信息增益率最高，选择天气为分裂属性。发现分裂了之后，天气是“阴”的条件下，类别是“纯”的，所以把它定义为叶子节点，选择不“纯”的节点继续分裂，如图 6-6 所示。

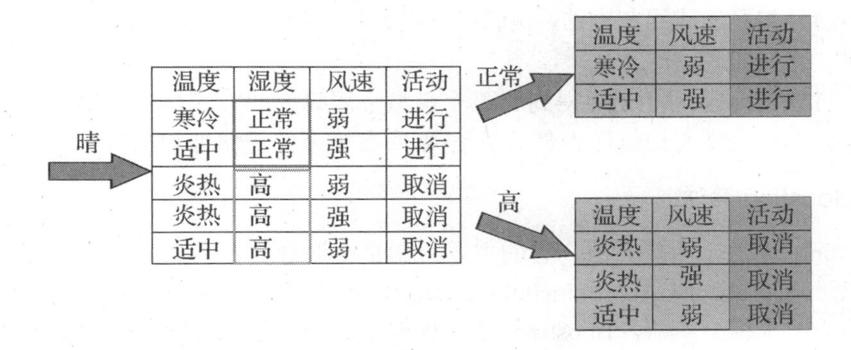

图 6-6 分裂显示

在子节点中重复 1)至 5)的步骤。至此，上述这个数据集上 C4.5 算法的计算过程就完成了，一棵树也构建出来了。C4.5 算法流程总结如下：

```
while(当前节点“不纯”)
```

(1) 计算当前节点的类别信息熵 Info(D) (以类别取值计算)。
(2) 计算当前节点各个属性的信息熵 Info(Ai) (以属性取值下的类别取值计算)。
(3) 计算各个属性的信息增益 Gain(Ai)=Info(D)-Info(Ai)。
(4) 计算各个属性的分类信息度量 H(Ai) (以属性取值计算)。
(5) 计算各个属性的信息增益率 IGR(Ai)=Gain(Ai)/H(Ai)。

```
end while
当前节点设置为叶子节点
```

6.3.2 Bagging 与 Boosting 的区别

Bagging(Bootstrap aggregating)算法(套袋法)和 Boosting 算法都是将已有的分类或回归算法通过一定方式组合起来，形成一个性能更加强大的分类器。更准确地说这是一种分类算法的组装方法，也就是将弱分类器组装成强分类器的方法。Bootstraping(即自助法)，是一种有放回的抽样方法(可能抽到重复的样本)。

1. Bagging 算法

Bagging 算法是一种用来提高学习算法准确度的方法，这种方法通过构造一个预测函数系列，然后以一定的方式将它们组合成一个预测函数。Bagging 要求“不稳定”(不稳定是指数据集的小的变动能够使得分类结果产生显著的变动)的分类方法，比如决策树等。Bagging 算法过程如下：

(1) 从原始样本集中抽取训练集。每轮从原始样本集中使用 Bootstraping 的方法抽取 n 个训练样本(在训练集中，有些样本可能被多次抽取到，而有些样本可能一次都没有被抽中)。共进行 k 轮抽取，得到 k 个训练集(k 个训练集之间是相互独立的)。

(2) 每次使用一个训练集得到一个模型，k 个训练集共得到 k 个模型(注：这里并没有具体的分类算法或回归方法，我们可以根据具体问题采用不同的分类或回归方法，如决策树、感知器等)。

(3) 对分类问题：将(2)中得到的 k 个模型采用投票的方式得到分类结果；对回归问题，计算上述模型的均值作为最后的结果(所有模型的重要性相同)。

2. Boosting 算法

Boosting 算法，即提升法，它的主要思想是将弱分类器组装成一个强分类器，在概率近似正确(Probably Approximately Correct，PAC)学习框架下，则一定可以将弱分类器组装成一个强分类器。Boosting 是一种框架算法，主要是通过对样本集的操作获得样本子集，然后用弱分类算法在样本子集上训练生成一系列的基分类器。它可以用来提高其他弱分类算法的识别率，也就是将其他的弱分类算法作为基分类算法放于 Boosting 框架中，通过 Boosting 框架对训练样本集的操作，得到不同的训练样本子集，用该样本子集去训练生成基分类器；每得到一个样本集就用该基分类算法在该样本集上产生一个基分类器，这样在给定训练轮数 n 后，就可产生 n 个基分类器，然后 Boosting 框架算法将这 n 个基分类器进行加权融合，产生一个最后的结果分类器，在这 n 个基分类器中，每个单个的分类器的识别率不一定很高，但它们联合后的结果有很高的识别率，这样便提高了该弱分类算法的识别率。在产生单个的基分类器时可用相同的分类算法，也可用不同的分类算法，这些算法一般是不稳定的弱分类算法，如神经网络算法、决策树(C4.5 算法)等。

Boosting 两个核心问题如下：

(1) 在每一轮如何改变训练数据的权值或概率分布？通过提高那些在前一轮被弱分类器分错样例的权值，减小前一轮分对样例的权值，来使得分类器对误分的数据有较好的效果。

(2) 通过什么方式来组合弱分类器？通过加法模型将弱分类器进行线性组合，比如 AdaBoost 通过加权多数表决的方式，即增大错误率小的分类器的权值，同时减小错误率较大的分类器的权值。而提升树通过拟合残差的方式逐步减小残差，将每一步生成的模型叠加得到最终模型。

3. Bagging 与 Boosting 的区别

Bagging 与 Boosting 的区别如下。

1) 样本选择

Bagging：训练集是在原始集中有放回选取的，从原始集中选出的各轮训练集之间是独立的。

Boosting：每一轮的训练集不变，只是训练集中每个样例在分类器中的权重发生变化。而权值是根据上一轮的分类结果进行调整。

2) 样例权重

Bagging：使用均匀取样，每个样例的权重相等。

Boosting：根据错误率不断调整样例的权值，错误率越大则权重越大。

3) 预测函数

Bagging：所有预测函数的权重相等。

Boosting：每个弱分类器都有相应的权重，对于分类误差小的分类器会有更大的权重。

4) 并行计算

Bagging：各个预测函数可以并行生成。

Boosting：各个预测函数只能顺序生成，因为后一个模型参数需要前一轮模型的结果。

6.3.3 随机森林分类算法的优势与应用场景

1. 随机森林分类算法

在机器学习中，随机森林(Random Forest，RF)是一个包含多个决策树的分类器，并且其输出的类别是由个别树输出的类别的众数而定。Leo Breiman 和 Adele Cutler 开发并推导出随机森林的算法，而“Random Forests”是他们的商标。这个术语是 1995 年由贝尔实验室的 Tin Kam Ho 所提出的随机决策森林(Random Decision Forests)而来的。这个方法则是结合 Breimans 的 “Bootstrap aggregating”想法和 Ho 的“random subspace method”以建造决策树的集合。

随机森林分类算法是基于 Bagging 框架下的决策树模型。随机森林包含了很多树，每棵树给出分类结果，每棵树的生成规则如下：

(1) 如果训练集大小为 N，对于每棵树而言，随机且有放回地从训练集中抽取 N 个训练样本，作为该树的训练集，重复 K 次，生成 K 组训练样本集。

(2) 如果每个特征的样本维度为 M，指定一个常数 m，随机地从 M 个特征中选取 m 个特征。

(3) 利用 m 个特征对每棵树尽最大程度地生长，并且没有剪枝过程。

随机森林的分类算法流程具体如图 6-7 所示。

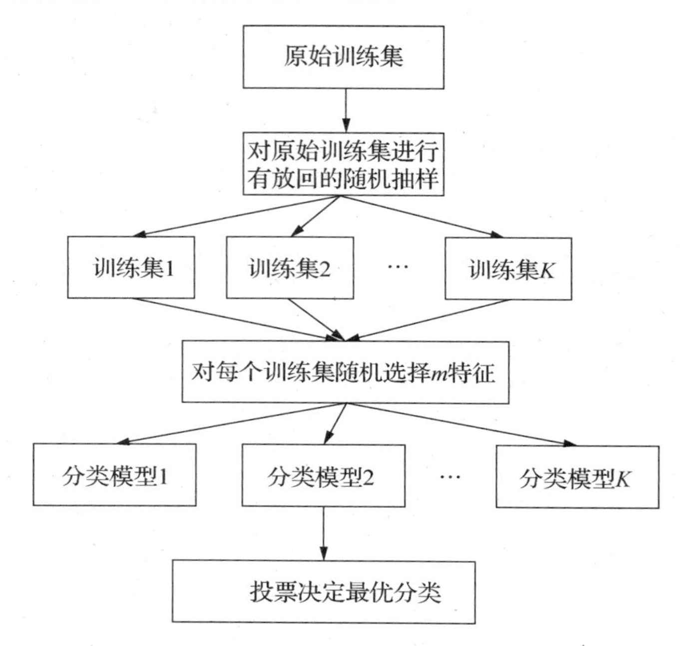

图 6-7 随机森林的分类算法流程图

2. 随机森林分类算法的优点

随机森林分类算法有以下优点：

(1) 它可以产生高准确度的分类器；

(2) 随机性的引入，使得随机森林不容易过拟合；

(3) 随机性的引入，使得随机森林有很好的抗噪声能力；

(4) 能处理很高维度的数据，并且不用做特征选择；

(5) 既能处理离散型数据，也能处理连续型数据，数据集无须规范化；

(6) 训练速度快，可以得到变量重要性排序；

(7)　容易实现并行化；

(8)　它计算各例中的亲近度，对于数据挖掘、侦测离群点(outlier)和将资料视觉化非常有用。

3. 随机森林算法的应用场景

我们如果想优化当前的机器学习模型，首先要知道当前的模型是处于高方差状态还是高偏差状态，高方差需要增加训练数据或降低模型的复杂度，高偏差则需要优化当前模型，如增加迭代次数或提高模型的复杂度等。

随机森林算法是基于 Bagging 思想的模型框架，我们从 Bagging 角度去探讨随机森林的偏差与方差问题，给出应用场景。

随机森林对每一组重采样的数据集训练一个最优模型，共 K 个模型。令 X_i 为随机可放回抽样的子数据集的 N 维变量，i=1,2,…,K。

根据可放回抽样中子数据集的相似性以及使用的是相同的模型，因此各模型有近似相等的 bias 和 variance，且模型的分布也近似相同但不独立(因为子数据集间有重复的变量)。因此：

$$E\left[\frac{\sum X_i}{K}\right]=E[X_i] \tag{6-4}$$

由式(6-4)可得：Bagging 法模型的 bias 和每个子模型接近，因此，Bagging 法并不能显著降低 bias。

1)　使用极限法分析 Bagging 法模型的方差问题

(1)　若模型完全独立，则:

$$\mathrm{Var}\left(\frac{\sum X_i}{K}\right)=\frac{\mathrm{Var}(X_i)}{K} \tag{6-5}$$

(2)　若模型完全一样，则:

$$\mathrm{Var}\left(\frac{\sum X_i}{K}\right)=\mathrm{Var}(X_i) \tag{6-6}$$

因为 Bagging 的子数据集既不是相互独立的，也不是完全一样的，子数据集间存在一定的相似性，所以，Bagging 法模型的方差介于式(6-5)、式(6-6)两者之间。

2)　使用公式法分析 Bagging 法模型的方差问题

假设子数据集变量的方差为 $\mathrm{Var}\left(\frac{\sum X_i}{K}\right)$，两两变量之间的相关性为 ρ，所以，Bagging 法的方差为：

$$\begin{aligned}\mathrm{Var}\left(\frac{\sum X_i}{K}\right)&=\frac{1}{K^2}\mathrm{Var}\left(\sum X_i\right)\\&\Rightarrow\frac{1}{K^2}\left(K\bullet\mathrm{Var}(X_1)+2\sum_{i=1}^{K}\sum_{j=1}^{K}\mathrm{cov}(X_i,X_j)_{i\neq j}\right)\end{aligned} \tag{6-7}$$

因为 $\rho=\frac{\text{cov}(X_i,X_j)}{\sqrt{X_i}\sqrt{X_j}}$

所以式(6-7)得：

$$\Rightarrow\frac{1}{K^2}\left(K\bullet\text{Var}(X_1)+2\sum_{i=1}^{K}\sum_{j=1}^{K}\text{cov}(X_i,X_j)_{i\neq j}\right)$$

$$\Rightarrow\frac{1}{K^2}\left(K\bullet\text{Var}(X_1)+2\sum_{i=1}^{K}\sum_{j=1}^{K}\rho\bullet\sigma^2\right)$$

所以

$$\text{Var}\left(\frac{\sum X_i}{K}\right)=\rho\bullet\sigma^2+(1-\rho)\sigma^2/K \tag{6-8}$$

由式6-8可得，Bagging法的方差减小了。因此，Bagging法的模型偏差与子模型的偏差接近，方差较子模型的方差减小。所以，随机森林的主要作用是降低模型的复杂度，解决模型的过拟合问题。

【案例】利用随机森林算法提升信贷审核效率实战分析

一般银行在贷款之前都需要对客户的还款能力进行评估，但如果客户数据量比较庞大，信贷审核人员的压力会非常大，此时常常会希望通过计算机来进行辅助决策。随机森林算法可以在该场景下使用，例如可以将原有的历史数据输入到随机森林算法当中进行数据训练，利用训练后得到的模型对新的客户数据进行分类，这样便可以过滤掉大量的无还款能力的客户，如此便能极大地减少信贷审核人员的工作量。

假设存在如表6-2所示的信贷用户历史还款记录。

表6-2　信贷用户历史还款数据表

记录号	是否拥有房产(是/否)	婚姻状况(单身、已婚、离婚)	年收入(单位：万元)	是否具备还款能力(是/否)
10001	否	已婚	10	是
10002	否	单身	8	是
10003	是	单身	13	是
…	…	…	…	…
11000	是	单身	8	否

上述信贷用户历史还款记录被格式化为 label index1:feature1 index2:feature2 index3:feature3 这种格式，例如表6-2中的第一条记录将被格式化为0 1:0 2:1 3:10，各字段含义如下：是否具备还款能力(“0”表示“是”，“1”表示“否”)，是否拥有房产(“0”表示“否”，“1”表示“是”)，婚姻情况(“0”表示“单身”，“1”表示“已婚”，“2”表示“离婚”)、年收入。因此填入实际数字如下：0 1:0 2:1 3:10。

将表中所有数据转换后，保存为sample_data.txt，该数据用于训练随机森林。测试数据如表6-3所示。

表 6-3　测试数据表

是否拥有房产(是/否)	婚姻状况(单身、已婚、离婚)	年收入(单位：万元)
否	已婚	12

如果随机森林模型训练正确，根据表 6-3 中这条用户数据得到的结果应该是具备还款能力，为方便后期处理，我们将其保存为 input.txt，内容如下：0 1:0 2:1 3:12。

将 sample_data.txt、input.txt 利用 hadoop fs–put input.txt sample_data.txt/data 上传到 HDFS 中的/data 目录中，再编写如下所示的判断客户是否具有还款能力的代码进行验证。

```
package cn.ml

import org.apache.spark.SparkConf
import org.apache.spark.SparkContext
import org.apache.spark.mllib.util.MLUtils
import org.apache.spark.mllib.regression.LabeledPoint
import org.apache.spark.rdd.RDD
import org.apache.spark.mllib.tree.RandomForest
import org.apache.spark.mllib.tree.model.RandomForestModel
import org.apache.spark.mllib.linalg.Vectors

object RandomForstExample {
 def main(args: Array[String]) {
 val sparkConf = new SparkConf().setAppName("RandomForestExample").
       setMaster("spark://sparkmaster:7077")
 val sc = new SparkContext(sparkConf)

 val data: RDD[LabeledPoint] = MLUtils.loadLibSVMFile(sc, "/data/sample_
data.txt")

 val numClasses = 2
 val featureSubsetStrategy = "auto"
 val numTrees = 3
 val model: RandomForestModel =RandomForest.trainClassifier(
          data, Strategy.defaultStrategy("classification"),numTrees,
 featureSubsetStrategy,new java.util.Random().nextInt())

 val input: RDD[LabeledPoint] = MLUtils.loadLibSVMFile(sc, "/data/input.txt")

 val predictResult = input.map { point =>
 val prediction = model.predict(point.features)
 (point.label, prediction)
}
//打印输出结果，在 spark-shell 上执行时使用。
 predictResult.collect()
```

```
//将结果保存到 hdfs //predictResult.saveAsTextFile("/data/predictResult")。
sc.stop()

 }
}
```

以上代码既可以打包后利用 spark-summit 提交到服务器上执行，也可以在 spark-shell 上执行查看结果。如图 6-8 所示给出了训练得到的 RadomForest 模型结果，图 6-9 给出了根据 RandomForest 模型进行预测得到的结果，可以看到预测结果与预期是一致的。

```
root@sparkmaster: /hadoopLearning/spark-1.4.0-bin-hadoop2.4/bin
File Edit View Terminal Help
1.0 (TID 44) in 78 ms on 192.168.1.103 (2/2)
15/09/06 01:57:37 INFO scheduler.TaskSchedulerImpl: Removed TaskSet 21.0, who
se tasks have all completed, from pool
15/09/06 01:57:37 INFO scheduler.DAGScheduler: ResultStage 21 (collectAsMap a
t DecisionTree.scala:642) finished in 0.055 s
15/09/06 01:57:37 INFO scheduler.DAGScheduler: Job 16 finished: collectAsMap
at DecisionTree.scala:642, took 0.251818 s
15/09/06 01:57:37 INFO rdd.MapPartitionsRDD: Removing RDD 38 from persistence
 list
15/09/06 01:57:37 INFO storage.BlockManager: Removing RDD 38
15/09/06 01:57:37 INFO tree.RandomForest: Internal timing for DecisionTree:
15/09/06 01:57:37 INFO tree.RandomForest:   init: 0.339197681
  total: 3.15895801
  findSplitsBins: 0.114732056
  findBestSplits: 2.810715324
  chooseSplits: 2.810397637
model: org.apache.spark.mllib.tree.model.RandomForestModel =
TreeEnsembleModel classifier with 3 trees


scala>
```

图 6-8　训练得到的 RadomForest 模型

```
root@sparkmaster: /hadoopLearning/spark-1.4.0-bin-hadoop2.4/bin
File Edit View Terminal Help
15/09/06 01:59:19 INFO storage.BlockManagerInfo: Added broadcast_32_piece0 in
 memory on 192.168.1.103:57516 (size: 8.2 KB, free: 267.2 MB)
15/09/06 01:59:19 INFO storage.BlockManagerInfo: Added broadcast_32_piece0 in
 memory on 192.168.1.101:51222 (size: 8.2 KB, free: 267.2 MB)
15/09/06 01:59:19 INFO storage.BlockManagerInfo: Added broadcast_32_piece0 in
 memory on 192.168.1.102:52558 (size: 8.2 KB, free: 267.2 MB)
15/09/06 01:59:20 INFO scheduler.TaskSetManager: Finished task 0.0 in stage 2
3.0 (TID 49) in 920 ms on 192.168.1.103 (1/3)
15/09/06 01:59:20 INFO scheduler.TaskSetManager: Finished task 1.0 in stage 2
3.0 (TID 50) in 1002 ms on 192.168.1.101 (2/3)
15/09/06 01:59:20 INFO scheduler.TaskSetManager: Finished task 2.0 in stage 2
3.0 (TID 51) in 1093 ms on 192.168.1.102 (3/3)
15/09/06 01:59:20 INFO scheduler.TaskSchedulerImpl: Removed TaskSet 23.0, who
se tasks have all completed, from pool
15/09/06 01:59:20 INFO scheduler.DAGScheduler: ResultStage 23 (collect at <co
nsole>:50) finished in 1.044 s
15/09/06 01:59:20 INFO scheduler.DAGScheduler: Job 18 finished: collect at <c
onsole>:50, took 1.101281 s
res4: Array[(Double, Double)] = Array((0.0,0.0))

scala>
```

图 6-9　collect 方法返回的结果

6.4　朴素贝叶斯分类算法

6.4.1　朴素贝叶斯分类算法运行原理分析

朴素贝叶斯分类器，实际上也是对人们常识做的一个算法的完善。它以一种更为精准的量化来判断分类，使用的方法是后验概率。本节从与决策树的比较出发，介绍先验概率和后验概率的关系，再详细讲解朴素贝叶斯算法的流程。

1. 与决策树的比较

前面已经学习了经典的决策树算法，我们了解了决策树的特点是它总是在沿着特征做切分，随着层层递进，这个划分会越来越细，如图 6-10 所示。

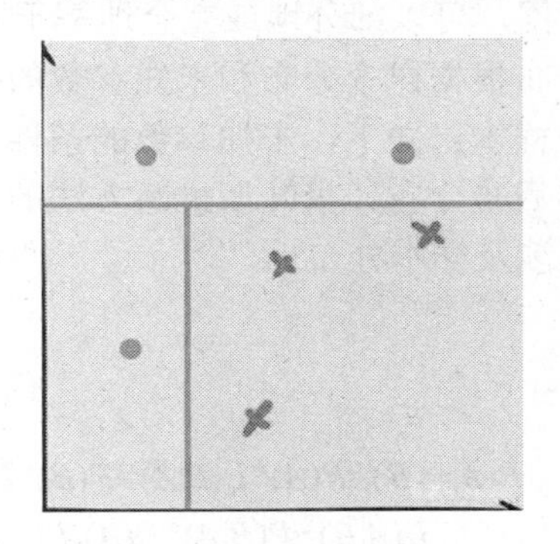

图 6-10　决策树的划分

相比于决策树，贝叶斯分类器是一种在概率框架下实施决策的基本方法，它也与我们人类的经验思维很符合，其分类如图 6-11 所示。

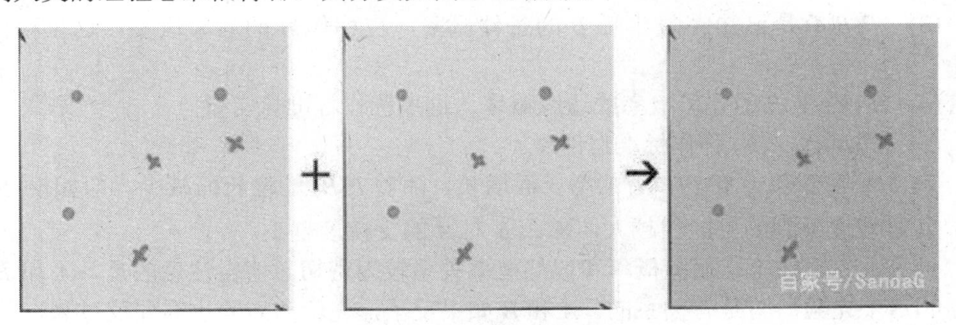

图 6-11　贝叶斯分类器

图 6-11 中蓝色与红色交织，就代表着概率的大小。贝叶斯分类器的原理比较简单，就是根据概率来选择我们要将某一个个体分在哪一类中。

我们可以这样去理解贝叶斯分类器：西瓜藤新鲜的瓜甜的概率为 0.6，若只看瓜藤，我们就将瓜藤新鲜的瓜判定为甜瓜。另外我们引入第二个特征(西瓜纹理)，假如西瓜纹理整齐的瓜甜的概率为 0.7，那此时我们要算出瓜藤新鲜且纹理整齐的瓜甜的概率，比如为 0.8(为什么要大于前两个概率大家可以思考一下)，这样我们看到西瓜纹理和瓜藤这两个特征的时候就可以有概率地判断瓜是否甜了。

相比于决策树将瓜藤新鲜的瓜甜的概率直接转化成瓜藤新鲜我们就判断成甜瓜，贝叶斯算法更是有了一种概率性的容错性，使得结果更加准确可靠一点。然而，贝叶斯分类器对数据有着比决策树更高的要求，其需要一个比较容易解释，而且不同维度之间相关性较小的模型。

贝叶斯统计中有两个基本概念，分别是先验分布和后验分布。

(1) 先验分布。先验分布是总体分布参数 θ 的一个概率分布。贝叶斯学派的根本观点认为在关于总体分布参数 θ 的任何统计推断问题中，除了使用样本所提供的信息外，还必须规定一个先验分布，它是在进行统计推断时不可缺少的一个要素。他们认为先验分布不必有客观的依据，可以部分地或完全地基于主观信念。

(2) 后验分布。后验分布根据样本分布和未知参数的先验分布，用概率论中求条件概率分布的方法，求出在样本已知下，未知参数的条件分布。因为这个分布是在抽样以后才得到的，所以称为后验分布。贝叶斯推断方法的关键是任何推断都必须且只需根据后验分布，而不能再涉及样本分布。

2. 贝叶斯公式

贝叶斯公式如下所示：

$$P(A \cap B)=P(A)*P(B|A)=P(B)*P(A|B) \tag{6-9}$$

$$P(A|B)=P(B|A)*P(A)/P(B) \tag{6-10}$$

式中：

(1) $P(A)$ 是 A 的先验概率或边缘概率，称作“先验”是因为它不考虑 B 因素。

(2) $P(A|B)$ 是已知 B 发生后 A 的条件概率，也称作 A 的后验概率。

(3) $P(B|A)$ 是已知 A 发生后 B 的条件概率，也称作 B 的后验概率，这里称作似然度。

(4) $P(B)$ 是 B 的先验概率或边缘概率，这里称作标准化常量。

(5) $P(B|A)/P(B)$ 称作标准似然度。

$P(A|B)$ 随着 $P(A)$ 和 $P(B|A)$ 的增长而增长，随着 $P(B)$ 的增长而减少，即如果 B 独立于 A 时被观察到的可能性越大，那么 B 对 A 的支持度越小。

可见，先验概率、后验概率和似然概率关系较为密切。值得注意的是，A 和 B 的顺序和这个先验后验是有关系的。A 和 B 如果反了，先验与后验也需要反过来。

例如，桌子上如果有一块饼和一瓶醋，你如果吃了一口饼是酸的，那你觉得饼里加了醋的概率有多大？对于这个问题，在吃起来是酸的条件下饼里面放了醋的概率，便是后验概率。饼加了醋的前提下吃起来是酸的概率便是似然概率，饼里面加了醋的概率和吃起来是酸的概率便是先验概率。

综上所述，A 事件是导致的结果，B 事件是导致的原因之一。这里我们如果吃到饼是酸的，则是各种原因的结果，而饼里面放了醋则是导致这个 A 结果的诸多原因之一(还可能有其他原因，如饼变质发酸了)。

贝叶斯公式为利用搜集到的信息对原有判断进行修正提供了有效手段。在采样之前，经济主体对各种假设有一个判断(先验概率)。关于先验概率的分布，通常可根据经济主体的经验判断确定(当无任何信息时，一般假设各先验概率相同)，较复杂精确的可利用包括最大熵技术或边际分布密度以及相互信息原理等方法来确定先验概率分布。

贝叶斯分类器的分类原理是利用各个类别的先验概率，再利用贝叶斯公式及独立性假设计算出属性的类别概率以及对象的后验概率，即该对象属于某一类的概率，选择具有最大后验概率的类作为该对象所属的类别。其优缺点分别体现在以下方面。

1)　优点

(1)　数学基础坚实，分类效率稳定，容易解释。

(2)　所需估计的参数很少，对缺失数据不太敏感。

(3)　无须复杂的迭代求解框架，适用于规模巨大的数据集。

2)　缺点

(1)　属性之间的独立性假设往往不成立(可考虑用聚类算法先将相关性较大的属性进行聚类)。

(2)　需要知道先验概率，分类决策存在错误率。

3. 朴素贝叶斯分类算法

如表 6-4 所示为一个数据表，我们以此表数据来了解一个朴素贝叶斯的分类器并确定 $x=(2,S)^T$ 的 w 类标记 y，表格中 $X^{(1)}$，$X^{(2)}$ 为特征，取值的集合分别为 $A_1=(1,2,3)$，$A_2=(S,M,L)$，Y 为标记，$Y\in C=(-1,1)$。

表 6-4　学习朴素贝叶斯分类器数据表

	1	2	3	4	5	6	7	8	9	10	11	12	13	14	15
$X^{(1)}$	1	1	1	1	1	2	2	2	2	2	3	3	3	3	3
$X^{(2)}$	S	M	M	S	S	S	M	M	L	L	L	M	M	L	L
Y	−1	−1	1	1	−1	−1	−1	1	1	1	1	1	1	1	−1

此时我们对于给定的 $x=(2,S)^T$ 可以进行如下计算：

$$P(Y=1)P(X^{(1)}=2\mid Y=1)P(X^{(2)}=S\mid Y=1)=\frac{9}{15}\cdot\frac{3}{9}\cdot\frac{1}{9}=\frac{1}{45}$$

$$P(Y=-1)P(X^{(1)}=2\mid Y=-1)P(X^{(2)}=S\mid Y=-1)=\frac{6}{15}\cdot\frac{2}{6}\cdot\frac{3}{6}=\frac{1}{15}$$

可见 $P(Y=-1)$ 时，其后验概率更大一些，因此，$y=-1$。

通过上面的例子，我们会发现朴素贝叶斯算法其实是一种常规做法。拉普拉斯曾经说过，“概率论就是将人们的常识使用数学公式表达”。接下来我们来看看最完整的朴素贝叶斯分类算法的数学表达。

朴素的含义指的是对条件概率分布作了条件独立性的假设。朴素贝叶斯算法实际上学习到生成数据的机制，属于生成模型。条件独立假设等于是说用于分类的特征在类确定的条件下都是条件独立的。

输入：训练数据 $T=\{(x_1,y_1),(x_2,y_2),\cdots,(x_N,y_N)\}$，其中 $x_i=(x_i^{(1)},x_i^{(2)},\cdots,x_i^{(n)})^T$，$x_i^{(j)}$ 是第 i 个样本的第 j 个特征，$x_i^{(j)}\in\{\alpha_{j1},\alpha_{j2},\cdots,\alpha_{js_j}\}$，$\alpha_{jl}$ 是第 j 个特征可能取的第 1 个值，j=1,2,⋯,S_j，$y_i\in\{c_1,c_2,\cdots,c_K\}$，测试实例 x。

输出：测试实例 x 的分类。

1) 计算先验概率及条件概率

$$P(Y=c_k)=\frac{\sum_{i=1}^{n}I(y_i=c_k)}{N},k=1,2,\cdots,K \tag{6-11}$$

$$P(X^{(j)}=a_{jl}\mid Y=c_k)=\frac{\sum_{i=1}^{n}I(X^{(j)}=a_{jl},y_i=c_k)}{\sum_{i=1}^{n}I(y_i=c_k)},j=1,2,\cdots,n;l=1,2,\cdots,S;k=1,2,\cdots,K \tag{6-12}$$

2) 对于给定的实例 $x=(x_{(1)},x_{(2)},\cdots,x_{(n)})^T$，计算

$$P(Y=c_k)\prod_{j=1}^{n}P(X_j=x_{(j)}\mid Y=c_k),k=1,2,\cdots,K \tag{6-13}$$

3) 确定实例 x 的类

$$y=\arg\max_{c_k}\prod_{j=1}^{n}P(X_j=x_{(j)}\mid Y=c_k) \tag{6-14}$$

6.4.2 贝叶斯网络

1. 贝叶斯网络的定义

贝叶斯网络(Bayesian Network)，又称信度网络，是 Bayes 方法的扩展，是目前不确定知识表达和推理领域最有效的理论模型之一。从 1988 年由 Pearl 提出后，已经成为近几年来研究的热点。一个贝叶斯网络是一个有向无环图(Directed Acyclic Graph，DAG)，由代表变量的节点及连接这些节点的有向边构成。节点代表随机变量，节点间的有向边代表了节点间的互相关系(由父节点指向其子节点)。用条件概率表达关系强度，没有父节点的用先验概率进行信息表达。节点变量可以是任何问题的抽象，如：测试值、观测现象、意见征询等。适用于表达和分析具有不确定性和概率性的事件，应用于有条件地依赖多种控制因素的决策，可以从不完全、不精确或不确定的知识或信息中做出推理。

贝叶斯网络的有向无环图中连接两个节点的箭头代表此两个随机变量具有因果关

系，或非条件独立。如假设节点 E 直接影响到节点 H，即 $E \to H$，则用从 E 指向 H 的箭头建立节点 E 到节点 H 的有向弧(E,H)，权值(即连接强度)用条件概率 $P(H|E)$来表示，如图 6-12 所示。

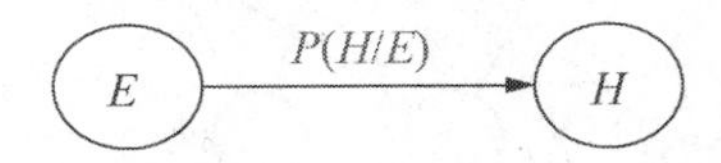

图 6-12　节点 E 影响到 H 的有向图表示

简言之，把某个研究系统中涉及的随机变量，根据是否条件独立绘制在一个有向图中，就形成了贝叶斯网络。贝叶斯网络主要用来描述随机变量之间的条件依赖，用圈表示随机变量，用箭头表示条件依赖。

假设 $G=(I,E)$表示一个有向无环图，其中 I 代表图形中所有的节点的集合，E 代表有向连接线段的集合，且令 $\mathrm{X}=(X_i)(i\in I)$为其有向无环图中的某一节点 i 所代表的随机变量，如果节点 X 的联合概率可以表示如下：

$$p(x)=\prod_{i\in I}P(x_i \mid x_{pa(i)}) \tag{6-15}$$

那么 X 称为相对于一有向无环图 G 的贝叶斯网络，其中，$pa(i)$ 表示节点 i 的“因”，即 $pa(i)$ 是 i 的父节点。另外，对于任意的随机变量，其联合概率可由各自的局部条件概率分布相乘而得出：

$$p(x_1,x_2,\cdots,x_k)=p(x_k \mid x_1,x_2,\cdots,x_{k-1})\cdots p(x_2 \mid x_1)p(x_1) \tag{6-16}$$

一个简单的贝叶斯网络如图 6-13 所示。

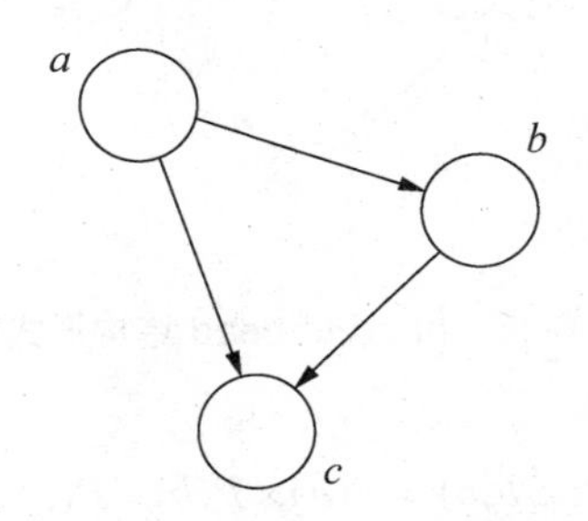

图 6-13　简单的贝叶斯网络

从图中可以看出，a 导致 b，a 和 b 导致 c，因此有：

$$p(a,b,c)=p(c \mid a,b)p(b \mid a)p(a) \tag{6-17}$$

2. 贝叶斯网络的 3 种结构形式

从如图 6-14 所示的贝叶斯网络图中，可以比较直观地看出以下几点。

(1)　x_1，x_2，…，x_7 的联合分布如下：

$$p(x_1)p(x_2)p(x_3)p(x_4 \mid x_1,x_2,x_3)p(x_5 \mid x_1,x_3)p(x_6 \mid x_4)p(x_7 \mid x_4,x_5) \tag{6-18}$$

(2)　x_1，x_2 独立(对应 head-to-head)。

(3)　x_6 和 x_7 在 x_4 给定的条件下独立(对应 tail-to-tail)。

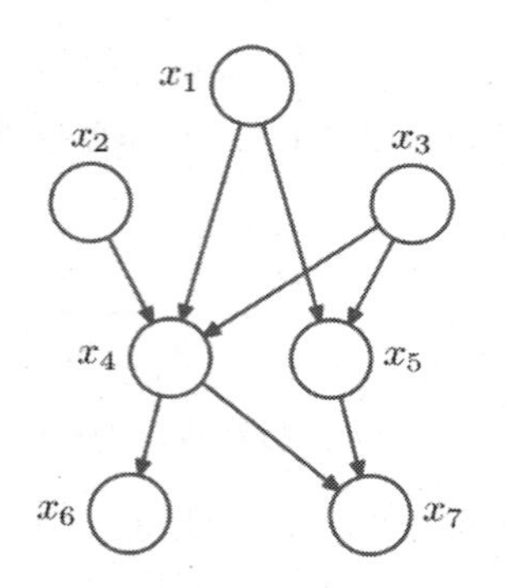

图 6-14　贝叶斯网络图

从图中我们可以比较容易理解第(1)点内容，但第(2)、(3)点中所述的条件独立如何理解？其实第(2)、(3)点是贝叶斯网络中 3 种结构形式中的两种。为了解释这个问题，需要引入 D-Separation(D-分离)这个概念。D-分离是一种用来判断变量是否条件独立的图形化方法。即，对于一个有向无环图(DAG)E，使用 D-分离方法可以快速地判断出两个节点之间是否条件独立的。

贝叶斯网络中的 3 种结构形式如下。

1)　head-to-head

贝叶斯网络中的 head-to-head 结构形式如图 6-15 所示。

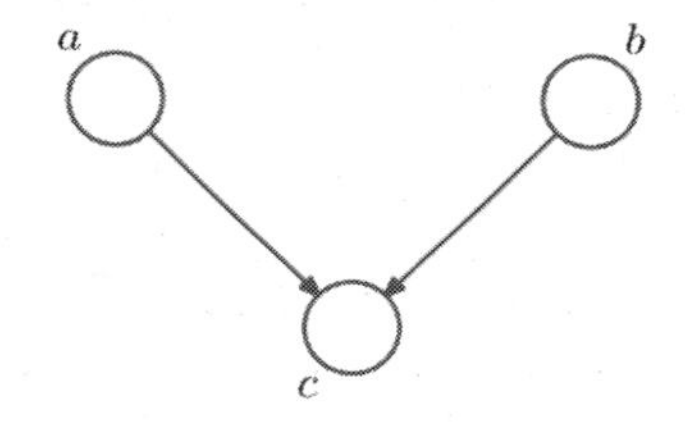

图 6-15　head-to-head 结构形式图

由图中可以得出：

$$P(a,b,c)=P(a)\times P(b)\times P(c\mid a,b) \tag{6-19}$$

即：

$$\sum_c P(a,b,c)=\sum_c P(a)\times P(b)\times P(c\mid a,b) \tag{6-20}$$

$$\Rightarrow P(a,b)=P(a)\times P(b) \tag{6-21}$$

即在 c 未知的条件下，a，b 被阻断是独立的，称之为 head-to-head 条件独立，对应图 6-14 中的“x_1，x_2 独立”。

2)　tail-to-tail

贝叶斯网络中的 tail-to-tail 结构形式如图 6-16 所示。

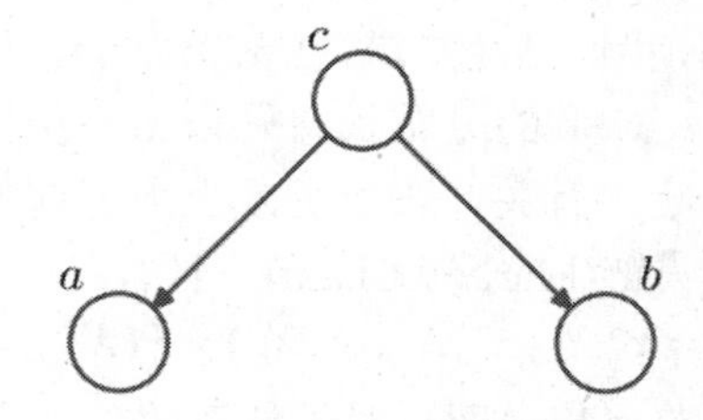

图 6-16　tail-to-tail 结构形式图

这里分 c 已知和未知两种情况讨论。

(1)　c 已知时，有：

$$P(a,b|c)=P(a,b,c)/P(c) \tag{6-22}$$

然后将 $P(a,b,c)=P(c)*P(a|c)*P(b|c)$ 代入式 6-22 中，得：

$$P(a,b|c)=P(a,b,c)/P(c)=P(c)*P(a|c)*P(b|c)/P(c)=P(a|c)*P(b|c)$$

即 c 已知时，a，b 独立。

(2)　c 未知时，有：

$$P(a,b,c)=P(c)*P(a|c)*P(b|c) \tag{6-23}$$

此时，没法得出 $P(a,b)=P(a)*P(b)$，即 c 未知时，a，b 不独立。

因此，在 c 给定的条件下，a，b 被阻断是独立的，称之为 tail-to-tail 条件独立，对应图 6-14 中的“x_6 和 x_7 在 x_4 给定的条件下独立”。

3)　head-to-tail

贝叶斯网络中的 head-to-tail 结构形式如图 6-17 所示。

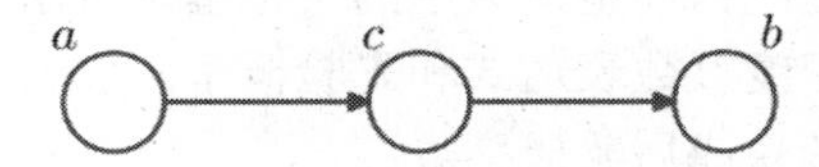

图 6-17　head-to-tail 结构形式图

这种形式也分 c 已知和未知两种情况讨论。

(1)　c 已知时，根据式(6-22)：$P(a,b|c)=P(a,b,c)/P(c)$，且根据 $P(a,c)=P(a)*P(c|a)$ $=P(c)*P(a|c)$，可化简得到：

$$P(a,b|c)=P(a,b,c)/P(c)=P(a)*P(c|a)*P(b|c)/P(c)=P(a,c)*P(b|c)/P(c)$$
$$=P(a|c)*P(b|c)$$

(2)　c 未知时，有：

$$P(a,b,c)=P(a)*P(c|a)*P(b|c) \tag{6-24}$$

但此时无法推出 $P(a,b)=P(a)*P(b)$，即 c 未知时，a，b 不独立。

因此，在 c 给定的条件下，a，b 被阻断是独立的，称之为 head-to-tail 条件独立。

对于 head-to-tail 这种形式，其实也是一个链式网络，如图 6-18 所示。

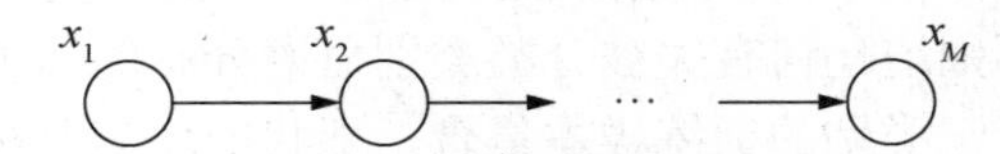

图 6-18　链式网络结构形式图

根据 head-to-tail 的讲解，我们已经知道，在 x_i 给定的条件下，x_i+1 的分布和 $x_1,x_2,\cdots,x_i-1$ 条件独立。这就意味着：x_i+1 的分布状态只和 x_i 有关，和其他变量条件独立。通俗地说，当前状态只跟上一状态有关，跟上上或上上之前的状态无关。这种顺次演变的随机过程，就叫作马尔科夫链(Markov Chain)。且有：

$$P(X_{n+1}=x\mid X_0,X_1,X_2,\cdots,X_n)=P(X_{n+1}=x\mid X_n) \tag{6-25}$$

然后将上述节点推广到节点集，即：对于任意的节点集 A，B，C，考察所有通过 A 中任意节点到 B 中任意节点的路径，若要求 A，B 条件独立，则需要所有的路径都被阻断，即满足以下两个前提之一：①A 和 B 的“head-to-tail 型”和“tail-to-tail 型”路径都通过 C；②A 和 B 的“head-to-head 型”路径不通过 C 以及 C 的子孙。

6.4.3 贝叶斯决策理论

1. 贝叶斯决策理论定义

贝叶斯决策理论(Bayesian Decision Theory)就是在不完全情报下，对部分未知的状态用主观概率估计，然后用贝叶斯公式对发生概率进行修正，最后再利用期望值和修正概率做出最优决策。

贝叶斯决策属于风险型决策，决策者虽不能控制客观因素的变化，但却能掌握其变化的可能状况及各状况的分布概率，并利用期望值即未来可能出现的平均状况作为决策准则。

贝叶斯决策理论方法是统计模型决策中的一个基本方法，其基本思想如下：

(1) 已知类条件概率密度参数表达式和先验概率。

(2) 利用贝叶斯公式转换成后验概率。

(3) 根据后验概率大小进行决策分类。

2. 贝叶斯决策理论分析

对贝叶斯决策理论的分析具体如下。

(1) 如果我们已知被分类类别概率分布的形式和已经标记类别的训练样本集合，那我们就需要从训练样本集合中来估计概率分布的参数。在现实世界中有时会出现这种情况，例如已知为正态分布了，根据标记好类别的样本来估计参数，常见的是极大似然率和贝叶斯参数估计方法。

(2) 如果我们不知道任何有关被分类类别概率分布的知识，已知已经标记类别的训练样本集合和判别式函数的形式，那我们就需要从训练样本集合中来估计判别式函数的参数。在现实世界中也有时会出现这种情况，例如已知判别式函数为线性或二次的，那么就要根据训练样本来估计判别式的参数，常见的是线性判别式和神经网络。

(3) 如果我们既不知道任何有关被分类类别概率分布的知识，也不知道判别式函数的形式，只有已经标记类别的训练样本集合，那我们就需要从训练样本集合中来估计概率分布函数的参数。在现实世界中经常出现这种情况，例如首先要估计是什么分布，再估计参数。常见的是非参数估计。

(4)　只有没有标记类别的训练样本集合，这是经常发生的情形。我们需要对训练样本集合进行聚类，从而估计它们概率分布的参数。

(5)　如果我们已知被分类类别的概率分布，那么，我们不需要训练样本集合，利用贝叶斯决策理论就可以设计最优分类器。但是，在现实世界中从没有出现过这种情况。这里是贝叶斯决策理论常用的地方。

问题：假设我们将根据特征矢量 X 提供的证据来分类某个物体，那么我们进行分类的标准是什么?decide W_j，$\text{if}(P(W_j \mid X) > P(W_i \mid X))(i \neq j)$，应用贝叶斯展开后可得：$P(X \mid W_j)P(W_j) > P(X \mid W_i)P(W_i)$ 即或然率 $P(X \mid W_j)/P(X \mid W_i) > P(W_i)/P(W_j)$，决策规则就是似然率测试规则。

综上所述，对于任何给定问题，可以通过似然率测试决策规则得到最小的错误概率。这个错误概率称为贝叶斯错误率，且是所有分类器中可以得到的最好结果。最小化错误概率的决策规则就是最大化后验概率判据。

3. 贝叶斯决策理论决策判据

贝叶斯决策判据既考虑了各类参考总体出现的概率大小，又考虑了因误判造成的损失大小，判别能力强。贝叶斯方法更适用于以下场合。

(1)　样本(子样)的数量(容量)不充分大，因而大子样统计理论不适宜的场合。

(2)　试验具有继承性，反映在统计学上就是要具有在试验之前已有先验信息的场合。用这种方法进行分类时要求两点：

第一，要决策分类的参考总体的类别数是一定的。例如两类参考总体(正常状态 D_1 和异常状态 D_2)，或 L 类参考总体 $D_1, D_2, \cdots, D_L$ (如良好、满意、可以、不满意、不允许等)。

第二，各类参考总体的概率分布是已知的，即每一类参考总体出现的先验概率 $P(D_1)$ 以及各类概率密度函数 $P(X/D_i)$ 是已知的。显然，$0 \leqslant P(D_i) \leqslant 1$，($i$=l，2，…，$L$)，$\sum P(D_i)=1$。

对于两类故障诊断问题，就相当于在识别前已知正常状态 D_1 的概率 $P(D_1)$ 和异常状态 D_2 的概率 $P(D_2)$，它们是由先验知识确定的状态先验概率。如果不做进一步的仔细观测，仅依靠先验概率去作决策，那么就应给出下列的决策规则：若 $P(D_1) > P(D_2)$，则做出状态属于 D_1 类的决策；反之，则做出状态属于 D_2 类的决策。例如，某设备在 365 天中，有故障是少见的，无故障是经常的，有故障的概率远小于无故障的概率。因此，若无特别明显的异常状况，就应判断为无故障。显然，这样做对某一实际的待检状态根本达不到诊断的目的，这是由于只利用先验概率提供的分类信息太少了。为此，我们还要对系统状态进行状态检测，分析所观测到的信息。

4. 最小错误率贝叶斯决策与最小风险贝叶斯决策

贝叶斯决策的基本理论依据是贝叶斯公式(6-10)，由总体密度 $P(B)$、先验概率 $P(A)$

和类条件概率 $P(B|A)$ 计算出后验概率 $P(A|B)$，判决遵从最大后验概率。这种仅根据后验概率作决策的方式称为最小错误率贝叶斯决策，理论上这种决策的平均错误率是最低的。另一种方式是考虑决策风险，加入了损失函数，称为最小风险贝叶斯决策。

1) 最小错误率贝叶斯决策

在通常的模式识别问题中，我们总是想尽量减少分类的错误，以追求最小的错误率，因此也就是求解一种决策规则，使得：

$$\min P(e)=\int P(e|x)p(x)\mathrm{d}x \tag{6-26}$$

这就是最小错误率贝叶斯决策。式(6-26)中，$P(e|x)\geqslant 0$，$p(x)\geqslant 0$ 对于所有的 x 都成立，因此 $\min P(e)$ 等同于对所有的 x 最小化 $P(e|x)$，即：使后验概率 $P(w_i|x)$ 最大化。根据贝叶斯公式得：

$$P(w_i|x)=\frac{p(x|w_i)P(w_i)}{p(x)}=\frac{p(x|w_i)P(w_i)}{\sum_{j=1}^{k}p(x|w_j)P(w_j)},i=1,2,\cdots,k \tag{6-27}$$

式(6-27)中，对于所有类别，分母都是相同的，所以决策的时候实际上只需要比较分子，即如果：

$$p(x|w_i)P(w_i)=\max_{j=1}^{k}P(w_j|x)P(w_i) \tag{6-28}$$

则 $x\in w_i$。

先验概率 $P(w_i)$ 和类条件概率密度 $p(x|w_i)$ 是已知的，概率密度 $p(x|w_i)$ 反映了在 w_i 类中观察到特征值 x 的相对可能性。

举个例子说明，假设某地区检测到细胞为正常细胞的概率 w_1=0.9，癌细胞的概率 w_2=0.1。现在对于一个待决策的细胞，其特征的观察值为 x，且从类条件概率密度曲线上分别查得：$p(x|w_1)=0.2$，$p(x|w_2)=0.4$。

现在需要对该细胞进行决策判断是正常细胞还是癌细胞。根据贝叶斯公式，分别计算出 w_1 和 w_2 的后验概率如下：

$$P(w_1|x)=\frac{p(x|w_1)P(w_1)}{\sum_{j=1}^{k}p(x|w_j)P(w_j)}=\frac{0.2\times 0.9}{0.2\times 0.9+0.4\times 0.1}=0.818$$

$$P(w_2|x)=1-P(w_1|x)=0.182$$

因此，$P(w_1|x)>P(w_2|x)$，所以更合理的决策是将 x 归类为 w_1，即正常细胞。总之，贝叶斯决策就是将待分类物 x 归类于最大后验概率的那一类，即如果 $P(w_i|x)=\max_{j=1,2,\cdots,c}P(w_j|x)$，则 $x\in w_i$。

等价于如果 $p(x|w_i)P(w_i)=\max_{j=1}^{k}P(w_j|x)P(w_i)$，则 $x\in w_i$。

对于多类别决策，错误率的计算量较大，我们可以转化为计算平均正确率 $P(c)$ 来计算错误率：

$$P(e)=1-P(c)=1-\sum_{j=1}^{k}P(x\in\Re_i|w_j)P(w_j)=1-\sum_{j=1}^{k}P(w_j)\int_{\Re_j}p(x|w_j)\mathrm{d}x \tag{6-29}$$

2)　最小风险贝叶斯决策

我们在决策过程中，除了关心决策的正确与否，有时也关心错误的决策将带来的损失。例如在判断细胞是否癌细胞的决策中，若把正常细胞判定为癌细胞，将会增加患者的负担和不必要的治疗，但若把癌细胞判定为正常细胞，那将会导致患者错过对癌细胞的治疗。以上两种类型的决策错误所产生的代价是不同的。

考虑各种错误造成损失不同时的一种最优决策，就是最小风险贝叶斯决策。假设对于实际状态为 w_j 的向量 $\boldsymbol{x}$ 采取决策 α_i 所带来的损失为：

$$\lambda(a_i, w_j), i=1,2,\cdots,k,\ j=1,2,\cdots,\ c$$

这个函数称为损失函数，通常它可以用表格的形式给出，叫作决策表。需要知道，最小风险贝叶斯决策中的决策表是需要人为确定的，决策表不同会导致决策结果的不同，因此在实际应用中，需要认真分析所研究问题的内在特点和分类目的，与应用领域的专家共同设计出适当的决策表，才能保证模式识别发挥有效的作用。

对于一个实际问题，对于样本 x，最小风险贝叶斯决策的计算步骤如下：

(1)　利用贝叶斯公式计算后验概率(其中要求先验概率和类条件概率已知)：

$$P(w_j \mid x)=\frac{p(x \mid w_j)P(w_j)}{\sum_{i=1}^{c} p(x \mid w_i)P(w_i)}, j=1,2,\cdots,c \tag{6-30}$$

(2)　利用决策表，计算条件风险如下：

$$R(\alpha_i \mid x)=\sum_{j=1}^{c} \lambda(\alpha_i \mid w_j)P(w_j \mid x), i=1,2,\cdots,k \tag{6-31}$$

(3)　选择风险最小的决策，即：

$$\alpha=\text{argmin}_{i=1,2,\cdots,k} R(\alpha_i \mid x) \tag{6-32}$$

以判别细胞是否癌细胞为例，状态 1 为正常细胞，状态 2 为癌细胞，假设：$P(w_1)=0.9$，$P(w_2)=0.1$；$p(x \mid w_1)=0.2$，$p(x \mid w_2)=0.4$；$\lambda_{11}=0$，$\lambda_{12}=6$；$\lambda_{21}=1$，$\lambda_{22}=0$。

计算得到后验概率为：$p(w_1 \mid x)=0.818$，$p(w_2 \mid x)=0.182$。

计算条件风险如下：

$$R(\alpha_1 \mid x)=\sum_{j=1}^{2} \lambda_{1j}P(w_j \mid x)=\lambda_{12}P(w_2 \mid x)=1.092$$

$$R(\alpha_2 \mid x)=\sum_{j=1}^{2} \lambda_{2j}P(w_j \mid x)=\lambda_{21}P(w_1 \mid x)=0.818$$

由于 $R(\alpha_1 \mid x) > R(\alpha_2 \mid x)$，因此可以判断 1 类的风险更大，根据最小风险决策，应将其判别为 2 类，即癌细胞。

综上所述，因为对两类错误带来的风险的认识不同，从而产生了与之前不同的决策。但对不同类判决的错误风险一致时，最小风险贝叶斯决策就转化成最小错误率贝叶斯决策。最小错误率贝叶斯决策可以看成是最小风险贝叶斯决策的一个特例。

【案例】如何利用朴素贝叶斯算法检测 SNS 社区中不真实账号

对于 SNS 社区来说，不真实账号(使用虚假身份或用户的小号)是一个普遍存在的问题，作为 SNS 社区的运营商，希望可以检测出这些不真实账号，从而在一些运营分析报告中避免这些账号的干扰，也可以加强对 SNS 社区的了解与监管。

如果通过纯人工检测，需要耗费大量的人力，效率也十分低下；如能引入自动检测机制，必将大大提升工作效率。因此，我们就是要将社区中所有账号在真实账号和不真实账号两个类别上进行分类，以下是解决这个问题的实现步骤。

我们假设 C=0 表示真实账号，C=1 表示不真实账号。

(1) 确定特征属性及划分。

这一步要找出可以帮助我们区分真实账号与不真实账号的特征属性。在实际应用中，特征属性的数量是很多的，划分也会比较细致，但这里为了简单起见，我们用少量的特征属性以及较粗的划分，并对数据做了修改。我们选择三个特征属性如下。

① a_1：日志数量/注册天数。

② a_2：好友数量/注册天数。

③ a_3：是否使用真实头像。

在 SNS 社区中这三个属性都是可以直接从数据库里得到或计算出来的。

以下是给出的划分。

$a_1:\{a \leqslant 0.05, 0.05 < a < 0.2, a \geqslant 0.2\}$

$a_2:\{a \leqslant 0.1, 0.1 < a < 0.8, a \geqslant 0.8\}$

$a_3:\{a = 0$(不是)，a=1(是)$\}$

(2) 获取训练样本。

这里使用运维人员曾经人工检测过的 10 000 个账号作为训练样本。

(3) 计算训练样本中每个类别的频率。

用训练样本中真实账号和不真实账号数量分别除以 10 000，得到：

$P(C=0)=8900/10\,000=0.89$

$P(C=1)=1100/10\,000=0.11$

(4) 计算每个类别条件下各个特征属性划分的频率。

$P(a_1 \leqslant 0.05|C=0)=0.3$

$P(0.05<a_1<0.2|C=0)=0.5$

$P(a_1>0.2|C=0)=0.2$

$P(a_1 \leqslant 0.05|C=1)=0.8$

$P(0.05<a_1<0.2|C=1)=0.1$

$P(a_1>0.2|C=1)=0.1$

$P(a_2 \leqslant 0.1|C=0)=0.1$

$P(0.1<a_2<0.8|C=0)=0.7$

$P(a_2>0.8|C=0)=0.2$

$P(a_2 \leqslant 0.1|C=1)=0.7$

$P(0.1<a_2<0.8|C=1)=0.2$

$P(a_2>0.8|C=1)=0.1$

$P(a_3=0|C=0)=0.2$

$P(a_3=1|C=0)=0.8$

$P(a_3=0|C=1)=0.9$

$P(a_3=1|C=1)=0.1$

(5) 使用分类器进行鉴别。

下面我们使用上面训练得到的分类器鉴别一个账号，这个账号使用非真实头像，日志数量与注册天数的比率为 0.1，好友数与注册天数的比率为 0.2。

$P(C=0)P(x|C=0)=P(C=0)P(0.05<a_1<0.2|C=0)P(0.1<a_2<0.8|C=0)$

$P(a_3=0|C=0)=0.89\times 0.5\times 0.7\times 0.2=0.0623$

$P(C=1)P(x|C=1)=P(C=1)P(0.05<a_1<0.2|C=1)P(0.1<a_2<0.8|C=1)$

$P(a_3=0|C=1)=0.11\times 0.1\times 0.2\times 0.9=0.00198$

从上面的结果可以看到，虽然这个用户没有使用真实头像，但是通过分类器的鉴别，更倾向于将此账号归入真实账号类别。这个例子也展示了当特征属性充分多时，朴素贝叶斯分类对个别属性的抗干扰性。

6.5　支持向量机

6.5.1　支持向量机的基本思想与特点

支持向量机(SVM)是机器学习领域的一类按监督学习(Supervised Learning)方式对数据进行二元分类的广义线性分类器，其决策边界是对学习样本求解的最大边距超平面。

SVM 使用铰链损失函数计算经验风险并在求解系统中加入了正则化项以优化结构风险，是一个具有稀疏性和稳健性的分类器。SVM 可以通过核方法进行非线性分类，是常见的核学习方法之一。 SVM 目前在人像识别(Face Recognition)、文本分类(Text Categorization)等模式识别(Pattern Recognition)问题中得到应用。

1. 支持向量机的基本思想

支持向量机的基本思想具体如下。

(1) 在线性可分情况下，在原空间寻找两类样本的最优分类超平面；在线性不可分的情况下，加入了松弛变量进行分析，通过使用非线性映射将低维输入空间的样本映射到高维属性空间，使其变为线性情况，从而使得在高维属性空间采用线性算法对样本的非线性进行分析成为可能，并在该特征空间中寻找最优分类超平面。

(2) 它通过使用结构风险最小化原理在属性空间构建最优分类超平面，使得分类器得到全局最优，并在整个样本空间的期望风险以某个概率满足一定上界。

2. 支持向量机的特点

1) 优点

(1) 基于统计学习理论中结构风险最小化原则(注：所谓的结构风险最小化原则就是在保证分类精度(经验风险)的同时，降低学习机器的 VC 维(Vapnik Chervonenkis Dimension)，可以使学习机器在整个样本集上的期望风险得到控制)和 VC 维理论，具有良好的泛化能力，即由有限的训练样本得到的小的误差能够保证使独立的测试集仍保持小的误差。同时由于 SVM 引入了核函数，因此对于高维的样本，SVM 也能轻松应对。

(2) 成功应用核函数，使得非线性问题转化为线性问题求解。

(3) 由于 SVM 的求解问题对应的是一个凸优化问题，因此局部最优解一定是全局最优解。

(4) 分类间隔的最大化，使得 SVM 算法具有较好的鲁棒性。

基于上述 SVM 的优点，其越来越受到研究人员的青睐而作为一种强有力的学习工具，它可以解决模式识别、回归估计等领域的难题。

2) 缺点

(1) SVM 算法对大规模训练样本难以实施，由于它是借助二次规划来求解支持向量，而求解二次规划将涉及 m 阶矩阵的计算(m 为样本的个数)，当 m 数目很大时该矩阵的存储和计算将耗费大量的机器内存和运算时间。

(2) 用 SVM 算法解决多分类问题存在困难，经典的 SVM 算法只给出了二类分类的算法，而在数据挖掘的实际应用中，一般要解决多类的分类问题。

6.5.2 最优分类面和广义最优分类面

SVM 是从线性可分情况下的最优分类面发展而来的，其基本思想如图 6-19 所示。对于一维空间中的点、二维空间中的直线和三维空间中的平面，以及高维空间中的超平面，图中实心点和空心点代表两类样本，H 为它们之间的分类超平面，H_1，H_2 分别为过各类中离分类面最近的样本且平行于分类面的超平面，它们之间的距离⊿叫作分类间隔(margin)。

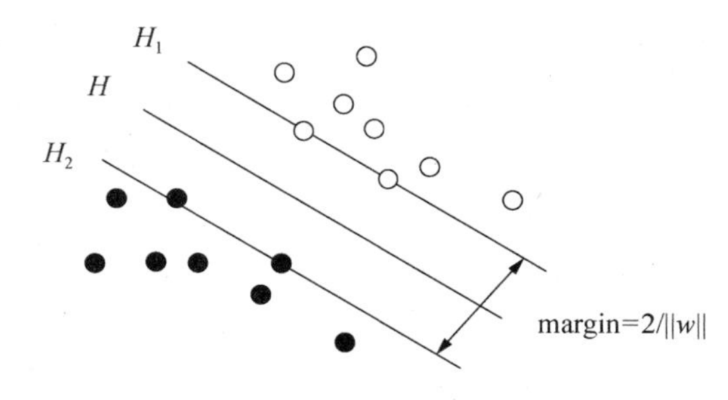

图 6-19 最优分类面示意图

最优分类面要求分类面不但能将两类正确分开，而且要使分类间隔最大。将两类正确分开是为了保证训练错误率为 0，也就是经验风险最小(为 0)。使分类空隙最大实际上就是使推广性的界中的置信范围最小，从而使真实风险最小。推广到高维空间，最优分类线就成为最优分类面。

假设线性可分样本集为$(x_i, y_{i_}), i=1,2,\cdots,n, x\in R^d, y\in\{+1,-1\}$是类别符号。$d$ 维空间中线性判别函数的一般形式是类别符号，具体如下：

$$g(x)=w\cdot x+b \tag{6-33}$$

分类线方程为$w\cdot x+b=0$。

注：w 代表 Hilbert 空间中的权向量；b 代表阈值。

将判别函数进行归一化，使两类所有样本都满足$|g(x)|=1$，也就是使离分类面最近的样本的$|g(x)|=1$，此时分类间隔等于$2/\|w\|$，因此使间隔最大等价于使$\|w\|$(或$\|w\|^2$)最小。要求分类线对所有样本正确分类，就是要求它满足下面的条件：

$$y_i[(w\cdot x)+b]-1\geqslant 0, i=1,2,\cdots,n \tag{6-34}$$

满足式(6-34)的条件，并且使$\|w\|^2$最小的分类面就叫作最优分类面；过两类样本中离分类面最近的点且平行于最优分类面的超平面 H_1, H_2 上的训练样本点就称为支持向量，因为它们“支持”了最优分类面。

利用拉格朗日(Lagrange)优化方法可以把上述最优分类面问题转化为如下较简单的对偶问题，即有如下约束条件：

$$\sum_{i=1}^{n} y_i\alpha_i=0 \tag{6-35a}$$

$$\alpha_i\geqslant 0, i=1,2,\cdots,n \tag{6-35b}$$

下面对α_i(注：对偶变量即拉格朗日乘子)求解下列函数的最大值：

$$Q(\alpha)=\sum_{i=1}^{n}\alpha_i-\frac{1}{2}\sum_{i,j=1}^{n}\alpha_i\alpha_j y_i y_j(x_i x_j) \tag{6-36}$$

若α^*为最优解，则：

$$w^*=\sum_{i=1}^{n}\alpha^* y\alpha_i \tag{6-37}$$

即最优分类面的权系数向量是训练样本向量的线性组合。

式(6-36)的由来：利用 Lagrange 函数计算如下：

$$L(w,b,\alpha)=\frac{1}{2}\|w\|^2-\sum_{i=1}^{l}\alpha_i(y_i\cdot((x_i\cdot w)+b)-1) \tag{6-38}$$

$$\frac{\partial}{\partial b}L(w,b,\alpha)=0\cdot\frac{\partial}{\partial w}L(w,b,\alpha)=0$$

$$\sum_{i=1}^{l}\alpha_i y_i=0 \qquad w=\sum_{i=1}^{l}\alpha_i y_i x_i$$

$$W(\alpha)=\sum_{i=1}^{l}\alpha_i-\frac{1}{2}\sum_{i,j=1}^{l}\alpha_i\alpha_j y_i y_j(x_i x_j) \qquad \alpha_i\geqslant 0, i=1,2,\cdots,l, \sum_{i=1}^{l}\alpha_i y_i=0 \tag{6-39}$$

$$f(x)=\operatorname{sgn}\left(\sum_{i=1}^{l} y_i\alpha_i\cdot(x\cdot x_i)+b\right) \tag{6-40}$$

实例计算：

$x_1=(0,0)$，$y_1=+1$

$x_2=(1,0)$，$y_2=+1$

$x_3=(2,0)$，$y_3=-1$

$x_4=(0,2)$，$y_4=-1$

$$Q(\alpha)=(\alpha_1+\alpha_2+\alpha_3+\alpha_4)-\frac{1}{2}(\alpha_2{}^2-4\alpha_2\alpha_3+4\alpha_3{}^2+4\alpha_4{}^2)$$

可调用 Matlab 中的二次规划程序，求得α_1，α_2，α_3，α_4的值分别为 0，1，$\frac{3}{4}$，$\frac{1}{4}$，进而求得w和b的值分别如下：

$$w=\begin{bmatrix}1\\0\end{bmatrix}-\frac{3}{4}\begin{bmatrix}2\\0\end{bmatrix}-\frac{1}{4}\begin{bmatrix}0\\2\end{bmatrix}=\begin{bmatrix}-\frac{1}{2}\\-\frac{1}{2}\end{bmatrix}$$

$$b=-\frac{1}{2}\left[-\frac{1}{2},-\frac{1}{2}\right]\begin{bmatrix}3\\0\end{bmatrix}=\frac{3}{4}$$

$$g(x)=3-2x_1-2x_2=0$$

这是一个不等式约束下的二次函数极值问题，存在唯一解。根据 kühn-Tucker 条件，解中将只有一部分(通常是很少一部分)α_i不为零，这些不为 0 的解所对应的样本就是支持向量。求解上述问题后得到的最优分类函数结果如下：

$$f(x)=\operatorname{sgn}\{(w^*\cdot x)+b^*\}=\operatorname{sgn}\left\{\sum_{i=1}^{n}\alpha_i^* y_i(x_i\cdot x)+b^*\right\} \tag{6-41}$$

根据前面的分析，非支持向量对应的α_i均为 0，因此式(6-41)中的求和实际上只对支持向量进行。b^*是分类阈值，可以由任意一个支持向量通过式(6-34)求得(只有支持向量才满足其中的等号条件)，或通过两类中任意一对支持向量取中值求得。

从前面的分析可以看出，最优分类面是在线性可分的前提下讨论的，在线性不可分的情况下，就是某些训练样本不能满足式(6-34)的条件，因此可以在条件中增加一个松弛项参数$\varepsilon_i \geqslant 0$，变成如下：

$$y_i[(w\cdot x_i)+b]-1+\varepsilon_i \geqslant 0, i=1,2,\cdots,n \tag{6-42}$$

对于足够小的$s>0$，只要使式(6-43)最小就可以使错分样本数最小：

$$F_\sigma(\varepsilon)=\sum_{i=1}^{n}\varepsilon_i^\sigma \tag{6-43}$$

对应线性可分情况下的使分类间隔最大，在线性不可分情况下可引入如下约束：

$$\|w\|^2 \leqslant c_k \tag{6-44}$$

在约束条件式(6-42)和式(6-44)下对式(6-43)求极小，就得到了线性不可分情况下的最优分类面，称为广义最优分类面。为方便计算，取 s=1。

为使计算进一步简化，广义最优分类面问题可以进一步演化成在条件式(6-42)的约束下求下列函数的极小值：

$$\phi(w,\varepsilon)=\frac{1}{2}(w,w)+C\left(\sum_{i=1}^{n}\varepsilon_i\right) \tag{6-45}$$

其中 C 为某个指定的常数，它实际上起控制对错分样本惩罚的程度的作用，实现在错分样本的比例与算法复杂度之间的折中。

求解这一优化问题的方法与求解最优分类面时的方法相同，都是转化为一个二次函数极值问题，其结果与可分情况下得到的式(6-35)～式(6-38)几乎完全相同，但是条件式(6-35b)变为：

$$0\leqslant\alpha_i\leqslant C, i=1,2,\cdots,n \tag{6-46}$$

6.5.3　非线性支持向量机与核函数

1. 支持向量机的非线性映射

对于非线性问题，可以通过非线性交换转化为某个高维空间中的线性问题，在变换空间求最优分类超平面。这种变换可能比较复杂，因此这种思路在一般情况下不易实现。但是我们可以看到，在上面的对偶问题中，不论是寻优目标函数式(6-36)还是分类函数式(6-38)都只涉及训练样本之间的内积运算 $(x\cdot x_i)$ 。假设有非线性映射 $\Phi:R^d\rightarrow H$ 将输入空间的样本映射到高维(可能是无穷维)的特征空间 H 中，当在特征空间 H 中构造最优超平面时，训练算法仅使用空间中的点积，即 $\phi(x_i)\cdot\phi(x_j)$，而没有单独的 $\phi(x_i)$ 出现。因此，如果能够找到一个函数 K，使得：

$$K(x_i\cdot x_j)=\phi(x_i)\cdot\phi(x_j) \tag{6-47}$$

这样在高维空间实际上只需进行内积运算，而这种内积运算是可以用原空间中的函数实现的，我们甚至没有必要知道变换中的形式。根据泛函的有关理论，只要一种核函数 $K(x_i\cdot x_j)$ 满足 Mercer 条件，它就对应某一变换空间中的内积。因此，在最优超平面中采用适当的内积函数 $K(x_i\cdot x_j)$ 就可以实现某一非线性变换后的线性分类，而计算复杂度却没有增加。此时目标函数式(6-36)变为：

$$Q(\alpha)=\sum_{i=1}^{n}\alpha_i-\frac{1}{2}\sum_{i,j=1}^{n}\alpha_i\alpha_j y_i y_j K(x_i\cdot x_j) \tag{6-48}$$

而相应的分类函数也变为如下：

$$f(x)=\operatorname{sgn}\left\{\sum_{i=1}^{n}\alpha_i^* y_i K(x_i\cdot x_j)+b^*\right\} \tag{6-49}$$

综上，SVM 就是通过某种事先选择的非线性映射将输入向量映射到一个高维特征空间，在这个特征空间中构造最优分类超平面。在形式上 SVM 分类函数类似于一个神经网络，输出是中间节点的线性组合，每个中间节点对应于一个支持向量，如图 6-20 所示。

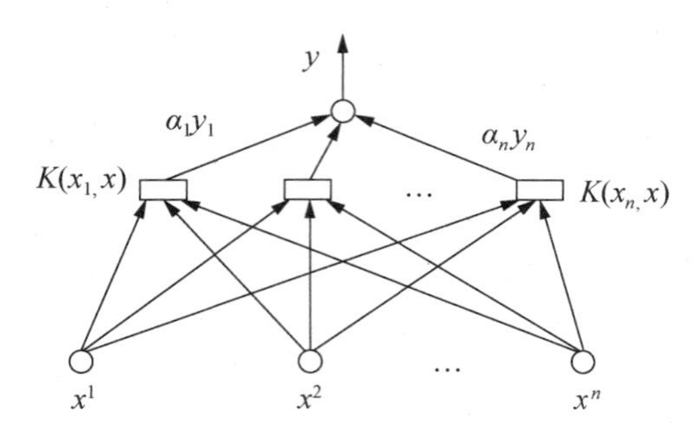

图 6-20　SVM 示意图

其中，输出(决策规则)：$y = \text{sgn}\left\{\sum_{i=1}^{n} \alpha_i y_i K(x \cdot x_i) + b\right\}$，权值 $w_i = \alpha_i y_i$，$K(x \cdot x_i)$ 为基于 s 个支持向量 $x_1, x_2, \cdots, x_s$ 的非线性变换(内积)，$x = (x^1, x^2, \cdots, x^d)$ 为输入向量。

2. 核函数

选择满足 Mercer 条件的不同内积核函数，就构造了不同的 SVM，这样也就形成了不同的算法。目前研究最多的核函数主要有以下三类。

1)　多项式核函数

$$K(x, x_i) = [(x \cdot x_i) + 1]^q \tag{6-50}$$

其中 q 是多项式的阶次，所得到的是 q 阶多项式分类器。

2)　径向基核函数

$$K(x, x_i) = \exp\left(-\frac{|x - x_i|^2}{\sigma^2}\right) \tag{6-51}$$

径向基核函数所得的 SVM 是一种径向基分类器，它与传统径向基函数方法的基本区别是，这里每一个基函数的中心对应于一个支持向量，它们以及输出权值都是由算法自动确定的。径向基形式的内积函数类似人的视觉特性，在实际应用中经常用到，但是需要注意的是，选择不同的 S 参数值，相应的分类面会有很大差别。

3)　S 形核函数

$$K(x, x_i) = \tanh[v(x \cdot x_i) + c] \tag{6-52}$$

此时 SVM 算法中包含了一个隐藏的多层感知器网络，除了网络的权值外，网络的隐层节点数也是由算法自动确定的，而不像传统的感知器网络那样由人凭借经验确定。此外，该算法不存在困扰神经网络的局部极小点的问题。

总结：除了以上讲到的三种核函数外，还有指数径向基核函数等其他一些核函数，但应用不多。在上述几种常用的核函数中，最为常用的是多项式核函数和径向基核函数。事实上，需要进行训练的样本集有各式各样，核函数也各有优劣。B. Bacsens 和 S. Viaene 等人曾利用 LS-SVM 分类器，采用 UCI 数据库，对线性核函数、多项式核函数和径向基核函数进行了实验比较，从实验结果来看，对不同的数据库，不同的核函数各有优劣，而径向基核函数在多数数据库上都得到了略为优良的性能。

小　结

本章主要阐述有关分类算法的相关概念，然后重点讲解大数据分析中的四种常见分类算法。四种分类算法应用于大数据分析，也是机器学习中的常用分类算法，每种方法各具特点，有适用于自身的应用场景。KNN 算法是一种监督学习算法(主要应用于文本分类、聚类分析、预测分析、模式识别、图像处理等)；决策树是一个树结构，本章对决策树 ID3 算法、C4.5 算法进行了重点讲解，决策树的特点是学习能力和泛化能力强，适用于搜索排序，但其易过拟合，对决策树改进后为随机森林分类算法；朴素贝叶斯分类算法适用于文本分类，本章引用了实例“如何利用朴素贝叶斯算法检测 SNS 社区中不真实账号”来实践使用朴素贝叶斯算法；支持向量机是根据结构风险最小化准则，以最大化分类间隔构造最优分类超平面来提高学习机的泛化能力，它适用于高维文本分类等。

第 7 章　大数据分析中的四种常见聚类算法

7.1　大数据分析聚类算法概述

7.1.1　聚类分析的相关概念及应用场景

1. 聚类分析的概念

聚类分析(Cluster Analysis)又称群分析，它是研究(样品或指标)分类问题的一种统计分析方法，同时也是数据挖掘的一个重要算法。聚类分析也就是将一些具有相似性质的数据划分到一起，得到多个具有不同性质的数据类集合。聚类分析是由若干模式(Pattern)组成的，通常，模式是一个度量的向量，或者是多维空间中的一个点。聚类分析以相似性为基础，在一个聚类中的模式之间比不在同一聚类中的模式之间具有更多的相似性。

从数据挖掘的角度看，聚类分析可以大致分为以下四种。

1)　划分聚类

划分聚类是给定一个具有 n 个对象的集合，划分方法构建数据的 k 个分组，其中每个分组表示一个簇。大部分划分方法是基于距离的，给定要构建的 k 个分区数，划分方法首先创建一个初始划分，然后使用一种迭代的重定位技术将各个样本重定位，直到满足条件为止。

2)　层次聚类

层次聚类可以分为凝聚和分裂的方法。凝聚也称自底向上法，开始便将每个对象单独分为一个族，然后逐次合并相近的对象，直到所有组被合并为一个族或者达到迭代停止条件为止。分裂也称自顶向下，开始将所有样本当成一个族，然后迭代分解成更小的值。

3)　基于密度的聚类

基于密度的聚类其主要思想是只要“邻域”中的密度(对象或数据点的数目)超过某个阈值，就继续增长给定的族。也就是说，对给定族中的每个数据点，在给定半径的邻域中必须包含最少数目的点。这样做的主要好处就是过滤噪声，剔除离群点。

4)　基于网格的聚类

基于网格的聚类把对象空间量化为有限个单元，形成一个网格结构，所有的聚类操作都在这个网格结构中进行，这样使得处理的时间独立于数据对象的个数，而仅依赖于量化空间中每一维的单元数。

2. 聚类算法应用场景

聚类的用途较为广泛：在商业上，聚类可以帮助市场分析人员从消费者数据库中区分出不同的消费群体来，并且概括出每一类消费者的消费模式或者说消费习惯；它作为数据挖掘中的一个模块，可以作为一个单独的工具以发现数据库中分布的一些深层的信息，并且概括出每一类的特点，或者把注意力放在某一个特定的类上以作进一步的分析；并且，聚类分析也可以作为数据挖掘算法中其他分析算法的一个预处理步骤。聚类算法的应用场景包括以下方面。

1)　基于用户位置信息的商业选址

随着信息技术的快速发展，移动设备和移动互联网已经普及千家万户。在用户使用移动网络时，会自然地留下用户的位置信息。随着近年来 GIS 地理信息技术的不断完善和普及，结合用户位置和 GIS 地理信息将带来创新应用。如百度与万达进行合作，通过定位用户的位置，结合万达的商户信息，向用户推送位置营销服务，提升商户效益。

2)　中文地址标准化处理

地址是一个涵盖丰富信息的变量，但长期以来由于中文处理的复杂性、国内中文地址命名的不规范性，使地址中蕴含的丰富信息不能被深度分析挖掘。通过对地址进行标准化的处理，使基于地址的多维度量化挖掘分析成为可能，为不同场景模式下的电子商务应用挖掘提供了更加丰富的方法和手段，因此具有重要的现实意义。

3)　非人恶意流量识别

2016 年第一季度 Facebook 发文称，其 Atlas DSP 平台半年的流量质量测试结果显示，由机器人模拟和黑 IP 等手段导致的非人恶意流量高达 75%。仅 2016 年上半年，AdMaster 反作弊解决方案认定平均每天能有高达 28%的作弊流量。低质量虚假流量的问题一直存在，这也是过去十年间数字营销行业一直在博弈的问题。基于 AdMaster 海量监测数据，50%以上的项目均存在作弊嫌疑；不同项目中，作弊流量占广告投放量的 5%～95%；其中垂直类和网盟类媒体的作弊流量占比最高；PC 端作弊流量比例显著高于移动端和智能电视平台。广告监测行为数据被越来越多地用于建模和做决策，例如绘制用户画像，跨设备识别对应用户等。作弊行为、恶意曝光、网络爬虫、误导点击，甚至是在用户完全无感知的情况下被控制访问等产生的不由用户主观发出的行为给数据带来了巨大的噪声，给模型训练造成了很大影响。

我们可以基于给定的数据，建立一个模型来识别和标记作弊流量，去除数据的噪声，从而更好地使用数据，使得广告主的利益最大化。

4)　国家电网用户画像

随着电力体制改革向纵深推进，售电侧逐步向社会资本放开，当下的粗放式经营和统一式客户服务内容及模式，难以应对日益增长的个性化、精准化客户服务体验要求。如何充分利用现有数据资源，深入挖掘客户潜在需求，改善供电服务质量，增强客户黏性，对公司未来发展至关重要。

对电力服务具有较强敏感度的客户对于电费计量、供电质量、电力营销等各方面服务的质量及方式往往具备更高的要求，成为各级电力公司关注的重点客户。经过多年的发展与沉淀，目前国家电网积累了全网 4 亿多客户档案数据和海量供电服务信息，以及公司营销、电网生产等数据，可以有效地支撑海量电力数据分析。

因此，国家电网公司希望通过大数据分析技术，科学地开展电力敏感客户分析，以准确地识别敏感客户，并量化敏感程度，进而支撑有针对性的精细化客户服务策略，控制电力服务人工成本，提升企业公众形象。

5) 求职信息完善

假如有大约 20 万份优质简历，其中部分简历包含完整的字段，部分简历在学历、公司规模、薪水、职位名称等字段有些置空项。这种情况下，我们可以对数据进行学习、编码与测试，挖掘出职位路径的走向与规律，形成算法模型，再对数据中置空的信息进行预测。

6) 搜索引擎查询聚类以进行流量推荐

在搜索引擎中，很多网民的查询意图是比较类似的，对这些查询进行聚类，一方面可以使用类内部的词进行关键词推荐；另一方面，如果聚类过程实现自动化，则也有助于新话题的发现，同时还有助于减少存储空间等。

7) 保险投保者分组

通过一个高的平均消费来鉴定汽车保险单持有者的分组，同时根据住宅类型、价值、地理位置来鉴定一个城市的房产分组。

8) 生物种群固有结构认知

对动植物分类和对基因进行分类，获取对种群固有结构的认识。

9) 图像分割

图像分割广泛应用于医学、交通、军事等领域。图像分割就是把图像分成若干个特定的、具有独特性质的区域并提出感兴趣目标的技术和过程。它是由图像处理到图像分析的关键步骤。聚类算法先将图像空间中的像素用对应的特征空间点表示，根据它们在特征空间的聚集对特征空间进行分割，然后将它们映射回原图像空间，得到分割结果。

10) 网站关键词整合

以领域特征明显的词和短语作为聚类对象，在分类系统的大规模层级分类语料库中，利用文本分类的特征提取算法进行词语的领域聚类，通过控制词语频率的影响，分别获取领域通用词和领域专类词。

7.1.2 聚类算法运行基础：簇与距离度量

聚类算法中，将数据集中的样本划分为若干个不相交的子集，每个子集即为一个簇(样本簇或类别)。什么样的聚类结果比较好？直观上看，我们希望“物以类聚”，即同一簇的样本尽可能彼此相似，不同簇的样本尽可能不同。也就是说，希望聚类结果的“簇内相似度”高且“簇间相似度”低。在聚类算法中，距离度量的方法主要包括以下一些。

1. 闵可夫斯基距离

闵可夫斯基距离(Minkowski Distance)是衡量数值点之间距离的一种非常常见的方法，距离越近表示越相似。假设数值点 X 和 Y 的坐标分别为：$X=(x_1,x_2,\cdots,x_n)$ 和 $Y=(y_1,y_2,\cdots,y_n)\in R^n$，那么闵可夫斯基距离公式表示如下：

$$\text{Distance}(X,Y)=\sqrt[p]{\sum_{i=1}^{n}|x_i-y_i|^p} \tag{7-1}$$

2. 曼哈顿距离

在式(7-1)中，当 $p=1$ 时，即为曼哈顿距离(Manhattan Distance)，也称为城市距离(曼哈顿为城市)。曼哈顿距离公式如下：

$$\text{Distance}(X,Y)=\sum_{i=1}^{n}|x_i-y_i| \tag{7-2}$$

3. 欧式距离

在式(7-1)中，当 p=2 时，即为欧式距离(Euclidean)。欧氏距离适用于求解两点之间直线的距离，适用于各个向量标准统一的情况。欧式距离公式如下：

$$\text{Distance}(X,Y)=\sqrt{\sum_{i=1}^{n}|x_i-y_i|^2} \tag{7-3}$$

欧式距离通常采用的是原始数据，而并非规划化后的数据。比如有一属性在 1～100 内取值，那么便可以直接使用，而并非一定要将其归一到[0,1]区间使用。这样的话，欧式距离的原本意义便被消除了，正是因为这样，所以其优势在于新增对象不会影响到任意两个对象之间的距离。然而，如果对象属性的度量标准不一样，如在度量分数时采取十分制和百分制，对结果影响较大。

4. 切比雪夫距离

在式(7-1)中，当 p 为无穷大时，即为切比雪夫距离(Chebyshev Distance)。我们可以想象，假如当存在 $|x_0-y_0|$ 比其他项都大时，即使开根号，其占比依然最大。切比雪夫距离公式如下：

$$\lim_{p\to\infty}\sqrt[p]{\sum_{i=1}^{n}|x_i-y_i|^p}=\max_{i=1}^{n}|x_i-y_i| \tag{7-4}$$

5. 马氏距离

马氏距离指的是数据的协方差距离。与欧式距离不同的是，它考虑到各属性之间的联系，如考虑性别信息时会带来一条关于身高的信息，因为二者有一定的关联度，而且独立于测量尺度。马氏距离公式如式(7-5)所示，其中，X，Y 为样本中的对象，$\boldsymbol{S}$ 为协方差矩阵：

$$D(X,Y)=\sqrt{(X-Y)^{\mathrm{T}}\boldsymbol{S}^{-1}(X-Y)} \tag{7-5}$$

当样本集合的协方差矩阵是单位矩阵时，即样本的各个维度上的方差均为 1，马氏距离就等于欧式距离。

【案例】如果我们以厘米(cm)为单位来测量人的身高，以克(g)为单位测量人的体重，这样每个人被表示为一个二维向量，例如某人身高 180cm，体重 70 000g，表示为(180，70 000)。下面我们根据身高、体重的信息来判断体型的相似程度。

已知小李(170，65 000)，小王(170，64 000)，小张(180，65 000)。看到这些信息后，我们根据常识会认为小李和小王体型相似。但是，如果根据欧式距离来判断，小李和小王的距离要远远大于小李和小张的距离，即小李和小张体型更为相似。这是因为不同特征的度量标准之间存在差异而导致判断出错。

以克(g)为单位测量人的体重，数据分布比较分散，即方差大，而以厘米(cm)为单位来测量人的身高，数据分布就相对集中，方差小。马氏距离的目的就是把方差归一化，使得特征之间的关系更加符合实际情况。

如图 7-1 所示为三个数据集的初始分布，看起来竖直方向上的那两个集合比较接近(见图 7-1(a))。在我们根据数据的协方差归一化空间之后(见图 7-1(b))，可以知道实际上水平方向上的两个集合比较接近。

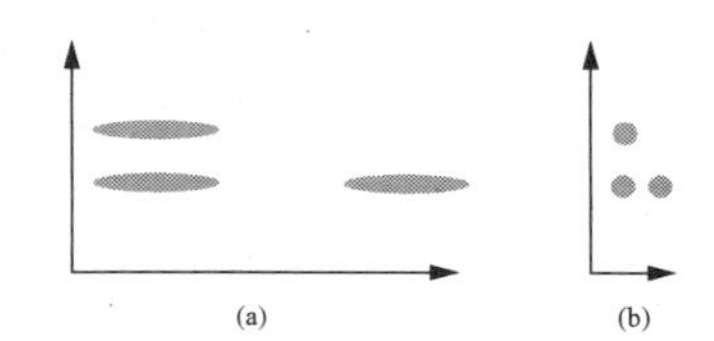

图 7-1　三个数据集的初始分布图

本例说明了马氏距离是与尺度无关的。也许你认为只要将数据标准化后就可以计算距离了，但如果是单纯使每个变量先标准化，然后再计算距离，可能会出现某种错误，原因是可能在有些多维空间中，某两个维之间可能是线性相关的，协方差矩阵的引入可以去除特征的线性相关性。

6. 余弦相似度

余弦相似度(Cosine Similarity)为空间中两个对象的属性所构成的向量之间的夹角大小。夹角越小越相似。常用于文本标识，比如新闻挖掘等。假设向量 $\boldsymbol{a}=(x_1,x_2,\cdots,x_n)$，$\boldsymbol{b}=(y_1,y_2,\cdots,y_n)$，余弦相似度的公式表示如下：

$$\cos(\theta)=\frac{\sum_{k=1}^{n}x_k y_k}{\sqrt{\sum_{k=1}^{n}{x_k}^2}\sqrt{\sum_{k=1}^{n}{y_k}^2}}=\frac{\boldsymbol{a}^T\cdot\boldsymbol{b}}{|\boldsymbol{a}||\boldsymbol{b}|} \tag{7-6}$$

当两个向量方向完全相同时，相似度为 1，即完全相似；当两个向量方向相反时，则为-1，即完全不相似。

举例说明：

(1)　文本 1 中词语 a,b 分别出现 200，100 次，向量表示为(200,100)；

(2)　文本 2 中词语 a,b 分别出现 100，50 次，向量表示为(100,50)；

(3)　文本 3 中词语 a,b 分别出现 20，0 次，向量表示为(20,0)；

(4)　文本 4 中词语 a,b 分别出现 4，0 次，向量表示为(4,0)。

由此可知，1，2 点因为词频比例相同，因此 1，2 点向量平行；同理，3，4 点向量平行。

7. 皮尔逊相关系数

皮尔逊相关系数(Pearson Correlation)描述的是不同对象偏离拟合的中心线程度，即许多对象的属性拟合成一条直线或者曲线，计算每个对象相对于这条线的各属性偏离程度。余弦相似度受到向量的平移影响时，式(7-4)中如果将 x 平移到 x+1，此时余弦值就会发生变化。要想实现平移不变性，就需要使用皮尔逊相关系数，其公式表示如下：

$$\mathrm{Corr}(x,y)=\frac{\sum_{k=1}^{n}(x_k-\bar{X})(y_k-\bar{Y})}{\sqrt{\sum_{k=1}^{n}(x_k-\bar{X})^2}\sqrt{\sum_{k=1}^{n}(y_k-\bar{Y})^2}} \tag{7-7}$$

皮尔逊相关系数具有平移不变性和尺度不变性的特点，计算出了两个向量(维度)的相关性。但是，一般我们在谈论相关系数的时候，将 x 与 y 对应位置的两个数值看作一个样本点，皮尔逊系数用来表示这些样本点分布的相关性。基于皮尔逊系数具有的良好性质，其目前在各个领域都应用广泛，例如，在推荐系统根据某一用户查找喜好相似的用户，进而提供推荐，它可以不受每个用户评分标准不同和观看影片数量不一样的影响。

8. 汉明距离

在信息领域，两个等长的字符串的汉明距离(Hamming Distance)是指在相同位置上不同的字符的个数，也就是将一个字符串替换成另一个字符串需要的最小替换的次数。例如：1011101 与 1001001 之间的汉明距离为 2；2143896 与 2233796 之间的汉明距离为 3。汉明距离主要是为了解决在通信中数据传输时，改变的二进制位数，也称为信号距离。

9. 杰卡德相似系数

在一些情况下，某些特定的值相等并不能代表什么。例如，用“1”表示用户看过某电影，用“0”表示用户没有看过，那么用户看电影的信息就可用“0”“1”表示成一个序列。考虑到电影基数非常庞大，用户看过的电影只占其中非常小的一部分，如果两个用户都没有看过某一部电影(两个都是“0”)，并不能说明两者相似。反之，如果两个用户都看过某一部电影(两个都是“1”)，则说明用户有很大的相似度。在这个例子中，序列中等于“1”所占的权重应该远远大于“0”的权重，这就引出下面要说的杰卡德相似系数(Jaccard Similarity)。

杰卡德相似系数主要用于计算符号度量或布尔值度量的个体间的相似度，因为个体的特征属性都是由符号度量或者布尔值标识，因此无法衡量差异具体值的大小，只能获得“是否相同”这个结果，所以杰卡德相似系数只关心个体间共同具有的特征是否一致这个问题。如果比较 X 与 Y 的杰卡德相似系数，只比较 X_n 和 Y_n 中相同的个数。

在上面的例子中，我们用 M_{11} 表示两个用户都看过的电影数目，M_{10} 表示用户 A 看过、用户 B 没看过的电影数目，M_{01} 表示用户 A 没看过而用户 B 看过的电影数目，M_{00} 表示两个用户都没有看过的电影数目。那么，杰卡德相似系数可以表示如下：

$$J=\frac{M_{11}}{M_{01}+M_{10}+M_{11}}=\frac{|A\cap B|}{|A\cup B|} \tag{7-8}$$

10. 编辑距离

编辑距离(Edit Distance)是指比较两个不同长度的字符串的过程中需要进行替换、插入与删除运算的最少编辑操作的次数。编辑距离越小，两个字符串的相似度越大。最小编辑距离通常作为一种相似度计算函数被用于多种实际应用中。

以 DNA 分析为例，其主要是比较 DNA 序列并尝试找出两个序列的相同部分，如果两个 DNA 序列有类似的公共子序列，那么这两个序列很可能是同源的。在比对两个 DNA 序列时，不仅要考虑完全匹配的字符，还要考虑一个序列中的空格或间隙(或相反地，要考虑另一个序列中插入的部分)和不匹配字符，这两个方面都可能意味着突变。在序列比对中，需要找到最优的比对(即要将匹配的数量最大化，将空格和不匹配的数量最小化)。如果要更正式些，可以确定一个分数，为匹配的字符添加分数，为空格和不匹配的字符减去分数。

(1) 全局序列比对尝试找到两个完整的序列 S_1 和 S_2 之间的最佳比对。以如下两个 DNA 序列为例：S_1=GCCCTAGCG，S_2=GCGCAATG。

如果设定每个匹配字符为 1 分，一个空格减 2 分，一个不匹配字符减 1 分，那么下面的比对就是全局最优比对：S_1'= GCCCTAGCG，S_2'= GCGC-AATG。

S_2' 中连字符“-”代表空格。在 S_2' 中有 5 个匹配字符，1 个空格(或者说在 S_1' 中有 1 个插入项)，有 3 个不匹配字符。因此，得到分数为：$5\times1+1\times(-2)+3\times(-1)=0$，这是能够实现的最佳结果。

(2) 局部序列比对不必对两个完整的序列进行比对，可以在每个序列中使用某些部分来获得最大得分。使用同样的序列 S_1 和 S_2，以及同样的得分方案，可以得到以下局部最优比对 S_1'' 和 S_2''：

S_1=GCCCTAGCG

S_1''=GCG

S_2''=GCG

S_2= GCGCAATG

因此，上面使用局部比对的得分为：$3\times1+0\times(-2)+0\times(-1)=3$。

11. 动态时间归整距离

DTW(Dynamic Time Warp，动态时间归整)距离是序列信号在时间或者速度上不匹配的时候一种衡量相似度的方法。例如，两份原本一样的声音样本 A，B 都说了“你好”，但是 A 在说“你”这个音时延长了几秒。最后 A 说“你～～好”，B 说“你好”。DTW 就是这样一种可以用来匹配 A，B 之间的最短距离的算法。

DTW 距离在保持信号先后顺序的限制下对时间信号进行“膨胀”或者“收缩”，找到最优的匹配。与编辑距离相似，它也是一个动态规划的问题。

7.2　K 均值聚类算法

7.2.1　基于划分的 K 均值聚类算法

聚类是一个将数据集中在某些方面相似的数据成员进行分类组织的过程，聚类就是一种发现这种内在结构的技术，聚类技术经常被称为无监督学习。

K 均值聚类算法(K-Means Clustering Algorithm)，也叫 K-means 聚类算法，它属于无监督学习，其样本所属的类别是未知的，只是根据特征将样本分类，且类别空间也由人为需要而选定。这就与朴素贝叶斯分类算法、SVM 分类算法等不同，它们的样本的标签为已知，通过大量的训练样本得到模型，然后判断新的样本属于已知类别中的哪一类。

K-means 聚类算法的思想是最小化所有样本到所属类别中心的欧式距离和，采用迭代的方式实现收敛。

例如给定训练样本：$\{x^{(1)},x^{(2)},\cdots,x^{(m)}\},x^{(i)}\in R^n$

K-means 聚类算法执行过程如下。

(1) 随机选取 K 个聚类中心点，分别是：$\mu_1,\mu_2,\cdots,\mu_k\in R^n$；

(2) 根据以下公式计算每个样本 i 的所属类别 $C^{(i)}$，也就是样本到类别中心欧式距离最小的类别：

$$C^{(i)}=\arg_j\min\|C^{(i)}-\mu_j\|^2 \tag{7-9}$$

(3) 根据下面公式更新每一类的中心 μ_j：

$$\mu_j=\frac{\sum_{i=1}^{m}x^{(i)}\mid C^{(i)}=j}{\sum_{i=1}^{m}1\mid C^{(i)}=j}=\frac{\text{类别}j\text{中所有样本特征和}}{\text{类别}j\text{中的样本个数}} \tag{7-10}$$

(4) 一直重复步骤(2)、(3)，直到畸变函数 $J(C,\mu)$ 终止，即所有样本到其类别中心的欧式距离平方和。$J(C,\mu)$ 函数如下：

$$J(C,\mu)=\sum_{i=1}^{m}\|C^{(i)}-\mu_j\|^2 \tag{7-11}$$

终止条件可以是以下之一：没有(或最小数目)对象被重新分配给不同的聚类；没有(或最小数目)聚类中心再发生变化；误差平方和局部最小。

K-means 聚类算法是最著名的划分聚类算法，它的特点是简洁和效率高，因此它作为聚类算法中主要采用的方法而被广泛使用。

7.2.2 二分 K 均值聚类算法运行原理

二分 K 均值(Bisecting K-means)聚类算法是基于经典 K-均值算法实现的，作为 K-means 聚类算法的改进算法，其调用经典 K-均值(k=2)，把一个聚簇分成两个，迭代到分成 k 个停止。其主要思想如下：

假设 $X=\{x_1,x_2,\cdots,x_n\}$ 为 n 个 R^d 空间的数据，在开始聚类前，指定 K 为聚类个数。为了得到 K 个簇，将所有点的集合分裂成两个类，放到簇表 S 中。从簇表 S 中选取一个簇 C_i，用基本的 K-means 聚类算法对选定的簇 C_i 进行二分聚类。从二分实验中选择具有最小总 SSE 的两个簇，将这两个簇添加到簇表 S 中，更新簇表。如此下去，直到产生 K 个簇。

在二分 K 均值聚类算法中，使用结果簇的质心作为基本 K 均值的初始质心；使用误差平方和 SSE(也称为散度)作为度量聚类质量的目标函数。对于多次运行 K 均值产生的簇集，选择误差平方和最小的那个，使得聚类的质心可以更好地代表簇中的点。SSE 的定义公式如下：

$$\mathrm{SSE}=\sum_{i}^{k}\sum_{x\in C_i}\mathrm{dist}(c_i,x)^2 \tag{7-12}$$

式(7-12)中，c_i 为簇 C_i 的聚类中心，x 为该簇中的一个样本。

在该算法思想中：因为聚类的误差平方和能够衡量聚类性能，该值越小表示数据点越接近于它们的质心，聚类效果就越好，所以我们就需要对误差平方和最大的簇进行再一次的划分，因为误差平方和越大，表示该簇聚类越不好，越有可能是多个簇被当成一个簇了，所以首先我们需要将这个簇进行划分。

由于二分 K 均值聚类算法执行了多次二分实验并选择最小 SEE 的实验结果，且每步只有两个质心，因此二分 K 均值聚类算法受到初始化问题的影响较小，但仍然受用户指定的聚类个数 K 的影响。

【案例】二分 K 均值聚类算法作用地理位置聚簇实例

我们知道地理位置的经纬度是二维的，可以可视化出来，因此比较适合使用聚类算法确定质心个数 k 值。需要注意的是，球面距离的计算，不能简单地使用欧式距离，而需要用球面距离公式(见以下代码中 distSLC 函数)。

本实例的实现过程是：给定 n 个俱乐部地址名称，然后使用 urllib 包，再调用 Yahoo 地图的 API 返回经纬度，同时调用 k 均值聚类算法，找到聚簇的中心，最后利用 Matplotlib 工具可视化出来。

具体实现代码如下：

```
import urllib
import json
def geoGrab(stAddress, city):
    apiStem = 'http://where.yahooapis.com/geocode?' #create a dict and constants
for the goecoder
    params = {}
    params['flags'] = 'J'#JSON return type
    params['appid'] = 'aaa0VN6k'
    params['location'] = '%s %s' % (stAddress, city)
    url_params = urllib.urlencode(params)
    yahooApi = apiStem + url_params      #print url_params
    print yahooApi
    c=urllib.urlopen(yahooApi)
    return json.loads(c.read())

from time import sleep
def massPlaceFind(fileName):
    fw = open('places.txt', 'w')
    for line in open(fileName).readlines():
        line = line.strip()
        lineArr = line.split('\t')
        retDict = geoGrab(lineArr[1], lineArr[2])
        if retDict['ResultSet']['Error'] == 0:
            lat = float(retDict['ResultSet']['Results'][0]['latitude'])
            lng = float(retDict['ResultSet']['Results'][0]['longitude'])
            print "%s\t%f\t%f" % (lineArr[0], lat, lng)
            fw.write('%s\t%f\t%f\n' % (line, lat, lng))
        else: print "error fetching"
        sleep(1)
    fw.close()

def distSLC(vecA, vecB):#Spherical Law of Cosines
    a = sin(vecA[0,1]*pi/180) * sin(vecB[0,1]*pi/180)
    b = cos(vecA[0,1]*pi/180) * cos(vecB[0,1]*pi/180) * \
                    cos(pi * (vecB[0,0]-vecA[0,0]) /180)
    return arccos(a + b)*6371.0 #pi is imported with numpy

import matplotlib
import matplotlib.pyplot as plt
def clusterClubs(numClust=5):
    datList = []
    for line in open('places.txt').readlines():
        lineArr = line.split('\t')
        datList.append([float(lineArr[4]), float(lineArr[3])])
    datMat = mat(datList)
    myCentroids, clustAssing = biKmeans(datMat, numClust, distMeas=distSLC)
```

```
        fig = plt.figure()
        rect=[0.1,0.1,0.8,0.8]
        scatterMarkers=['s', 'o', '^', '8', 'p', \
                    'd', 'v', 'h', '>', '<']
        axprops = dict(xticks=[], yticks=[])
        ax0=fig.add_axes(rect, label='ax0', **axprops)
        imgP = plt.imread('Portland.png')
        ax0.imshow(imgP)
        ax1=fig.add_axes(rect, label='ax1', frameon=False)
        for i in range(numClust):
            ptsInCurrCluster = datMat[nonzero(clustAssing[:,0].A==i)[0],:]
            markerStyle = scatterMarkers[i % len(scatterMarkers)]
            ax1.scatter(ptsInCurrCluster[:,0].flatten().A[0],
ptsInCurrCluster[:,1].flatten().A[0], marker=markerStyle, s=90)
        ax1.scatter(myCentroids[:,0].flatten().A[0],
myCentroids[:,1].flatten().A[0], marker='+', s=300)
        plt.show()
```

7.3 基于密度的 DBSCAN 聚类方法

7.3.1 DBSCAN 算法原理解析

1. DBSCAN 算法的相关定义

K-means 聚类算法只能解决形状规则的聚类，但是 DBSCAN(密度聚类)算法可以解决不规则形状聚类，它是一种具有代表性的基于密度的聚类算法。此外，DBSCAN 算法不同于划分和层次聚类方法，它将簇定义为密度相连的点的最大集合，能够把具有足够高密度的区域划分为簇，并可在噪声的空间数据库中发现任意形状的聚类。

DBSCAN 基于一组“邻域”参数(E，MinPts)来刻画样本分布的紧密程度。假设给定一个数据集 $D=\{x_1,x_2,\cdots,x_m\}$，定义如下几个概念。

(1) E 邻域：对 $x_j\in D$，其 E 邻域包含样本集 D 中与 x_j 的距离不大于 E 的样本，即 $N_E(x_j)=\{x_i\in D\,|\,\mathrm{dist}(x_i,x_j)\leqslant E\}$。

(2) 核心对象：如果 x_j 的 E 邻域至少包含 MinPts 个样本，即 $|N_E(x_j)|\geqslant \mathrm{MinPts}$，则 x_j 是一个核心对象。

(3) 密度可达：对 x_i 与 x_j，x_i 如果存在样本序列 $p_1,p_2,\cdots,p_n$，其中 $p_1=x_i$，$p_n=x_j$，且 p_{i+1} 由 p_i 密度直达，那么 x_j 由 x_i 密度可达。

(4) 密度直达：如果 x_j 位于 x_i 的 E 邻域中，且 x_i 是核心对象，那么 x_j 由 x_i 密度直达。

(5) 密度相连：对于 x_j，如果存在 x_i 使得 x_i 与 x_j 均由 x_i 密度可达，那么 x_i 与 x_j 密度相连。

2. DBSCAN 算法的思想

DBSCAN 的目的是由密度可达关系找到密度相连对象的最大集合，也就是我们最终聚类的一个类别(或一个簇)。

这个 DBSCAN 的簇里面可以有一个或者多个核心对象。如果只有一个核心对象，则簇里其他的非核心对象样本都在这个核心对象的 E 邻域里；如果有多个核心对象，则簇里的任意一个核心对象的 E 邻域中一定有一个其他的核心对象，否则这两个核心对象无法密度可达。这些核心对象的 E 邻域里所有的样本的集合组成一个 DBSCAN 聚类簇。

我们如何找到这样的簇样本集合呢？DBSCAN 使用的方法很简单，它任意选择一个没有类别的核心对象，然后找到由这个对象密度可达的所有样本组成的集合，这个集合即为一个满足连接性与最大性的聚类簇。接着选择另一个没有类别的核心对象，以同样的方法得到另一个聚类簇，这样一直执行到所有核心对象都有类别为止。

7.3.2　DBSCAN 算法的基本运行流程

下面具体讲解 DBSCAN 聚类算法的运行流程。

输入：样本集 $D=(x_1,x_2,\cdots,x_m)$；邻域参数 (E,MinPts)。

过程：

(1)　初始化核心对象集合 $\Omega=\phi$

(2)　for $j=1,2,\cdots,m$　do

①　确定样本 x_j 的 E 邻域子样本集 $N_E(x_j)$；

②　if　$|N_E(x_j)|\geqslant \text{MinPts}$　then

(3)　将样本 x_j 加入核心对象样本集合：$\varOmega=\varOmega\cup\{x_j\}$

(4)　end if

(5)　end for

(6)　初始化聚类簇数：$k=0$

(7)　初始化未访问样本集合：$\Gamma=D$

(8)　while　$\varOmega\neq\phi$　do

(9)　记录当前未访问样本集合：$\Gamma_{\text{old}}=\Gamma$；

(10) 随机选取一个核心对象 $o\in\varOmega$，初始化队列 $Q=<o>$；

(11) $\Gamma=\Gamma\setminus\{o\}$；

(12) while　$Q\neq\phi$　do

(13) 取出队列 Q 中的首个样本 q；

(14) if　$|N_E(q)|\geqslant \text{MinPts}$　then

(15) 令 $\Delta=N_E(q)\cap\Gamma$；

(16) 将 Δ 中的样本加入队列 Q；

(17) $\Gamma = \Gamma \setminus \Delta$;

(18) end if

(19) end while

(20) $k = k + 1$，生成聚类簇 $C = \Gamma_{\text{old}} \setminus \Gamma$；

(21) $\Omega = \Omega \setminus C_k$

(22) end while

输出结果为：簇划分 $C = \{C_1, C_2, \cdots, C_k\}$。

【案例】校园网中 DBSCAN 聚类算法分析学生上网模式

假设现有大学校园网的日志数据，300 条大学生的校园网使用情况数据，数据包括用户 ID、设备的 MAC 地址、IP 地址、开始上网时间、停止上网时间、上网时长和校园网套餐等，如表 7-1 所示。利用已有这些数据，考虑如何分析学生上网的模式。

表 7-1 学生上网数据表

学生上网数据表(单条数据)	
记录编号	2c93929466b97aa6014754607e457d68
学生编号	U201913025
MAC 地址	A617312EEA7B
IP 地址	192.168.3.11
开始上网时间	2019-07-23 22:38:16.540000000
停止上网时间	2019-07-23 23:45:15.540000000
上网时长	6659

本案例通过使用 DBSCAN 聚类算法，分析学生上网时间和上网时长的模式。具体实现代码及相关注释如下：

```
//建立工程，导入 sklearn 相关包
import numpy as np
import sklearn.cluster as skc
from sklearn import metrics
import matplotlib.pyplot as plt
//读入数据并进行处理
mac2id=dict()
onlinetimes=[]
f=open('TestData.txt',encoding='utf-8')
for line in f:
    mac=line.split(',')[2]
    onlinetime=int(line.split(',')[6])
    starttime=int(line.split(',')[4].split(' ')[1].split(':')[0])
    if mac not in mac2id:
        mac2id[mac]=len(onlinetimes)
        onlinetimes.append((starttime,onlinetime))
```

```
        else:
            onlinetimes[mac2id[mac]]=[(starttime,onlinetime)]
    real_X=np.array(onlinetimes).reshape((-1,2))
    //上网时间聚类，创建 DBSCAN 算法实例，并进行训练，获得标签
    X=real_X[:,0:1]

    db=skc.DBSCAN(eps=0.01,min_samples=20).fit(X)
    labels = db.labels_
    //输出标签，查看结果
    print('Labels:')
    print(labels)
    raito=len(labels[labels[:] == -1]) / len(labels)
    print('Noise raito:',format(raito, '.2%'))

    n_clusters_ = len(set(labels)) - (1 if -1 in labels else 0)

    print('Estimated number of clusters: %d' % n_clusters_)
    print("Silhouette Coefficient: %0.3f"% metrics.silhouette_score(X,
labels))

    for i in range(n_clusters_):
        print('Cluster ',i,':')
        print(list(X[labels == i].flatten()))

    //画直方图，分析实验结果
    plt.hist(X,24)
    plt.show()
```

通过输出结果可以观察到学生上网时间大多聚集在 22:00 和 23:00。

7.4　高斯混合模型聚类算法

高斯混合模型(Gaussian Mixture Model，GMM)就是用高斯概率密度函数(正态分布曲线)精确地量化事物，它是一个将事物分解为若干的基于高斯概率密度函数(正态分布曲线)形成的模型。

对图像背景建立高斯模型的原理及过程：图像灰度直方图反映的是图像中某个灰度值出现的频次，也可以以为是图像灰度概率密度的估计。如果图像所包含的目标区域和背景区域相差比较大，且背景区域和目标区域在灰度上有一定的差异，那么该图像的灰度直方图呈现双峰——谷形状，其中一个峰对应于目标，另一个峰对应于背景的中心灰度。对于复杂的图像，尤其是多峰的医学图像，通过将直方图的多峰特性看作是多个高斯分布的叠加，可以解决图像的分割问题。在智能监控系统中，对于运动目标的检测是中心内容，而在运动目标检测提取中，背景目标对于目标的识别和跟踪

至关重要，而建模正是背景目标提取的一个重要环节。

7.4.1 GMM 算法原理分析

在讲解 GMM(高斯混合模型)算法之前先介绍一下单高斯模型。单高斯模型是一种图像处理背景提取的处理方法，适用于背景单一不变的场合。它采取参数迭代方式，不用每次都进行建模处理，它为每个图像点的颜色分布建立了用单个高斯分布表示的模型。

如果多维变量 $X=(x_1,x_2,\cdots,x_n)$ 服从高斯分布，那么其概率密度函数为：

$$p(X)=\frac{1}{\sqrt{(2\pi)^n}\sqrt{|\boldsymbol{\Sigma}|}}\mathrm{e}^{-\frac{1}{2}(X-\mu)^T\Sigma^{-1}(X-\mu)} \tag{7-13}$$

式(7-13)中，n 是变量维度，如果为二位高斯分布，n=2；μ 是各维变量的均值，$\mu=\begin{pmatrix}\mu_1\\\mu_2\\\cdots\\\mu_n\end{pmatrix}$；$\boldsymbol{\Sigma}$ 是 $n\times n$ 的协方差矩阵，描述各维变量之间的相关度，如果是二维高斯分布，则：$\boldsymbol{\Sigma}=\begin{bmatrix}\delta_{11}\ \delta_{12}\\\delta_{21}\ \delta_{22}\end{bmatrix}$。

以二维高斯分布为例，假设 $\mu=\begin{pmatrix}0\\0\end{pmatrix}$，$\boldsymbol{\Sigma}=\begin{bmatrix}1 & 0.8\\0.8 & 5\end{bmatrix}$，则可以得到二维高斯数据分布如图 7-2 所示。

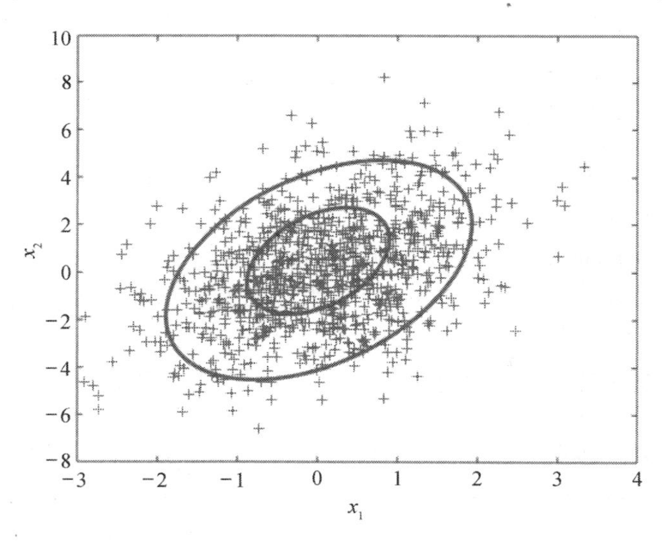

图 7-2　二维高斯数据分布图

从图 7-2 中可以看出，服从二维高斯分布的数据主要集中在一个椭圆内部，服从三维分布的数据集中在一个椭球内部。然而，有些高斯分布所产生的数据却无法使用单高斯模型进行分析(见图 7-3)，这时候就需要用到高斯混合模型进行分析了。

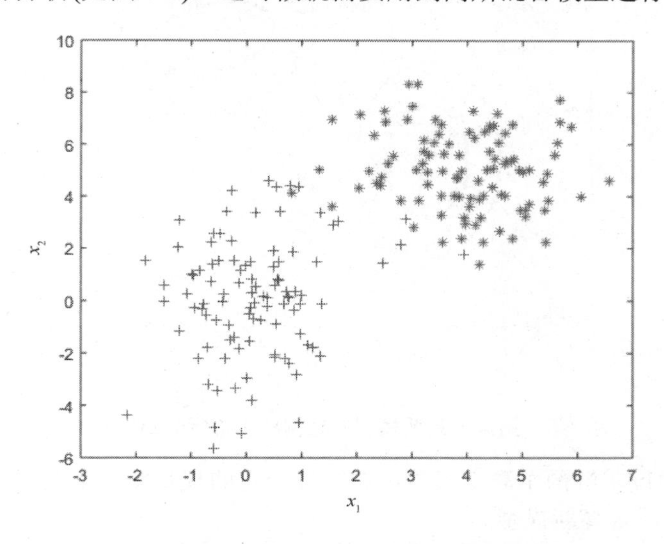

图 7-3　混合高斯分布产生的数据

针对图 7-3，我们如果使用单高斯混合模型进行分析，会得到如图 7-4 所示的结果。显然，这种分析结果并不合理。

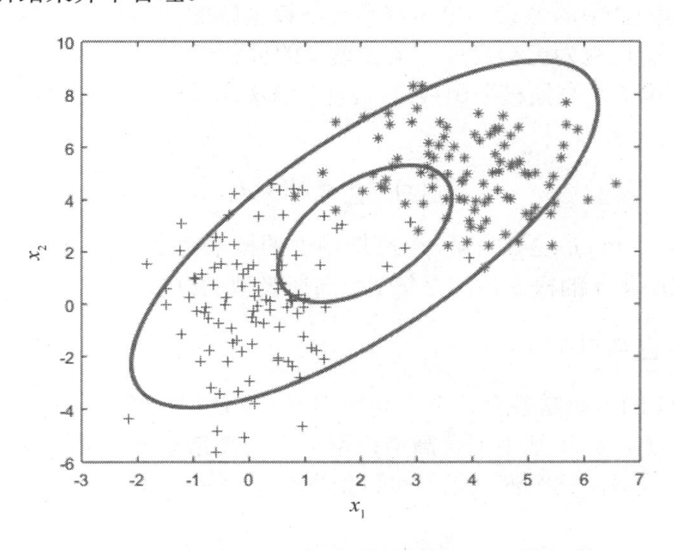

图 7-4　用单高斯模型对样本进行分析的结果

通常情况下，靠近椭圆中心的样本出现的概率更大，这是由概率密度函数所决定的，但是上面这个高斯分布的椭圆中心的数据样本量却很少。因此，这里需要用两个不同的高斯分布模型进行分析，如图 7-5 所示。

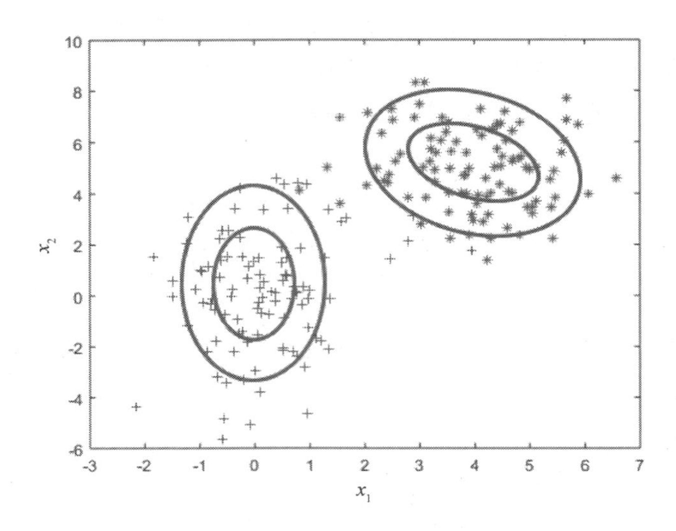

图 7-5 用混合高斯模型对数据样本进行分析的结果

图 7-5 中通过求解两个高斯模型，并通过一定的权重将两个高斯模型融合成一个模型，即最终的混合高斯模型。

GMM 算法的基本思想是用多个高斯模型作为一个像素位置的模型，使得模型在多模态背景中具有健壮性。以树叶晃动的背景为例：树叶晃出某位置时，该位置的像素信息用一个高斯模型表示，树叶晃到该位置时，用另一个高斯模型表示该位置的像素信息，这样新的图片中的像素不论与哪个高斯模型匹配都将视为背景，这样就可以防止模型将树叶晃动也视为运动目标，增加模型的健壮性。

假设 GMM 由 k 个高斯模型组成(即数据包含 k 个类)，那么 GMM 的概率密度函数如下：

$$p(x)=\sum_{i=1}^{k}\alpha_i N(x\mid\mu_i,\Sigma_i) \tag{7-14}$$

式(7-14)中，$N(x\mid\mu_i,\Sigma_i)$ 是第 i 个高斯模型的概率密度函数，可以看成选定第 i 个模型后，该模型产生 x 的概率；α_i 是第 i 个高斯模型的权重，称作选择第 i 个模型的先验概率，且满足 $\sum_{i=1}^{k}\alpha_i=1$ 。

总之，GMM 的本质是融合几个单高斯模型，来使得模型更加复杂，从而产生更复杂的样本。理论上，如果某个混合高斯模型融合的高斯模型个数足够多，它们之间的权重设定得足够合理，这个混合模型可以拟合任意分布的样本。

7.4.2 GMM 的最大期望算法

GMM 的最大期望算法即 EM 算法(Expectation Maximization Algorithm，又叫期望最大化算法)，是一种迭代算法，用于含有隐变量(Latent Variable)的概率参数模型的最大似然估计或极大后验概率估计。

由于迭代规则容易实现并可以灵活考虑隐变量，EM 算法被广泛应用于处理数据的缺测值，以及很多机器学习算法，包括 GMM 和隐马尔可夫模型(Hidden Markov Model, HMM)的参数估计。

EM 算法是基于极大似然估计(Maximum Likelihood Estimation, MLE)理论的优化算法。给定相互独立的观测数据 $X=\{X_1,X_2,\cdots,X_N\}$，和包含隐变量 Z、参数 θ 的概率模型 $f(X,Z,\theta)$，根据 MLE 理论，θ 的最优单点估计在模型的似然取极大值时给出：

$$\theta=\arg\max_{\theta} p(X \mid \theta) \tag{7-15}$$

考虑隐变量，模型的似然有如下展开：

$$p(X \mid \theta)=\int_a^b p(X,Z \mid \theta)\mathrm{d}Z\,,\quad Z\in[a,b] \tag{7-16}$$

$$p(X \mid \theta)=\sum_{c=1}^{k} p(X,Z_c \mid \theta)\,,\quad Z=\{Z_1,Z_2,\cdots,Z_k\} \tag{7-17}$$

隐变量可以表示缺失数据，或概率模型中任何无法直接观测的随机变量。式(7-16)中是隐变量为连续变量的情形，式(7-17)是隐变量为离散变量的情形，积分/求和的部分也被称为 X,Z 的联合似然。不失一般性，这里按离散变量为例进行说明。由 MLE 的一般方法，对式(7-17)取自然对数后可得：

$$\log_p(X \mid \theta)=\log\prod_{i=1}^{N} p(X_i \mid \theta)=\sum_{i=1}^{N}\log_p(X_i \mid \theta)=\sum_{i=1}^{N}\log\left[\sum_{c=1}^{k} p(X_i,Z_c \mid \theta)\right] \tag{7-18}$$

上述展开考虑了观测数据的相互独立性，引入与隐变量有关的概率分布 $q(Z)$，即隐分布(可认为隐分布是隐变量对观测数据的后验，详见以下 E 步推导)，由 Jensen 不等式，观测数据的对数似然有如下不等关系：

$$\log_p(X \mid \theta)=\sum_{i=1}^{N}\log\left[\sum_{c=1}^{k}\frac{q(Z_c)}{q(Z_c)}p(X_i,Z_c \mid \theta)\right]\geqslant\sum_{i=1}^{N}\sum_{c=1}^{k}\left[q(Z_c)\log\frac{p(X_i,Z_c \mid \theta)}{q(Z_c)}\right]=L(\theta,q) \tag{7-19}$$

当 θ,q 使不等式右侧取全局极大值时，所得到的 θ 至少使不等式左侧取局部极大值。因此，将不等式右侧表示为 $L(\theta,q)$ 后，EM 算法有如下求解目标：

$$\hat{\theta}=\arg\max_{\theta} L(\theta,q) \tag{7-20}$$

式中的 $L(\theta,q)$ 等效于 MM 算法(Minorize-Maximization Algorithm)中的代理函数，是 MLE 优化问题的下限。EM 算法通过最大化代理函数逼近对数似然的极大值。

EM 算法的标准计算框架由 E 步(Expectation Step，预期步)和 M 步(Maximization Step，优化步)交替组成，算法的收敛性可以确保迭代至少逼近局部极大值。其中 E 步“固定”前一次迭代的 θ^{t-1}，求解 q^t 使得 $L(\theta,q)$ 取极大值；M 步使用 q^t 求解 θ^t 使得 $L(\theta,q)$ 取极大值。

1. E 步

由 EM 算法的求解目标可知，E 步有如下优化问题：

$$q{:=}\arg\max_q L(\theta,q)=\arg\max_q \sum_{i=1}^{N}\sum_{c=1}^{k}\left[q(Z_c)\log\frac{p(X_i,Z_c\mid\theta)}{p(Z_c)}\right] \tag{7-21}$$

考虑先前的不等关系，这里首先对 $\log_p(X\mid\theta)-L(\theta,q)$ 进行展开：

$$\begin{aligned}\log_p(X\mid\theta)-L(\theta,q)&=\sum_{i=1}^{N}\log\left[\sum_{c=1}^{k}p(X_i,Z_c\mid\theta)\right]-\sum_{i=1}^{N}\sum_{c=1}^{k}\left[q(Z_c)\log\frac{p(X_i,Z_c\mid\theta)}{q(Z_c)}\right]\\&=\sum_{i=1}^{N}\left[\log_p(X_i\mid\theta)\sum_{c=1}^{k}q(Z_c)-\sum_{c=1}^{k}q(Z_c)\log\frac{p(X_i,Z_c\mid\theta)}{q(Z_c)}\right]\\&=\sum_{i=1}^{N}\sum_{c=1}^{k}q(Z_c)\left[\log_p(X_i\mid\theta)-\log\frac{p(X,Z_c\mid\theta)}{q(Z_c)}\right]\\&=\sum_{i=1}^{N}\sum_{c=1}^{k}q(Z_c)\log\left[\frac{p(X_i\mid\theta)q(Z_c)}{p(X,Z_c\mid\theta)}\right]\end{aligned} \tag{7-22}$$

在推导式(7-22)时，考虑了 $\sum_{c=1}^{k}q(Z_c)=1$。由贝叶斯定理，式(7-22)可转化为：

$$\sum_{i=1}^{N}\sum_{c=1}^{k}q(Z_c)\log\left[\frac{q(Z_c)}{p(Z_c\mid X_i,\theta)}\right]=\sum_{i=1}^{N}\mathrm{KL}[q(Z)\parallel p(Z\mid X_i,\theta)] \tag{7-23}$$

$$\Rightarrow L(\theta,q)=\log_p(X\mid\theta)-\sum_{i=1}^{N}\mathrm{KL}[q(Z)\parallel p(Z\mid X_i,\theta)]=F(\theta,q) \tag{7-24}$$

上式中 KL 为 Kullback-Leibler 散度或相对熵(Relative Entropy)，$F(\theta,q)$ 是吉布斯自由能(Gibbs Free Energy)，即由 Jensen 不等式得到的代理函数等价于隐分布的自由能。求解 $F(\theta,q)$ 的极大值等价于求解隐分布自由能的极大值，即隐分布对隐变量后验 $p(Z\mid X,\theta)$ 的 KL 散度的极小值，由 KL 散度的性质可知，其极小值在两个概率分布相等时取得，因此当 $q(Z)$=$p(Z\mid X,\theta)$ 时，$L(\theta,q)$ 取极大值。对 EM 算法的第 t 次迭代，E 步的计算如下：

$$\max_q L(\theta,q)\Leftrightarrow\max_q F(\theta,q)\Leftrightarrow\min_q\sum_{i=1}^{N}\mathrm{KL}[q(Z)\parallel p(Z\mid X_i,\theta) \tag{7-25}$$

$$q^{(t)}{=}p(Z\mid X,\theta^{(t-1)}),\quad \theta^{(0)}{=}\theta_0 \tag{7-26}$$

2. M 步

在 E 步的基础上，M 步求解模型参数使 $L(\theta,q)$ 取极大值，该极值问题的必要条件是 $\partial L(\theta,q)/\partial\theta=0$：

$$\begin{aligned}\max_\theta L(\theta,q)&\Rightarrow\frac{\partial}{\partial\theta}[L(\theta,q)]=0\\&\Rightarrow\frac{\partial}{\partial\theta}\left[\sum_{i=1}^{N}\sum_{c=1}^{k}q(Z_c)\log_p(X_i,Z_c\mid\theta)\right]=0\\&\Rightarrow\frac{\partial}{\partial\theta}E_q[\log_p(X,Z\mid\theta)]=0\end{aligned} \tag{7-27}$$

式中 E_q 表示联合似然 $p(X,Z\mid\theta)$ 对隐分布 $q(Z)$ 的数学期望，在 $\log_p(X,Z\mid\theta)$ 为凸

函数时(例如隐变量和观测服从指数族分布)，上述推导也是充分的。由此得到 M 步的计算如下：

$$\theta^{(t)} = \arg\max_{\theta} E_{q^{(t)}}[\log_{p}(X,Z\,|\,\theta)] \tag{7-28}$$

7.5　层次聚类算法

7.5.1　层次聚类算法的算法思想

层次聚类算法是对给定的数据集进行层次的分解，直到某种条件满足为止。层次聚类算法的基本思想是：通过某种相似性测度计算节点之间的相似性，并按相似度由高到低排序，逐步重新连接每个节点。该方法的优点是可随时停止划分。主要步骤如下：

(1) 移除网络中的所有边，得到有 n 个孤立节点的初始状态；

(2) 计算网络中每对节点的相似度；

(3) 根据相似度从强到弱连接相应节点对，形成树状图；

(4) 根据实际需求横切树状图，获得社区结构。

7.5.2　层次聚类算法的运行原理

层次聚类算法可分为凝聚和分裂两种方法。

1. 凝聚的层次聚类算法

凝聚的层次聚类算法是一种自底向上的策略，首先将每个对象作为一个簇，然后合并这些原子簇为越来越大的簇，直到所有的对象都在一个簇中，或者某个终结条件被满足。绝大多数层次聚类方法属于这一类，它们只是在簇间相似度的定义上有所不同。凝聚的层次聚类的代表算法是 AGNES 算法。凝聚的层次聚类算法描述如下。

输入：样本集合 D，聚类数目或者某个条件(一般是样本距离的阈值，这样就可不设置聚类数目)

输出：聚类结果(满足终止条件的若干个簇)

(1) 将样本集中的所有的样本点都当作一个独立的类簇；

(2) repeat：

(3) 计算两两类簇之间的距离，找到距离最近的两个类簇 C_1 和 C_2；

(4) 合并类簇 C_1 和 C_2 为一个类簇；

(5) util：达到聚类的数目或者达到设定的条件。

下面讲解如何计算聚类簇之间的距离。

1) 聚类簇之间的距离计算

我们知道每个簇作为一个样本集合，所以我们只需采用关于集合的某种距离。假

设有聚类簇 C_i 和 C_j，则两个簇的距离计算如下。

最小距离：

$$d_{\min}(C_i,C_j)=\min_{p\in C_i,q\in C_j}|p-q| \tag{7-29}$$

最大距离：

$$d_{\max}(C_i,C_j)=\max_{p\in C_i,q\in C_j}|p-q| \tag{7-30}$$

均值距离：

$$d_{\text{mean}}(C_i,C_j)=|\overline{p}-\overline{q}|\text{，其中 }\overline{p}=\frac{1}{|C_i|}\sum_{p\in C_i}p\text{，}\overline{q}=\frac{1}{|C_j|}\sum_{q\in C_j}q \tag{7-31}$$

平均距离：

$$d_{\text{avg}}(C_i,C_j)=\frac{1}{|C_i||C_j|}\sum_{p\in C_i}\sum_{q\in C_j}|p-q| \tag{7-32}$$

由图 7-6 可以看出：最小距离是由两个簇的最近样本决定，最大距离由两个簇的最远样本决定，均值距离由两个簇的中心位置决定，而平均距离则由两个簇的所有样本共同决定。当聚类距离由 $d_{\min}$ 、$d_{\max}$ 或 d_{avg} 计算时，AGNES 算法被相应地称为“单链接”“全链接”或“均链接”算法。

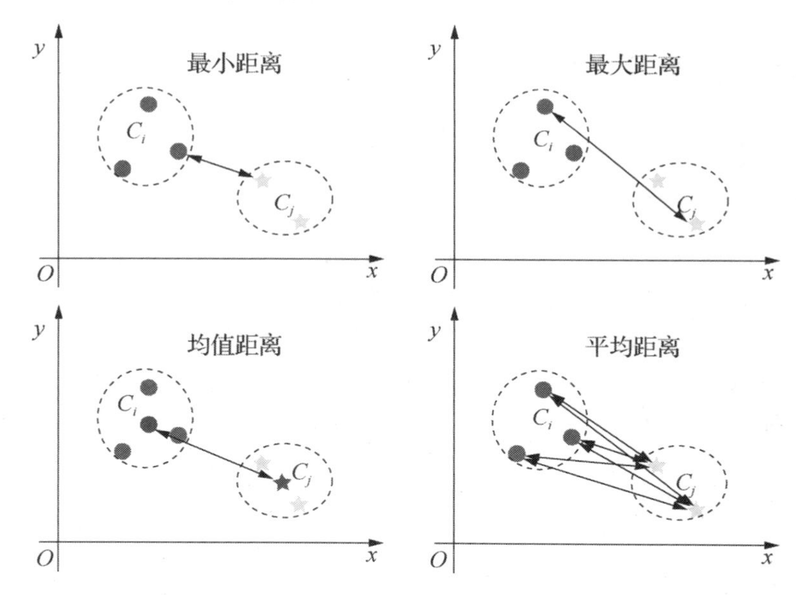

图 7-6　各类距离图示

2)　算法举例

如表 7-2 所示为 5 个样本点数据集，使用 AGNES 算法对以下数据集进行聚类，以最小距离计算簇间的距离。5 个簇分别为：$C_1=\{A\}$，$C_2=\{B\}$，$C_3=\{C\}$，$C_4=\{D\}$，$C_5=\{E\}$。

表 7-2　5 个样本点数据集

样本点	*A*	*B*	*C*	*D*	*E*
A	0	0.4	2	2.5	3
B	0.4	0	1.6	2.1	1.9
C	2	1.6	0	0.6	0.8
D	2.5	2.1	0.6	0	1
E	3	1.9	0.8	1	0

(1) 由表 7-2 看出，C_1 和 C_2 的距离最近，为 0.4，将它们合并然后得到新的簇结构：$C_1=\{A,B\}$，$C_2=\{C\}$，$C_3=\{D\}$，$C_4=\{E\}$，如表 7-3 所示。

表 7-3　合并 C_1 和 C_2 得到的新簇结构

样本点	*AB*	*C*	*D*	*E*
AB	0	1.6	2.1	1.9
C	1.6	0	0.6	0.8
D	2.1	0.6	0	1
E	1.9	0.8	1	0

(2) 由表 7-3 看出，C_2 和 C_3 的距离最近，同样将它们合并然后得到新的簇结构：$C_1=\{A,B\}$，$C_2=\{C,D\}$，$C_3=\{E\}$，如表 7-4 所示。

表 7-4　合并 C_2 和 C_3 得到的新簇结构

样本点	*AB*	*CD*	*E*
AB	0	1.6	1.9
CD	1.6	0	0.8
E	1.9	0.8	0

(3) 由表 7-4 看出，C_2 和 C_3 的距离最近，又将它们合并然后得到新的簇结构：$C_1=\{A,B\}$，$C_2=\{C,D,E\}$，如表 7-5 所示。

表 7-5　合并 C_2 和 C_3 得到的新簇结构

样本点	*AB*	*CDE*
AB	0	1.6
CDE	1.6	0

(4) 到这里，就只剩下 C_1 和 C_2，它们的距离为 1.6，合并它们后得到：$C_1=\{A,B,C,D,E\}$。

以上就是 AGNES 算法的聚类过程。最后关于终止条件的设置：设定一个最小距离阈值$\overline{d}$，如果最相近的两个簇的距离已经超过$\overline{d}$，则它们不需再合并，聚类终止；限定簇的个数 k，当得到的簇的个数已经达到 k，则聚类终止。

2. 分裂的层次聚类算法

分裂的层次聚类与凝聚的层次聚类相反，采用自顶向下的策略，它首先将所有对象初始化到一个簇中，然后逐渐细分为越来越小的簇，直到每个对象自成一簇，或者到达用户指定的簇数目或者两个簇之间的距离超过了某个阈值(终止条件)。分裂的层次聚类的代表算法是 DIANA 算法，其算法描述如下。

输入：包含 n 个对象的数据库，终止条件簇的数目 k

输出：k 个簇，达到终止条件规定的簇数目

(1) 将所有对象整个当成一个初始簇

(2) For(i=1;i!=k;i++) Do Begin

(3) 在所有簇中挑选出具有最大直径的簇。

(4) 找出所挑出簇里与其他点平均相异度(即平均距离)最大的一个点放入 Splinter Group，剩余的放入 Old party 中。

(5) Repeat

(6) 在 Old Party 里找出到 Splinter Group 中点的最近距离不大于 Old party 中点的最近距离的点，并将该点加入 Splinter Group；

(7) Until 没有新的 Old Party 的点被分配给 Splinter Group；

(8) Splinter Group 和 Old Party 为被选中的簇分裂成的两个簇，与其他簇一起组成新的簇集合。

(9) End

说明：簇的直径是指在一个簇中的任意两个数据点都有一个欧氏距离，这些距离中的最大值是簇的直径。

小　　结

本章主要讲解大数据分析中聚类算法的相关概念与应用场景，以及详细讲解四种常见的聚类算法，包括 K-means 聚类算法、DBSCAN 算法、GMM 算法和层次聚类算法。在聚类算法相关概念的讲解过程中，重点讲解了 11 种聚类间距离的度量方法；K-means 聚类算法的讲解主要包括其算法思想与执行过程、二分 K 均值聚类算法的运行原理；DBSCAN 算法包括其算法相关的定义、思想以及运行过程；GMM 算法的讲解包括原理的讲解，由单高斯模型讲解引出高斯混合模型分析，接着讲解了 GMM 的最大期望算法(即 EM 算法，其计算方法分 E 步和 M 步讲解)；层次聚类算法主要讲解算法的思想，然后通过凝聚层级聚类算法(AGNES 算法)和分裂层次聚类算法(DIANA 算法)讲解了层次聚类算法的运行方法和原理。

第 8 章　自组织神经网络算法与人工神经网络算法

8.1　自组织神经网络算法

8.1.1　什么是自组织神经网络

自组织神经网络是通过自动寻找样本中的内在规律和本质属性，自组织、自适应地改变网络参数与结构。多层感知器的学习和分类是以已知一定的先验知识为条件的，即网络权值的调整是在监督情况下进行的。而在实际应用中，有时并不能提供所需的先验知识，这就需要网络具有能够自学习的能力。Kohonen 提出的自组织特征映射图就是这种具有自学习功能的神经网络，这种网络是基于生理学和脑科学研究成果提出的。

8.1.2　自组织映射算法运行原理

自组织映射(Self-Organizing Maps，SOM)算法是一种无导师学习方法，具有良好的自组织、可视化等特性，已经得到了广泛的应用和研究。

SOM 网络结构如图 8-1 所示，它由输入层和竞争层(输出层)组成：输入层神经元数为 n；竞争层是由 m 个神经元组成的一维或者二维平面阵列；网络是全连接的，即每个输入节点都同所有的输出节点相连接。

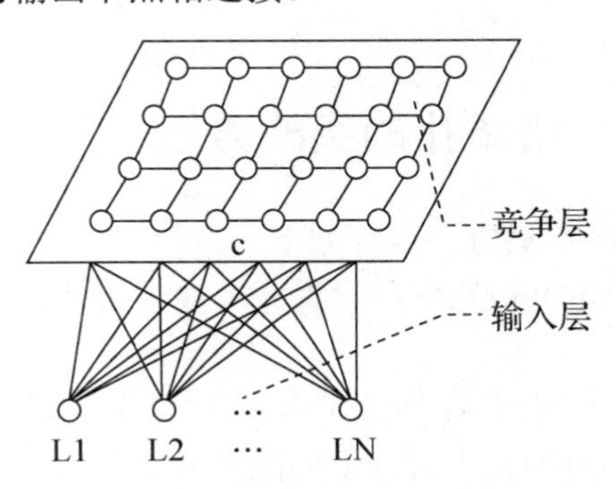

图 8-1　SOM 网络的典型拓扑结构

SOM 网络能将任意维输入模式在输出层映射成一维或二维图形，并保持其拓扑结构不变。网络通过对输入模式的反复学习可以使权重向量空间与输入模式的概率分布趋于一致，即具有概率保持性。网络的竞争层各神经元竞争对输入模式的响应机会，获胜神经元有关的各权重朝着更有利于它竞争的方向调整，“即以获胜神经元为圆心，对近邻的神经元表现出兴奋性侧反馈，而对远邻的神经元表现出抑制性侧反馈。近邻者相互激励，远邻者相互抑制”。一般而言，近邻是指以发出信号的神经元为圆心，半径为 50μm～500μm 的神经元；远邻是指半径为 200μm～2mm 的神经元。比远邻更远的神经元表现弱激励作用，如图 8-2 所示，由于这种交互作用的曲线类似于墨西哥人戴的帽子，因此也称这种交互方式为“墨西哥帽”。

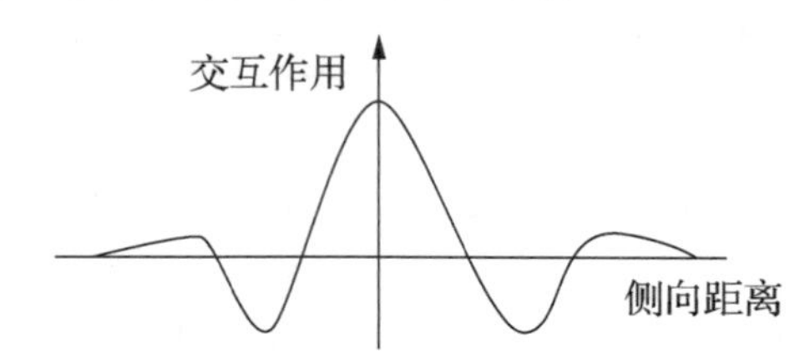

图 8-2　神经元交互模式

记所有输出神经元 c 组成的集合为δ，神经元 c 与输入层神经元之间的连接权向量为 Wc。SOM 算法作为一种非监督类的方法，理论上可以将任意维的输入模式在输出层映射成一维、二维甚至更高维的离散图形，并保持其拓扑结构不变。

该算法的聚类功能主要是通过以下两个简单的规则实现的。

(1)　对于提供给网络的任一个输入向量，确定相应的输出层获胜神经元 s，其中 s=argminc$|\tau-W_c|$所有的 c 属于δ。

(2)　确定获胜神经元 s 的一个邻域范围，按式(8-1)调整范围内神经元的权向量，该调整过程使得内神经元的权向量朝着输入向量的方向靠拢。

$$W_c = W_c + \varepsilon(\tau - W_c) \quad (\text{所有的 } c \text{ 属于 } N) \tag{8-1}$$

随着学习的不断进行，学习率ε将不断减小，邻域也将不断缩小，所有权向量将在输入向量空间相互分离，各自代表输入空间的一类模式，这就是 Koohenn 网络特征自动识别的聚类功能。

8.1.3　进行 SOM 网络拓扑的实战方法

进行 SOM 网络拓扑的实战方法步骤如下。

(1)　将权值赋予小的随机初始值；设置一个较大的初始邻域，并设置网络的循环次数 T。

(2)　给出一个新的输入模式 X_k:X_k={ $X_1 k, X_2 k,\cdots, X_n k$},输入到网络上。

(3)　计算模式 X_k 和所有的输出神经元的距离 d_{jk}，并选择和 X_k 距离最小的神经元 c，即 $X_k- W_c$ =minj{d_{ij}}，则 c 即为获胜神经元。

(4)　更新节点 c 及其邻域节点的连接权值 $W_{ij}(t+1)=W_{ij}(t)+\eta(t)(x_i-W_{ij}(t))$，其中 $0<\eta(t)<1$ 为增益函数，随着时间逐渐减小。

(5)　选取另一个学习模式提供给网络的输入层，返回步骤(3)，直到输入模式全部提供给网络。

(6)　令 $t=t+1$，返回步骤(2)，直至 $t=T$ 为止。

在自组织映射模型的学习中，通常取 $500\leqslant T\leqslant 10\,000$，随着学习次数的增加逐渐减小。增益函数 $\eta(t)$ 也即是学习率。由于学习率 $\eta(t)$ 随时间的增加而渐渐趋向零，因此，保证了学习过程必然是收敛的。

一般要求：

$$\sum_{k=n}^{\infty}\eta(t+k)=\infty\sum_{k=n}^{\infty}\eta\text{^}2(t+k)<\infty \tag{8-2}$$

其中：$0<\eta(t+k)<1$，$k=1,2,\cdots,\infty$。

在实际的权系数自组织过程中，一般对于连续系统取：$\eta(t)=1/t$，对于离散系统，则取：$\eta(t+k)=1/t+k$。

【案例】SOM 神经网络方法与汽轮发电机多故障诊断

1)　神经网络的故障诊断功能

传统的状态监测与故障诊断技术由于过于烦琐无法对风电机组发电机进行状态监测与故障诊断。而神经网络技术的出现，为故障诊断问题提供了一种简单快捷的解决途径。特别是对于在实际中难以建立数学模型的复杂系统，神经网络更显示出其独特的作用。总的来说，神经网络之所以可以成功地应用于故障诊断领域，主要基于以下 3 个方面的原因。

(1)　训练过的神经网络能存储有关过程的知识，能直接从历史故障信息中学习。可以根据对象的日常历史数据训练网络，然后将此信息与当前测量数据进行比较，以确定故障的类型。

(2)　神经网络具有滤除噪声及在有噪声情况下得出正确结论的能力，可以训练人工神经网络来识别故障信息，使其能在噪声环境下有效地工作，这种滤除噪声的能力使得人工神经网络适合在线故障检测和诊断。

(3)　神经网络具有分辨故障原因及故障类型的能力。神经网络中应用最广泛的是 BP 神经网络。用 BP 网络进行故障诊断时，需采用穷举法罗列全部故障信息以建立目标向量来训练网络，这样建立的网络在数据全面的情况下是完全可以满足故障智能诊断任务的。然而在现实中，每一种故障类型及故障位置对应的实际故障波形都得到几乎是不可能的，这是因为现实中提供数据的风电场的同一机型的发电机不可能发生的故障都恰好覆盖所有的故障类型和故障位置，并且对风电场进行状态监测与故障诊断的目的就是在所有故障都发生前就采取措施拯救风力发电机系统以减少损失，如果该风电场的各台风力发电机已经大面积发生故障，再对其进行神经网络分析以减少损失的意义就不大了。

现实中的情况往往是：一个打算进行状态监测与故障诊断的风电场，往往目前只有该种风力发电机正常状态下的运行信号，所需要的神经网络能够清楚地辨别出正常状态下的信号与故障状态下信号的区别，下一步再对可能发生故障的信号进行更细致的分析。为解决这个难题，可以考虑采用 SOM 神经网络(自组织特征映射人工神经网络)。

2) SOM 神经网络

SOM 神经网络是由 Kohonen 教授提出的对神经网络的数值模拟方法。Kohonen 认为神经网络接受外界输入模式时将会分为不同的对应区域。各区域对输入模式有不同的响应特征，而这个过程是自动完成的。SOM 网络模拟大脑神经系统的自组织特征映射功能，是无监督竞争式学习的前馈网络，在训练中能无监督自组织学习。它通过学习可以提取一组数据中的重要特征或某种内在规律，按离散时间方式进行分类。网络可以把任意高维的输入映射到低维空间，并且使得输入数据内部的某些相似性质表现为几何上邻近的特征映射。这样就在输出层映射成一维或二维离散图形并保持其拓扑结构不变。这种分类反映了样本集的本质区别，大大减弱了一致性准则中的人为因素。

3) 诊断实例

以某风电场第一期华创 1500kW 双馈风力发电机作为实验对象。传感器安装有 8 个测点，其中包括对主轴的监测、对齿轮箱齿圈和轴承的监测以及对发电机轴承的监测。此处采用测点 8，即发电机后轴承振动加速度的数据进行分析。选取正常运行机组和故障机组的信号。

首先对两个信号的时域波形图进行对比，可以发现，故障信号的振动幅值要大于正常信号，但并不是很明显，不能辨别信号发生故障与否。

接下来选取正常信号进行 SOM 神经网络训练。为了使 SOM 神经网络的效果更好，将此信号分为 40 个样本。对每个样本进行时域特征提取，最后选取效果最好的 5 个特征值，分别为峰峰值、方差、标准差、脉冲指标和峭度。

将所有这些标准样本知识输入到自组织神经网络系统中去，系统经过训练，反复调整权值，训练完成后得出在输出层映射的结果。设计 SOM 神经网络的输入矢量元素的个数为 5，为获得良好的故障诊断效果和网络学习训练速度，经反复实验比较，设置输出层为 8×8 个(二维)神经元。

因为正常信号运行的征兆是相近的，映射在输出平面的位置也接近，这种特性为 SOM 神经网络所具有的拓扑映射特性。训练完成后，进行模式标记，并记录下网络的联结权值，以待诊断时使用。

将故障信号样本送入已训练好的神经网络中，再将两次样本的 SOM 训练结果显示在一张图上，一个占据右方，一个占据中间偏左边区域，差距较大，效果很明显。因此可以判断信号样本存在故障。

4) 总结

风电场地处环境恶劣的地区，容易发生故障。又因为一个风电场有几十台甚至上百台风力发电机，靠人工对每台风力发电机进行监测分析往往费时费力。将 SOM 神经网络方法应用于风力发电机组的状态监测与故障诊断，经实例分析验证，可以有效地辨别风力发电机的故障状态，为风力发电机组的状态监测和故障诊断提供了一种更加快捷有效的方法。

(资料来源：https://www.docin.com/p-2161970699.html)

8.2　人工神经网络算法

8.2.1　神经元与人工神经网络

神经元，即神经细胞，是神经系统最基本的结构和功能单位。分为细胞体和突起两部分。细胞体由细胞核、细胞膜、细胞质组成，具有联络和整合输入信息并传出信息的作用。突起有树突和轴突两种。树突短而分支多，直接由细胞体扩张突出，形成树枝状，其作用是接收其他神经元轴突传来的冲动并传给细胞体。轴突长而分支少，为粗细均匀的细长突起，常起于轴丘，其作用是接收外来刺激，再由细胞体传出。轴突除分出侧枝外，其末端形成树枝样的神经末梢。末梢分布于某些组织器官内，形成各种神经末梢装置。感觉神经末梢形成各种感受器；运动神经末梢分布于骨骼、肌肉，形成运动终极。

人工神经网络(Artificial Neural Networks，ANN)系统是 20 世纪 40 年代后出现的，它是由众多的神经元可调的连接权值连接而成，具有大规模并行处理、分布式信息存储、良好的自组织自学习能力等特点。

反向传播(Back Propagation，BP)算法，是人工神经网络中的一种有监督式的学习算法。BP 神经网络算法在理论上可以逼近任意函数，基本的结构由非线性变化单元组成，具有很强的非线性映射能力。而且网络的中间层数、各层的处理单元数及网络的学习系数等参数可根据具体情况设定，灵活性很大，在优化、信号处理与模式识别、智能控制、故障诊断等许多领域都有着广泛的应用前景。

1. 工作原理

人工神经元的研究起源于脑神经元学说。19 世纪末，在生物、生理学领域，Waldeger 等人创建了神经元学说。人们认识到复杂的神经系统是由数目繁多的神经元组合而成。大脑皮层包括有 100 亿个以上的神经元，每立方毫米约有数万个，它们互相联结形成神经网络，通过感觉器官和神经接收来自身体内外的各种信息，传递至中枢神经系统内，经过对信息的分析和综合，再通过运动神经发出控制信息，以此来实现机体与内外环境的联系，协调全身的各种机能活动。

神经元也和其他类型的细胞一样，包括有细胞膜、细胞质和细胞核。但是神经细胞的形态比较特殊，具有许多突起，因此又分为细胞体、轴突和树突三部分。细胞体内有细胞核，突起的作用是传递信息。树突是作为引入输入信号的突起；而轴突是作为输出端的突起，它只有一个。

树突是细胞体的延伸部分，它由细胞体发出后逐渐变细，全长各部位都可与其他神经元的轴突末梢相互联系，形成所谓的“突触”。在突触处两神经元并未连通，它只是发生信息传递功能的结合部，联系界面之间间隙约为(15～50)×10m。突触可分为兴奋性与抑制性两种类型，它相应于神经元之间耦合的极性。每个神经元的突触数目正常，最高可达 10 个。各神经元之间的连接强度和极性有所不同，并且都可调整，基于这一特性，人脑具有存储信息的功能。利用大量神经元相互联结组成人工神经网络可显示出人的大脑的某些特征。

人工神经网络是由大量的简单基本元件——神经元相互联结而成的自适应非线性动态系统。每个神经元的结构和功能比较简单，但大量神经元组合产生的系统行为却非常复杂。

人工神经网络反映了人脑功能的若干基本特性，但并非生物系统的逼真描述，只是某种模仿、简化和抽象。

与数字计算机比较，人工神经网络在构成原理和功能特点等方面更加接近人脑，它不是按给定的程序一步一步地执行运算，而是能够自身适应环境、总结规律、完成某种运算、识别或进行过程控制。

人工神经网络首先要以一定的学习准则进行学习，然后才能工作。现以人工神经网络对于写 A，B 两个字母的识别为例进行说明，规定当输入 A 到网络时，应该输出“1”，而当输入为 B 时，输出为“0”。

所以网络学习的准则应该是：如果网络作出错误的判决，则通过网络的学习，应使得网络减少下次犯同样错误的可能性。首先，给网络的各连接权值赋予(0，1)区间内的随机值，将 A 所对应的图像模式输入给网络，网络将输入模式加权求和、与门限比较、再进行非线性运算，得到网络的输出。在此情况下，网络输出为“1”和“0”的概率各为 50%，也就是说是完全随机的。这时如果输出为“1”(结果正确)，则使连接权值增大，以便使网络再次遇到 A 模式输入时，仍然能做出正确的判断。

如果输出为“0”(即结果错误)，则把网络连接权值朝着减小综合输入加权值的方向调整，其目的在于使网络下次再遇到 A 模式输入时，减小犯同样错误的可能性。如此操作调整，当给网络轮番输入若干个手写字母 A，B 后，经过网络按以上学习方法进行若干次学习后，网络判断的正确率将大大提高。这说明网络对这两个模式的学习已经获得了成功，它已将这两个模式分布地记忆在网络的各个连接权值上。当网络再次遇到其中任何一个模式时，能够做出迅速、准确的判断和识别。一般说来，网络中所含的神经元个数越多，则它能记忆、识别的模式也就越多。

2. 特点

(1) 人类大脑有很强的自适应与自组织特性，后天的学习与训练可以开发许多各具特色的活动功能。如盲人的听觉和触觉非常灵敏；聋哑人善于运用手势；训练有素的运动员可以表现出非凡的运动技能；等等。

普通计算机的功能取决于程序中给出的知识和能力。显然，对于智能活动要通过总结编制程序将十分困难。

人工神经网络也具有初步的自适应与自组织能力。在学习或训练过程中改变突触权重值，以适应周围环境的要求。同一网络因学习方式及内容不同可具有不同的功能。人工神经网络是一个具有学习能力的系统，可以发展知识，以至超过设计者原有的知识水平。通常，它的学习训练方式可分为两种，一种是有监督学习或称有导师的学习，这时利用给定的样本标准进行分类或模仿；另一种是无监督学习或称无导师的学习，这时，只规定学习方式或某些规则，则具体的学习内容随系统所处环境(即输入信号情况)而异，系统可以自动发现环境特征和规律性，具有更近似人脑的功能。

(2) 泛化能力。泛化能力指对没有训练过的样本，有很好的预测能力和控制能力。特别是，当存在一些有噪声的样本时，网络具备很好的预测能力。

(3) 非线性映射能力。当系统对于设计人员来说，很透彻或者很清楚时，则一般利用数值分析、偏微分方程等数学工具建立精确的数学模型。但当系统很复杂，或者系统未知，系统信息量很少，建立精确的数学模型很困难时，神经网络的非线性映射能力则表现出优势。因为它不需要对系统进行透彻的了解，但是同时能达到输入与输出的映射关系，这就可以大大简化设计的难度。

(4) 高度并行性。并行性具有一定的争议性。承认具有并行性的理由：神经网络是根据人的大脑而抽象出来的数学模型，由于人可以同时做一些事，因此从功能的模拟角度看，神经网络也应具备很强的并行性。

多年以来，人们企图从医学、生物学、生理学、哲学、信息学、计算机科学、认知学、组织协同学等各个角度认识并解答上述问题。在寻找上述问题答案的研究过程中，这些年来逐渐形成了一个新兴的多学科交叉技术领域，称之为“神经网络”。神经网络的研究涉及众多学科领域，这些领域互相结合、相互渗透并相互推动。不同领域的科学家又从各自学科的兴趣与特色出发，提出不同的问题，从不同的角度进行研究。

3. 人工神经网络与通用的计算机工作特点的对比

人工神经网络与通用的计算机工作特点的对比，表现为以下几点。

(1) 若从速度的角度出发，人脑神经元之间传递信息的速度要远低于计算机，前者为毫秒量级，而后者的频率往往可达几百兆赫兹。但是，由于人脑是一个大规模并行与串行组合处理系统，因而，在许多问题上可以做出快速判断、决策和处理，其速度则远高于串行结构的普通计算机。人工神经网络的基本结构模仿人脑，具有并行处理特征，可以大大提高工作速度。

(2) 人脑存储信息的特点为利用突触效能的变化来调整存储内容，也即信息存储在神经元之间连接强度的分布上，存储区与计算机区合为一体。虽然人脑每日有大量神经细胞死亡(平均每小时约一千个)，但不影响大脑的正常思维活动。

(3) 普通计算机具有相互独立的存储器和运算器，知识存储与数据运算互不相关，只有通过人编出的程序使之沟通，这种沟通不能超越程序编制者的预想。元器件的局部损坏及程序中的微小错误都可能引起严重的失常。

8.2.2 BP 算法的网络结构与反向传播

BP 算法是适合于多层神经元网络的一种学习算法，它建立在梯度下降法的基础上。BP 网络的输入输出关系实质上是一种映射关系：一个 n 输入 m 输出的 BP 神经网络所完成的功能是从 n 维欧氏空间向 m 维欧氏空间中——有限域的连续映射，这一映射具有高度非线性。它的信息处理能力来源于简单非线性函数的多次复合，因此具有很强的函数复现能力。这是 BP 算法得以应用的基础。

BP 算法是一种有监督式的学习算法，其主要思想是：输入学习样本，使用反向传播算法对网络的权值和偏差进行反复的调整训练，使输出的向量与期望向量尽可能地接近，当网络输出层的误差平方和小于指定的误差时训练完成，保存网络的权值和偏差。

具体步骤如下。

(1) 初始化，随机给定各连接权[w],[v]及阈值 θ_i，r_t。

(2) 由给定的输入输出模式对计算隐层、输出层各单元输出：

$$b_j=f(w_{ij}a_i-\theta_j) \tag{8-3}$$

$$c_t=f(v_{jt}b_j-r_t) \tag{8-4}$$

式(8-3)中：b_j 为隐层第 j 个神经元实际输出；w_{ij} 为输入层至隐层的连接权。

式(8-4)中：c_t 为输出层第 t 个神经元的实际输出；v_{jt} 为隐层至输出层的连接权。

$$d_{tk}=(y_{tk}-c_t)c_t(1-c_t) \tag{8-5}$$

式(8-5)中，d_{tk} 为输出层的校正误差；式(8-6)中，e_{jk} 为隐层的校正误差。

$$e_{jk}=[d_t v_{jt}]\ b_j(1-b_j) \tag{8-6}$$

(3) 选取下一个输入模式对返回第(2)步反复训练直到网络的输出误差达到要求结束训练。

传统的 BP 算法，实质上是把一组样本输入/输出问题转化为一个非线性优化问题，并通过负梯度下降算法，利用迭代运算求解权值问题的一种学习方法。但其收敛速度慢且容易陷入局部极小，为此提出了一种新的算法，即高斯消元法。

【案例】 BP 算法应用

人工神经网络在热门的人工智能领域有着很多很好的应用。在应用上，Python 利用 keras 和 TensorFlow 可以完成人工神经网络的模型建立和使用。

BP 人工神经网络实现预测(分类)的基本过程如下：

(1) 读取数据；

(2) 使用 keras.models import Sequential 和 keras.layers.core import Dense Activation 的模块；

(3) 使用 Sequential 建立模型；

(4) 使用 Dense 建立层；

(5) 使用 Activation 激活函数；

(6) 使用 compile 模型编译；

(7) fit 训练(学习)；

(8) 验证预测。

准备好数据，并将数据处理为规定类型，然后利用 BP 人工神经网络模型实现的核心代码如下：

```
#使用人工神经网络模型
from keras.models import Sequential
from keras.layers.core import Dense Activation
model=Sequential()
#输入层
model.add(Dense(10,input_dim=len(x2[0]))) #input_dim 特征数
model.add(Activation("relu"))
#输出层
model.add(Dense(1,input_dim=1))
model.add(Activation("sigmoid"))
#模型的编译
model.compile(loss="binary_crossentropy",optimizer="adam",class_mode
="binary") #损失函数
#训练
model.fit(x2,y2,nb_epoch=200,batch_size=100)  #训练次数 epoch  p 大小，调
整准确率
#预测分类
rst=model.predict_classes(x).reshape(len(x))
```

利用 BP 人工神经网络实现手写体数字识别的核心代码如下：

```
#数据的读取与整理
#加载数据
def datatoarray(fname):
    arr=[]
    fh=open(fname)
    for i in range(0,32):
        thisline=fh.readline()
        for j in range(0 , 32):
            arr.append(int(thisline[j]))
    return arr
#建立一个函数取出 labels
def seplabel(fname):
    filestr=fname.split(".")[0]
    label=int(filestr.split("_")[0])
    return label
#建立训练数据
def traindata():
    labels=[]
    trainfile=os.listdir("./traindata")
    num=len(trainfile)
    trainarr=npy.zeros((num,1024))
    for i in range(num):
        thisfname=trainfile[i]
        thislabel=seplabel(thisfname)
        labels.append(thislabel)
        trainarr[i,]=datatoarray("./traindata/"+thisfname)
```

```
    return trainarr,labels
trainarr,labels=traindata()
xf=pda.DataFrame(trainarr)
yf=pda.DataFrame(labels)
tx2=xf.as_matrix().astype(int)
ty2=yf.as_matrix().astype(int)
#使用人工神经网络模型
from keras.models import Sequential
from keras.layers.core import Dense Activation
model=Sequential()
#输入层
model.add(Dense(10,input_dim=1024))
model.add(Activation("relu"))
#输出层
model.add(Dense(1,input_dim=1))
model.add(Activation("sigmoid"))
#模型的编译
model.compile(loss="mean_squared_error",optimizer="adam")
#训练
model.fit(tx2,ty2,nb_epoch=10000,batch_size=6)
#预测分类
#与上述训练数据一样，可将测试数据相同处理后利用 predict—classes 方法预测分类。
```

(资料来源：https://blog.csdn.net/Nonoroya_Zoro/article/details/81105255)

小　　结

本章系统讲解自组织神经网络算法与人工神经网络算法。自组织神经网络是通过自动寻找样本中的内在规律和本质属性，自组织、自适应地改变网络参数与结构；SOM 算法目前广泛应用于语音识别、图像处理、分类聚类、组合优化(如 TSP 问题)、数据分析和预测等众多信息处理领域。人工神经网络系统是模仿神经元系统，由众多的神经元可调的连接权值连接而成，具有大规模并行处理、分布式信息存储、良好的自组织自学习能力等特点。BP 算法是人工神经网络中的一种监督式的学习算法，是适合于多层神经元网络的一种学习算法。

第 9 章　互联网大数据分析应用——产品个性化推荐系统

9.1　推荐算法基本逻辑与常用推荐算法类型

9.1.1　推荐算法的基本运行逻辑

“推荐”在生活中是一个再平常不过的事情，你失业了，有人会给你推荐工作；你失恋了，有人会给你推荐对象。但是在我们这个机器远没有人类聪明的时代，这些事情要是交给机器去做，你就得设计一套机器能理解的算法，这就是所谓的推荐算法。大家看到算法两个字不要慌，以为我又要搬一个大东西出来吓唬人。你可以把算法看作现实生活中的办事流程，它规定了你第一步干什么，第二步干什么，只要你按它说的做，就可以把事情办好。举个例子，你现在要做一个推荐电影的 App，我们来看下整个过程是怎样的。

推荐系统中相似度计算可以说是基础中的基础了，因为基本所有的推荐算法都是在计算相似度，如用户相似度或者物品相似度。这里罗列一下各种相似度计算方法和适用点。余弦相似度如公式(9-1)所示。

1. 余弦相似度

$$\text{相似度(Similarity)}=\cos(\theta)=\frac{A\bullet B}{\|A\|\|B\|}=\frac{\sum_{i=1}^{n}A_i\times B_i}{\sqrt{\sum_{i=1}^{n}(A_i)^2}\times\sqrt{\sum_{i=1}^{n}(B_i)^2}} \tag{9-1}$$

这个基本上是最常用的，最初用于计算文本相似度效果很好。由于余弦相似度表示方向上的差异，对距离不敏感，因此有时候也关心距离上的差异会先对每个值都减去一个均值，这样称为调整余弦相似度。

2. 欧式距离

欧式距离如公式(9-2)所示，基本上就是两个点的空间距离。

$$d(x,y):=\sqrt{(x_1-y_1)^2+(x_2-y_2)^2+\cdots+(x_n-y_n)^2}=\sqrt{\sum_{i=1}^{n}(x_i-y_i)^2} \tag{9-2}$$

图 9-1 显现出了它和余弦相似度的区别。欧式距离更多考虑的是空间中两条直线的距离，而余弦相似度关心的是空间夹角。所以欧氏距离能够体现个体数值特征的绝对差异，因此更多地用于需要从维度的数值大小中体现差异的分析，如使用用户行为

指标分析用户价值的相似度或差异。

余弦距离更多的是从方向上区分差异，而对绝对的数值不敏感，更多的用于使用用户对内容评分来区分兴趣的相似度和差异，同时修正了用户间可能存在的度量标准不统一的问题(因为余弦距离对绝对数值不敏感)。

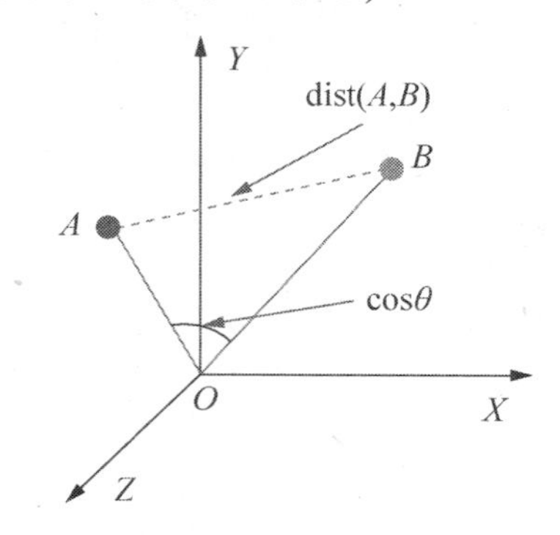

图 9-1　欧式距离和余弦距离的区别

3. 皮尔逊相关性

公式(9-3)中，总体相关系数常用希腊小写字母ρ作为代表符号。

$$\rho_{X,Y}=\frac{\operatorname{cov}(X,Y)}{\sigma_X\sigma_Y}=\frac{E[(X-\mu_X)(Y-\mu_Y)]}{\sigma_X\sigma_Y} \tag{9-3}$$

估算样本的协方差和标准差，可得到样本相关系数(样本皮尔逊系数)，常用英文小写字母 r 表示，如公式(9-4)所示：

$$r=\frac{\sum_{i=1}^{n}(X_i-\bar{X})(Y_i-\bar{Y})}{\sqrt{\sum_{i=1}^{n}(X_i-\bar{X})^2}\sqrt{\sum_{i=1}^{n}(Y_i-\bar{Y})^2}} \tag{9-4}$$

从公式(9-4)可以看出，其实就是调整的余弦相似度，因为在推荐系统中均值分为用户的均值和物品的均值，这里相当于是物品的均值。

4. 斯皮尔曼等级相关系数

斯皮尔曼等级相关系数(Spearman Rank Correlation，SRC)被定义成等级变量之间的皮尔逊相关系数。对于样本容量为 n 的样本，n 个原始数据 X_i,Y_i 被转换成等级数据 x_i,y_i，相关系数ρ为：

$$\rho=\frac{\sum_{i}(x_i-\bar{x})(y_i-\bar{y})}{\sqrt{\sum_{i}(x_i-\bar{x})^2\sum_{i}(y_i-\bar{y})^2}} \tag{9-5}$$

实际应用中，变量间的连接是无关紧要的，被观测的两个变量的等级的差值 $d_i=x_i-y_i$，则ρ为：

$$\rho = 1 - \frac{6\sum d_i^2}{n(n^2-1)} \tag{9-6}$$

举一个智商与每周花在电视上的时间的关系的例子，如表 9-1 所示。

表 9-1　智商与每天所花时间在电视上的关系

智商(X_i)	每周花在电视上的小时数(Y_i)	等级 x_i	等级 y_i	d_i	d_i^2
86	0	1	1	0	0
97	20	2	6	−4	16
99	28	3	8	−5	25
100	27	4	7	−3	9
101	50	5	10	−5	25
103	29	6	9	−3	9
106	7	7	3	4	16
110	17	8	5	3	9
112	6	9	2	7	49
113	12	10	4	6	36

根据 d_i^2 计算 $\sum d_i^2$ =194，样本容量 n=10。将这些值代入方程，得ρ=−0.175757575…。

ρ的值很小，表明上述两个变量的关系很小。原始数据不能用于此方程中，相应地，应使用皮尔逊相关系数计算等级。

上述思路不考虑数据本身，只考虑变量间的排名顺序，理论上 SRC 可以避免对 rating 进行标准化的问题。

5. 平均平方差异

平均平方差异(Mean Square Displacement，MSD)，指均方位移，其计算公式如式(9-7)所示。

$$\text{MSD}(u,v) = \frac{|I_{uv}|}{\sum_{i \in I_{uv}} (r_{ui} - r_{vi})^2} \tag{9-7}$$

计算两个用户在打分中的均方差，表现比皮尔逊相关性差，因为它没有考虑到用户偏好或产品的被欣赏程度之间的负相关。

6. Jaccard 距离和 Dice 系数

从式(9-8)可以看出，Jaccard 距离是两个集合的交集除以并集，比如文本相似度可以用出现相同词的个数进行计算。

$$J(X,Y) = \frac{|X \cap Y|}{|X| \cup |Y|} \tag{9-8}$$

9.1.2 五种常用的推荐算法

常用推荐算法大致可分为以下 5 种：基于流行度的算法，协同过滤算法，基于内容的算法，基于模型的算法，混合算法。

1. 基于流行度的算法

基于流行度的算法非常简单粗暴，类似于各大新闻、微博热榜等，根据 PV、UV、日均 PV 或分享率等数据来按某种热度排序来推荐给用户。

这种算法的优点是简单，适用于刚注册的新用户；缺点是它无法针对用户提供个性化的推荐。基于这种算法也可做一些优化，比如加入用户分群的流行度排序，例如把热榜上的体育内容优先推荐给体育迷，把政要热文推给热爱谈论政治的用户。

2. 协同过滤算法

协同过滤算法是很常用的一种算法，在很多电商网站上都有用到。以下介绍基于用户的协同过滤算法。

基于用户的协同过滤算法原理是：分析各个用户对 Item 的评价(通过浏览记录、购买记录等)；依据用户对 Item 的评价计算得出所有用户之间的相似度；选出与当前用户最相似的 N 个用户；将这 N 个用户评价最高并且当前用户又没有浏览过的 Item 推荐给当前用户。

3. 基于内容的算法

协同过滤算法看似很强大，通过改进也能克服各种缺点。但如果我是个《指环王》的忠实读者，我买过一本《双塔奇兵》，这时库里新进了第三部《王者归来》，那么显然我会很感兴趣。然而基于之前的算法，无论是用户评分还是书名的检索都不太好使，于是基于内容的推荐算法呼之欲出。

之后再计算向量距离，便可以得出该用户和新闻的相似度了。这种方法很简单，如果在为一名热爱观看英超联赛的足球迷推荐新闻时，新闻里同时存在关键词：体育、足球、英超，显然匹配前两个词都不如直接匹配英超来得准确，系统该如何体现出关键词的这种“重要性”呢？这时我们便可以引入词权的概念。在大量的语料库中通过计算(比如典型的 TF-IDF 算法)，我们可以算出新闻中每一个关键词的权重，在计算相似度时引入这个权重的影响，就可以达到更精确的效果。

然而，经常接触体育新闻方面数据的同学就要提出问题了：要是用户的兴趣是足球，而新闻的关键词是德甲、英超，按照上面的文本匹配方法显然无法将他们关联到一起。在此，我们可以引用话题聚类。

利用 Word2vec 一类工具，可以将文本的关键词聚类，然后根据 Topic 将文本向量化。如可以将德甲、英超、西甲聚类到“足球”的 Topic 下，将 LV、GUCCI 聚类到“奢侈品”的 Topic 下，再根据 Topic 为文本内容与用户作相似度计算。

综上，基于内容的推荐算法能够很好地解决冷启动问题，并且也不会囿于热度的限制，因为它是直接基于内容匹配的，而与浏览记录无关。然而它也会存在一些弊端，比如过度专业化的问题，这种方法会一直推荐给用户内容密切关联的 Item，而失去了推荐内容的多样性。

4. 基于模型的算法

基于模型的算法有很多，用到的诸如机器学习的方法也可以很深，此处介绍一种相对简单的 Logistics 回归预测方法。我们通过分析系统中用户的行为和购买记录等数据，得到一个如表 9-2 所示的记录表。

表 9-2　物品与影响用户行为的特征的关系

	x_1	x_2	x_3	…	x_n	y
item 1	x	x	x	…	x	1
item 2	x	x	x	…	x	0
⋮	⋮	⋮	⋮	⋮	⋮	⋮
item n	x	x	x	…	x	?

表 9-2 中的行表示一种物品，x_1～x_n 是影响用户行为的各种特征属性，如用户年龄段、性别、地域、物品的价格、类别等，y 则是用户对于该物品的喜好程度，可以是购买记录、浏览、收藏等。通过大量这类的数据，我们可以回归拟合出一个函数，计算出 x_1～x_n 对应的系数，这即是各特征属性对应的权重，权重值越大则表明该属性对于用户选择商品越重要。

在拟合函数的时候我们会想到，单一的某种属性和另一种属性可能并不存在强关联。比如，年龄与购买护肤品这个行为并不呈强关联，性别与购买护肤品也不强关联，但当我们把年龄与性别综合在一起考虑时，它们便和购买行为产生了强关联。例如，20～30 岁的女性用户更倾向于购买护肤品，这就叫交叉属性。通过反复测试和经验，我们可以调整特征属性的组合，拟合出最准确的回归函数。

基于模型的算法由于快速、准确，适用于实时性比较高的业务，如新闻、广告等，而若是需要这种算法达到更好的效果，则需要人工干预反复地进行属性的组合和筛选，也就是常说的特征工程(Feature Engineering)。而由于新闻的时效性，系统也需要反复更新线上的数学模型，以适应变化。

5. 混合算法

在实际应用中，直接用某种算法来做推荐的系统较少。在一些大的网站如 Netflix，就是融合了数十种算法的推荐系统。我们可以通过给不同算法的结果加权重来综合结果，或者是在不同的计算环节中运用不同的算法来混合，达到更贴合自己业务的目的。

在算法最后得出推荐结果之后，我们往往还需要对结果进行处理。比如当推荐的内容里包含敏感词汇、涉及用户隐私的内容等，就需要系统将其筛除；若数次推荐后用户依然对某个 Item 不感兴趣，我们就需要将这个 Item 降低权重，调整排序；另外，有时系统还要考虑话题多样性的问题，同样要在不同话题中筛选内容。

9.2 打造互联网产品个性化推荐引擎实战攻略

9.2.1 基于内容关联的个性化推荐系统打造方法

随着商场信息化的建设，商场积累了大量的销售数据。面对海量销售数据和大量繁杂信息，如何从数据海洋中提取有价值的知识，为商场的管理提供决策支持，提高商场的竞争力，已经成为商场管理者关注的热点。在这一背景下，数据挖掘技术应运而生。数据挖掘技术就是从大量的数据中挖掘出有效的、新颖的和潜在有用的知识，目的是为企业的管理决策提供支持。

在数据挖掘的知识模式中，关联规则挖掘是非常重要的一种，也是非常活跃的一个分支。关联规则挖掘能发现大量数据中项目集之间有趣的关联或相关关系。随着大量数据不断地被收集和存储，许多业界人士对于从他们的数据库中挖掘关联规则越来越感兴趣。从大量商务事务记录中发现有趣的关联关系，可以帮助许多商务决策的制定，如分类设计、交叉购物和促销分析。关联规则可以广泛应用到商场、金融、政府、通信等各个领域。推荐系统就是根据用户个人的喜好、习惯来向其推荐商品信息的程序。最初的研究动机来自 Internet 带来的信息爆炸。通常人们借助于搜索引擎来寻找所需的内容，但大多数用户很难用几个简短的关键字来准确地描述自己的需要，其结果是要么得不到任何结果，要么不得不在返回的一长串列表中逐个查看。于是设想让一个程序来揣摩用户的心理，观察什么是用户喜欢的，什么是用户不喜欢的，然后自动地为用户筛选出与喜欢的模式匹配的内容，过滤掉那些与不喜欢的模式匹配的内容。要解决这一问题，传统的数据库技术已经很难满足商场管理者的需求。

1. 什么是推荐系统

电子商务网站可以使用推荐系统分析客户的消费偏好，向每个客户具有针对性地推荐产品，帮助用户从庞大的商品目录中挑选真正适合自己的商品。推荐系统在帮助了客户的同时也提高了顾客对商务活动的满意度，换来对商务网站的进一步支持。一般说来，推荐系统在电子商务活动中的作用可以归纳为以下几点。

1) 帮助用户检索有用信息

已有明确购物目标的客户也许可以借助检索系统找到自己需要的东西，但对于大多数只是四处逛逛看一看的冲浪者，或是对自己的需要比较模糊的购买者，很难有耐心在几十页长的商品目录中逐项查找是否有自己感兴趣的东西。而推荐系统通过合适的推荐，可以将一个浏览者变为购买者。

2) 促进销售

在用户购买过程中，推荐系统根据购物车中已有的东西向用户提供其他有价值的商品推荐，用户能够从提供的推荐列表中购买自己确实需要但在购买过程中没有想到的商品，可以有效地提高电子商务系统的交叉销售和向上销售，提供客户正追求的更好的商品或服务。

3)　个性化的服务

一个成功的推荐系统实际为每个顾客建立了一个自己的商店，网站的内容根据每个客户的特点进行调整。

4)　提高客户忠诚度

个性化的服务在商家与顾客之间建立起了一条牢固的纽带，顾客越多地使用推荐系统可以更适合顾客的需要，将顾客更多地吸引到自己的网站，与顾客建立长期稳定的关系，从而能有效保留用户，防止用户流失。

作为电子商务站点来说，获得了用户的频繁查找路径信息只是电子商务站点走向成功的第一步。即浏览用户可能正在查找一些商品信息，还需要进一步分析有多少查找用户最终会转换为购买者，以赢得电子商务站点的最终目标即查找用户转换为购买者。因此，需要对这些数据集商品信息、用户对商品的评价信息进行有效的分析，发现用户感兴趣的商品，并向合适的用户提供合适的推荐项，使用户尽可能转换为客户。对于一些经常购买商品的客户，也要通过数据挖掘技术发现他们的潜在需要，以保持他们的忠诚度，从而增加电子商务站点的成功。如何使查找者转为购买者，并成为一些有吸引力的优势项的忠实客户，实时地推荐最具吸引力的项就成为推荐系统的关键部分。

用户资料库存储了大量用户的统计信息以及用户对某些商品的评价信息。在挖掘之前，可以将用户对这些对象的评价信息映射为多个(0，1)之间的值，依评价信息的不同程度(如：好、较好、一般、差、较差)分为 5 个档次，分别对应一个不同的兴趣度值(1.0、0.8、0.6、0.4、0.2)。如果用户没有对某对象做出评价，可以将其兴趣值处理为 0。

用户的资料信息可以从用户登录页面时要求选择或输入有关项的评价信息中获取，它与用户的爱好、观念是紧密相连的，并且这些数据要不断保持更新。在实践中，若能得到大量的用户信息且提高数量质量，并定期维护用户数据库，则推荐的效果更明显。偏好信息库存储了诸如客户的购买历史等信息，以平面文件的形式表示出来，由于大多数的销售资料是匿名的、汇总过的数据，不利于描述个别的消费行为。

对被推荐项的兴趣的度量主要通过用户对这些项的点击次数或购买次数来衡量，将次数分别累计并各自保存在基本的代理中。作为决策代理，它要根据两个基本代理在各个推荐项上的累计次数来更新推荐代理的权值(各推荐项来自哪个代理已经被标记)，因此，若推荐项被点击的次数越多则该推荐代理的权重相应增加(即可信度增加)，意味着这些项的被推荐率更大。整个过程在用户的评价及反馈，以及系统的监视之中。最后，决策代理从中选出前项进行推荐，并增加其他一些 URL 生成推荐页面。

各个代理承担着不同的职责，不同代理的描述如下。

(1)　内容代理：根据用于描述这些项的文本信息的关键词进行分析并建立一个用户配置，当用户提出推荐请求时，内容代理抽取用户配置并计算已知项与其他项之间的相似性。由于这些项以关键词向量的形式表示，因此这些新的相似项的预测值可以由余弦函数计算得到，所以适合推荐内容丰富的页面。

(2) 联合代理：基于相似用户的偏好数据进行分析，并预测在某些项上用户的偏好。因为这种方法不必分析文本信息，所以适合对包含多媒体信息的项进行推荐，比如电影、音乐主题等。

(3) 决策代理：根据两个基本代理的推荐项进行协调处理，包括对它们的权重的更新。

2. 关联规则推荐算法

基于关联规则的推荐算法可以分为离线的关联规则推荐模型建立阶段和在线的关联规则推荐模型应用阶段。离线阶段使用各种关联规则挖掘算法建立关联规则推荐模型，这一步比较费时，但可以根据离线周期建立的关联规则推荐模型和用户的购买行为向用户提供实时的推荐服务。

使用关联规则推荐算法产生最值得推荐的 N 种商品算法步骤如下。

(1) 根据交易数据库中每个用户购买过的所有商品的历史交易数据创建每个用户的事务记录，构造事务数据库。

(2) 使用各种关联规则挖掘算法对构造的事务数据库进行关联规则挖掘，得到满足最小支持度和最小置信度的所有关联规则，记为关联规则集合 R。

(3) 对每个当前用户 USER，设置一个候选推荐集 PU，并将候选推荐集 PU 初始化为空。

(4) 对每个当前用户 USER，搜索关联规则集合 R 找出该用户支持的所有关联规则集合 RI，即关联规则左部的所有商品出现在用户 USER 的当前购买数据和历史交易记录中。

(5) 将关联规则集合 RI 右部的所有商品加入候选推荐集 PU。

(6) 从候选推荐集 PU 中，删除用户已经购买过的商品。

(7) 根据关联规则集合 RI 的置信度对候选推荐集 PU 中所有候选项进行排序，如果一个项在多条关联规则中出现，则选择置信度最高的关联规则作为排序标准。

(8) 从候选推荐集 PU 中选择置信度最高的前 N 个项作为推荐结果返回给当前用户 USER。

9.2.2 基于用户行为的协同过滤算法实战流程

基于邻域的推荐算法是推荐系统中最基本的算法，该算法分为两大类：基于用户的协同过滤算法和基于物品的协同过滤算法。相比于基于用户的协同过滤算法，基于物品的协同过滤算法在工业界应用更多，因为基于用户的协同过滤算法主要有两个缺点：①随着网站的用户数目越来越大，计算用户数的相似度将会越来越困难，其运算的时间复杂度和空间复杂度基本和用户的增长数成平方关系；②基于用户的协同过滤算法很难对推荐结果做出解释。

采用协同过滤算法对用户进行推荐，可帮助用户从海量数据中快速发现感兴趣的内容。分析过程如下：

(1) 从系统中获取用户访问网站的原始记录；

(2) 对数据进行多维度分析，包括用户访问内容、流失用户分析以及用户分类等；

(3) 对数据进行预处理，以用户访问以 html 为扩展名的网页为关键条件，对数据进行处理；

(4) 对比多种推荐算法进行推荐，通过模型评价得到比较好的智能推荐模型，对数据进行预测。

1. 从数据库导入数据

从数据库导入数据的核心代码如下：

```
import pandas as pd
from sqlalchemy import create_engine
engine=create_engine('mysql+mysqlconnector://root:liuying0131@localh
ost:3306/ch12law')
sql = pd.read_sql('all_gzdata', engine, chunksize = 10000)
```

2. 数据探索——网页类型统计

网页类型统计的核心代码如下：

```
counts = [ i['fullURLId'].value_counts() for i in sql]  #逐块统计
counts = pd.concat(counts).groupby(level=0).sum()
#level=0 表明合并统计结果，把相同的统计项合并(即按 index 分组并求和)；concat 首尾
相接，表示将所有的 counts 上下连接起来
counts = counts.reset_index()  /*重新设置 index，将原来的 index 作为 counts
的一列*/
counts.columns = ['index', 'num']  #重新设置列名，主要是第二列，默认为 0
counts['type'] = counts['index'].str.extract('(\d{3})')  #提取前三个数字
作为类别 id
counts_ = counts[['type', 'num']].groupby('type').sum()  #按类别合并
counts_['ratio']=counts_/counts_.sum()  #增加比例列
counts_.sort_values('num', ascending = False)  #降序排列
```

结果显示：

```
            num          ratio
type
101         411665       0.491570
199         201426       0.240523
107         182900       0.218401
301         18430        0.022007
102         17357        0.020726
106         3957         0.004725
```

```
103          1715          0.002048
```

由此可以看出，type 为 101 这条数据几乎占了 50%的比例。

以下介绍统计类别的函数的使用。

```
#统计其他类别的情况
def counts_type(type):
    counts_type=counts[counts['type']==type][['index', 'num']]
    counts_type['ratio']=counts_type['num']/counts_type['num'].sum()
    return counts_type.sort_values('num', ascending = False)
counts_type('102')

#统计 107 类别的情况
sql = pd.read_sql('all_gzdata', engine, chunksize = 10000)
def count107(i):  #自定义统计函数
  j = i[['fullURL']][i['fullURLId'].str.contains('107')].copy()  #找出
类别包含 107 的网址
  j['type'] = None  #添加空列
  j['type'][j['fullURL'].str.contains('info/.+?/')] = u'知识首页'
  j['type'][j['fullURL'].str.contains('info/.+?/.+?')] = u'知识列表页'
  j['type'][j['fullURL'].str.contains('/\d+?_*\d+?\.html')] = u'知识内
容页'
  return j['type'].value_counts()
counts2 = [count107(i) for i in sql]  #逐块统计
counts2 = pd.concat(counts2).groupby(level=0).sum()  #合并统计结果
ratio= counts2/counts2.sum()
pd.DataFrame([counts2,ratio]).T
```

结果显示：

```
                type          type
知识内容页    164243.0      0.897993
知识列表页      9656.0      0.052794
  知识首页      9001.0      0.049213
```

在查看数据过程中，看到有些用户没有点击具体的页面(以 html 为扩展名)，他们主要点击的是目录网页，这样的用户行为可以称为“瞎逛”。“瞎逛”统计的操作代码如下：

```
#瞎逛统计
sql = pd.read_sql('all_gzdata', engine, chunksize = 10000)
counts5=[i['fullURLId'][(i['fullURL'].str.contains('html'))==0].value_
counts() for i in sql] #没有点击以.html 为扩展名的具体页面
counts5= pd.concat(counts5).groupby(level=0).sum()
counts5 = pd.DataFrame(counts5)
counts5['type'] = counts5.index.str.extract('(\d{3})') #提取前三个数字作
为类别 id
```

```
counts5_ = counts5[['type', 'fullURLId']].groupby('type').sum() #按类别合并
counts5_['ratio']=counts5_/counts5_.sum() #增加比例列
counts5_.sort_values('fullURLId', ascending = False) #按类型编码顺序排序

#点击次数统计
sql = pd.read_sql('all_gzdata', engine, chunksize = 10000)
c = [i['realIP'].value_counts() for i in sql] #统计各个 IP 出现次数
count6 = pd.concat(c).groupby(level=0).sum()  #合并统计结果
count6 = pd.DataFrame(count6) #将 Series 转为 DataFrame
count6[1] = 1 #添加一列全为 1
count6_=count6.groupby('realIP').sum() #统计各个不同点击数出现的次数
count6_['ratio1']=count6_[1]/count6_[1].sum()
count6_['ratio2']=count6_[1]*count6_.index/(count6_[1]*count6_.index).sum()
count6_.head(10)
```

结果显示：

```
             1         ratio1         ratio2
realIp
  1       132119      0.574059       0.157763
  2        44175      0.191941       0.105499
  3        17573      0.076355       0.062952
  4        10156      0.044128       0.048509
  5         5952      0.025862       0.035536
  6         4132      0.017954       0.029604
  7         2632      0.011436       0.022000
  8         2008      0.008725       0.019182
  9         1482      0.006439       0.015927
  10        1253      0.005444       0.014962
```

从结果中看出，80%的用户只提供了 30%的浏览量，点击次数最大值为 42 790 次，是律师浏览的信息。

3. 数据预处理

数据预处理方法如下：

```
for i in sql:
  d = i[['realIP', 'fullURL']] #只要网址列
  d = d[d['fullURL'].str.contains('\.html')].copy() #只要含有.html 的网址
  #保存到数据库的 cleaned_gzdata 表中(如果表不存在则自动创建)
  d.to_sql('cleaned_gzdata', engine, index = False, if_exists = 'append')
```

因为用户在浏览网页时存在翻页的情况，不同的网址属于同一类型的网页，针对这些网页需要还原其原始类别，方法如下：

```
for i in sql: #逐块变换并去重
```

```
        d = i.copy()
        d['fullURL'] = d['fullURL'].str.replace('_\d{0,2}.html', '.html') #
将下画线后面部分去掉，规范为标准网址
        d = d.drop_duplicates() #删除重复记录
        d.to_sql('changed_gzdata', engine, index = False, if_exists = 'append')
#保存
```

由于目标是为用户提供个性化推荐，因此在处理数据过程中要进一步对数据进行分类。方法如下：

```
    sql = pd.read_sql('changed_gzdata', engine, chunksize = 10000)
    for i in sql: #逐块变换并去重
        d = i.copy()
        d['type_1'] = d['fullURL'] #复制一列
        d['type_1'][d['fullURL'].str.contains('(ask)|(askzt)')] = 'zixun' #
将含有ask、askzt关键字的网址的类别归为咨询
        d.to_sql('splited_gzdata', engine, index = False, if_exists = 'append')
#保存
```

4. 模型构建

基于上述数据的特点，网页数明显小于用户数，这里采用基于物品的协同过滤推荐系统对用户进行个性化推荐，以推荐结果作为推荐系统结果的重要部分。

主要方法步骤分为两步：

(1) 计算物品之间的相似度；

(2) 根据物品相似度和用户的历史行为给用户生成推荐列表。

由于用户行为是二元选择(0 或者 1)，因此我们选择采用杰卡德相似系数法计算物品的相似度。具体方法如下：

```
import numpy as np

def Jaccard(a, b):  #自定义相似系数
  return 1.0*(a*b).sum()/(a+b-a*b).sum()

class Recommender():

  sim = None  #相似度矩阵

  def similarity(self, x, distance):  #计算相似度矩阵的函数
    y = np.ones((len(x), len(x)))
    for i in range(len(x)):
      for j in range(len(x)):
        y[i,j] = distance(x[i], x[j])
    return y

  def fit(self, x, distance = Jaccard):  #训练函数
    self.sim = self.similarity(x, distance)
```

```
def recommend(self, a):  #推荐函数
  return np.dot(self.sim, a)*(1-a)
```

9.2.3　协同过滤推荐算法在电商个性化推荐系统中的应用法则

如今，网络信息包括电子商务信息的爆炸式产生，这种情况下为了获取到重要的信息，个性化推荐系统就显得尤为重要。协同过滤推荐算法是一种用来预测和推荐的著名推荐算法，它可通过对用户历史行为数据的挖掘发现用户的偏好，基于不同的偏好对用户进行群组划分并推荐相似的商品。协同过滤推荐算法的作用有以下几方面：

(1) 将潜在用户转化为支付用户；

(2) 提升电子商务平台交叉销售能力；

(3) 提升客户对网站的忠诚度；

(4) 提升广告渠道转化效率；

(5) 提升用户个性化体验。

协同过滤推荐算法的阶段性工作内容如下。

1. 第一阶段

建立用户行为评分权重模型，达到对用户行为数据化和可视化。以电子商品平台为例：①某用户进入商品下单页权重 2%；②点击详情权重 8%；③收藏 15%；④支付 20%；⑤分享 15%；⑥好评 20%；⑦评分 20%；⑧差评即分数为负数(向量为反方向)。

2. 第二阶段

建立测试集和训练集。

(1) 训练集：用于模型构建。

(2) 测试集：用于检测模型构建，此数据只在模型检验时使用，用于评估模型的准确率。

测试集和训练集的建立是为了防止模型的构建过度拟合，更是为了监测模型的准确性和可行性，方便对模型进一步修正。

例如，在班级内(训练集)按身高、腰围定制了校服，校服制作后全班同学穿上很合适，但当这个做校服标准推行到学校其他班(测试集)时，制作的校服很多同学穿不了，原因可能是没有考虑到肩宽、臂长等。

3. 第三阶段

建立合理的数据监控，监视召回率、准确率和覆盖率，为模型后期修正提供依据。

1) 计算公式

欧几里得距离公式：

$$d(x,y) := \sqrt{(x_1-y_1)^2+(x_2-y_2)^2+\cdots+(x_n-y_n)^2} = \sqrt{\sum_{i=1}^{n}(x_i-y_i)^2} \tag{9-9}$$

(为方便控制可取倒数，使结果分布在 0～1 之间)

$$\text{similarity}(X,Y)=1\Bigg/\left(1+\sqrt{\sum_{1}^{N}(x_i-y_i)^2}\right) \tag{9-10}$$

余弦定理计算公式(N 维空间)如下：

$$\cos\theta=\frac{\boldsymbol{v}_1\cdot\boldsymbol{v}_2}{\|\boldsymbol{v}_1\|\|\boldsymbol{v}_2\|} \quad (\boldsymbol{v}_1 \text{ 和 } \boldsymbol{v}_2 \text{ 为向量}) \tag{9-11}$$

2) 计算流程(见图 9-2)

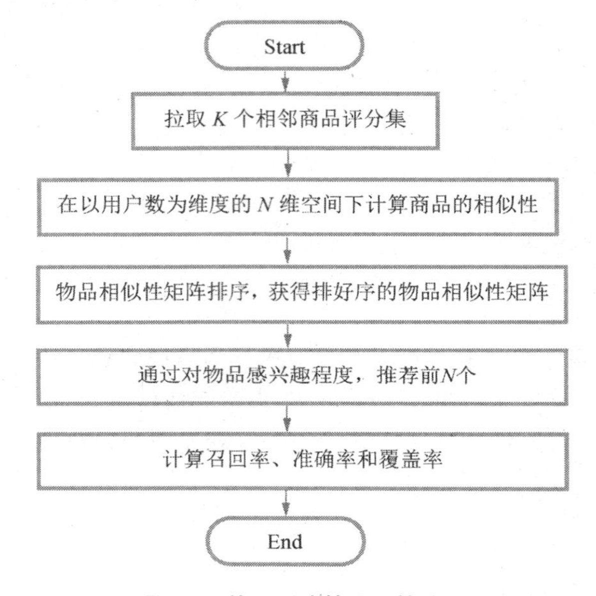

图 9-2 协同过滤算法计算流程

3) 应用实例

(1) 以余弦公式和基于物品的协同过滤算法为例，以用户实际评分为起点，建立商品评分矩阵，如表 9-3 所示。

表 9-3 商品评分矩阵表

	用户 1	用户 2	用户 3	用户 4
商品 A	3	4	6	4
商品 B	4	2	5	2
商品 C	8	3	1	1
商品 D	2	6	8	1

通过计算 4 个用户(四维空间中)对 4 件商品的评分，我们可得出用户间的相关性数据，如表 9-4 所示。

表 9-4　用户间的相关性数据

	相关系数
商品 A&B	0.94
商品 A&C	0.61
商品 A&D	0.91
商品 B&C	0.74
商品 B&D	0.86
商品 C&D	0.48

相关系数浮动区间在(−1，1)之间，相关系数越靠近 1，向量夹角越小，两件商品的相关性越高。通常情况下，相关系数强弱分为：强(0.8～1.0)、较强(0.6～0.8)、一般(0.4～0.6)、弱/不相关(0～0.4)、不推荐(−1.0～0)5 个等级，因此从表 9-4 看出 A&B、A&D、B&D 的相关性为强，C&D 的相关性为一般。

(2)　利用用户对某商品产生过的记录计算其相关性。

【例 9-1】某用户对商品 A 和商品 B 的行为得分为权重，对商品 C 和商品 D 进行加权排序，得分高者优先推荐。计算结果如表 9-5 所示。

表 9-5　商品的加权评分

	评分	商品 C	加权评分	商品 D	加权评分
商品 A	4	0.61	2.44	0.91	3.64
商品 B	3	0.74	2.22	0.86	2.58
总计			4.66		6.22
数值处理(/10)			0.466		0.622

根据相关性和加权评分后，得出商品 C 优先被推荐。

(3)　数据去噪。

①　对大众化、一线流程产品进行剔除，原因是本来具有超高曝光率和知名度的产品，不推荐用户才能很快触达，不必进行不需要的推荐；对用户浏览和购买过的商品进行剔除，以免造成重复性；对商品归一分类，避免商品的跨类别推荐，以免推荐用户并不需要的商品。

【例 9-2】对某用户买衣服 A，经过算法的综合排名，发现排第一的是杯子，排第六的才是衣服 B，结果推荐了杯子的话就太不合理了。但是对商品进行了归一分类后，服装类商品只限推荐服装，这样服装 B 就会被优先推荐。

②　对商品类别间建立合理的加分机制，并对低频商品建立合理的惩罚分值，使其推荐其他周边商品。

【例 9-3】家具类商品为低频商品，用户长时间内只需要买一件，购买后再次推荐也无法提升支付率。但是可以在用户支付下单后，通过计算，推荐家具的其他周边商品(如：饰物、窗帘等)。由于设定合理的惩罚分值和相关商品类别的加分机制，可以一定程度上提高周边商品的推荐率，降低低频商品的推荐率，从而由侧面提升支付转化率。

9.3 经典互联网产品个性化推荐系统案例分析

9.3.1 网易云音乐推荐算法机制分析

网易云音乐推荐，是网易云音乐的主推功能和核心竞争力，备受用户推崇。推荐算法简单说就是在海量的用户数据(行为记录等)中对用户进行划分，对同一群体的用户推荐其他用户喜欢的音乐。

这其中需要给音乐分类并建立评分细则、建立用户模型、寻找相似用户，基于用户的行为数据将歌曲分类匹配——实现“盲听”。

网易云将音乐推荐分成三个部分：私人 FM、每日歌曲推荐、推荐歌单。

1. 从准确性、多样性角度分析

1) 私人 FM：准确性低、多样性高

多样性高能为用户带来新鲜感，如果发现了一首从未听过但特别喜欢的歌，会带来惊喜感，调动用户正面情绪。可是由于准确性低，很可能新歌很不被用户喜欢，因此在私人 FM 在播放界面设置“删除”“下一首”两个按钮便于用户切换歌曲。

2) 每日歌曲推荐：准确性高、多样性低

准确性高使得每日推荐的 20 首歌曲能比较好地满足用户口味，但是存在音乐类型单一化的问题，因此设置了播放列表以提供用户浏览、操作的权利，弥补曲目单一化带给用户的失望。

3) 推荐歌单：准确性中、多样性中

推荐歌单有别于其他两个个性化推荐功能，它准确性、多样性的阈值不只是由算法决定的，更多的是由它的功能形式所决定的。

首先把功能的面向对象分为两类：一类是用户，一类是 UGC 歌单，系统分别为歌单和用户加标签以提高准确度，由于 UGC 歌单是由很多用户创建的，因此 UGC 歌单就具有多样性，两者糅合从而保证了准确度和多样性共存。

2. 从操作流程上分析

三个功能从看见功能按键到最终获得推荐曲目的步骤分别如下。

(1) 看见私人 FM→点击私人 FM→获取音乐。

(2) 看见每日歌曲推荐→点击每日歌曲推荐→看见推荐列表→筛选喜欢曲目→点击喜欢曲目→获取音乐。

(3) 看见推荐歌单→点击推荐歌单→跳转歌单页面→发现类型标签→筛选类型标

签→点击类型标签→看见标签下的推荐歌单→筛选歌单→点击歌单→浏览歌单列表→筛选喜欢歌曲→点击喜欢歌曲→获取音乐。

可以发现三种方式获取推荐音乐的操作流程由简入繁。

3. 从用户使用阶段分析

三个功能对应着三种用户阶段。

1)　私人 FM——新用户

私人 FM 位于首页黄金位置，新用户初次体验产品功能时会大概率点击这个按键，所以要简化用户使用流程，用户在快速感受产品个性化推荐的魅力后才产生继续了解其他功能的欲望。

2)　每日歌曲推荐——普通用户

新用户使用私人 FM 过后需要不一样的体验来满足个性化需求。每日 20 首歌曲推荐对用户来说是可预知的，20 首上限的设定给用户物以稀为贵的感觉，会珍惜每日的推荐，而每日更新无法回看以往推荐的设定，会让用户产生一天不看就错过了什么的紧迫感。

推荐算法设定了基于不同用户行为的权重，“下载”最高，收藏、搜索、分享其次，此外你也可以点击“不感兴趣”，或许会避开这类歌。

3)　推荐歌单——深度用户

歌单是云音乐连接个性化推荐和社交的重要桥梁，推荐歌单是个性化推荐功能最后一环。在深度体验了推荐歌单之后，用户会得到歌单可被分享和推荐的认识，很可能会产生自建歌单的冲动。而歌单在云音乐中具有社交属性，用户可以互相收藏、评论、分享歌单，而且歌单在个人主页中也反映了个人音乐风格，让用户能够更好地展现自己给他人。

4. 从参与元素分析

从参与元素分析，三个功能的参与元素分别如下。

(1)　私人 FM：系统。

(2)　每日歌曲推荐：系统+自己。

(3)　推荐歌单：系统+自己+其他用户。

在线下导购时代，导购员会通过系统的话术掌握消费者的情况，以此来推荐商品。类比导购员推销时的思维逻辑，我们可以得到音乐推荐算法需要解决的三个核心问题：①将用户信息转化为用户类型；②了解曲目的归属类型；③将不同类型的用户与不同类型的曲目对应。

1)　欧式距离与余弦相似度算法

对于两个事务之间的相似度需要进行量化，我们就可以利用欧式距离和余弦相似度算法。以 A，B 用户间相似度为例，如图 9-3 所示。

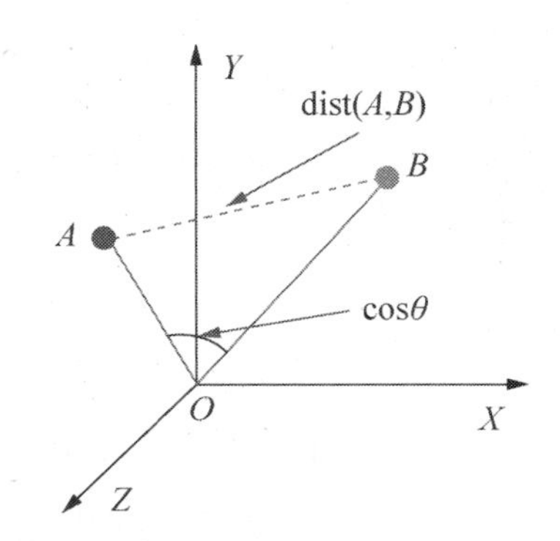

图 9-3　A，B 用户的欧式距离和余弦相似度的表示

利用欧式距离时，我们把 A，B 用户看作两点，用两点间距离表示二者相似度。

使用余弦相似度时，则把二者看成同一坐标系下的两个向量。两个向量间夹角大小反映出它们的相似度，夹角越小则相似度越大。二维空间向量表示为 $\boldsymbol{r}(x_1,x_2)$，多维空间向量表示为 $\boldsymbol{r}(x_1,x_2,\cdots,x_n)$。

比如，假设用户有 5 个维度：对流行音乐的喜欢程度(1～5 分)；对摇滚音乐的喜欢程度(1～5 分)；对民谣的喜欢程度(1～5 分)；对说唱音乐的喜欢程度(1～5 分)；对爵士音乐的喜欢程度(1～5 分)。

用户 A：对流行音乐的喜欢程度 3，对摇滚音乐的喜欢程度 1，对民谣的喜欢程度 4，对说唱的喜欢程度 5，对爵士音乐的喜欢程度 0，用户 A 可以用向量表示为 $\boldsymbol{A}$=(3,1,4,5,0)。

用户 B：对服装的喜欢程度 3，对家居的喜欢程度 4，对 3C 的喜欢程度 5，对图书的喜欢程度 0，对化妆品的喜欢程度 2，用户 B 可以用向量表示为 $\boldsymbol{B}$=(3,4,5,0,2)。

对于向量 $\boldsymbol{A}$ 和 $\boldsymbol{B}$ 而言，它们在多维空间的夹角可以用向量余弦公式(即式(9-11))计算：

$$\cos\theta=\frac{\sum_{i=1}^{n}A_iB_i}{\sqrt{\sum_{i=1}^{n}A_i^2}\sqrt{\sum_{i=1}^{n}B_i^2}} \tag{9-12}$$

余弦相似度取值在 0～1 之间，0 代表完全正交，1 代表完全一致。那么用户 A 和 B 的相似度计算如下：

$$\cos\theta=\frac{3\times3+1\times4+4\times5}{\sqrt{3^2+1^2+4^2+5^2}\times\sqrt{3^2+4^2+5^2+2^2}}=0.64 \tag{9-13}$$

即代表了两个用户音乐偏好的相似程度。

余弦相似度是一种很好的数据策略，对计算用户类型是很好的解决方法。对比欧式距离，在图 9-3 中，我们反方向延长点 A，很明显向量 A 和 B 之间夹角余弦值不变，但欧式距离发生改变。也就是说，利用欧式距离更能突出数值绝对差异，因此常用于歌曲间相似度的计算。

例如，喜欢 A 歌曲的用户数是 20 000，喜欢 B 歌曲的用户数是 30 000，因为样本足够大，我们认为用户对歌曲喜爱的程度相同，也就是相同的分数，那么直接通过数量上的差异来计算相似程度即可。

由此可见，小到一个数学公式，大到一个数据模型甚至是推荐系统，都没有单纯的对错之分，就要看是否适合产品需求，能在有限的计算量内结合情景满足预期。先入为主的方法论是数据策略工作中的大忌。

2)　四种常见的推荐方法

(1)　基于歌曲的推荐。这种推荐方法是比较基础的推荐方法，根据我们播放收藏或下载的某类型的歌曲，推荐这种类型下的其他歌曲。这种方式很容易被理解，但是比较依赖内部曲库完善的分类体系，且需要用户有一定的数据积累，不适用于冷启动。

(2)　基于歌曲的协同过滤。协同过滤与传统的基于内容分析直接进行推荐不同，协同过滤会分析系统已有数据，并结合用户表现的数据，对该指定用户对此信息的喜好程度进行预测。基于歌曲的协同过滤，通过用户对不同歌曲的评分(下载收藏评论分享对应不同分数)来评测歌曲之间的相似性。基于歌曲之间的相似性做出推荐，一个典型的例子是著名的“啤酒加尿布”，就是通过分析知道啤酒和尿布经常被美国爸爸们一起购买，于是在尿布边上推荐啤酒，增加了啤酒销量。

计算用户 a 对歌曲 j 的喜爱程度：

$$P_{ai} = \sum_{i \in N(a)} w_{ji} r_{ai} \tag{9-14}$$

式中：$N(a)$ 表示与用户有关联的歌曲歌单等集合；w_{ji} 表示歌曲/歌单 j 和 i 的相似度；r_{ai} 表示用户对 i 的打分。

(3)　基于用户的协同过滤。这种推荐是通过用户对不同歌曲/单的行为，来评测用户之间的相似性，基于用户之间的相似性做出推荐。这部分推荐本质上是给相似的用户推荐其他用户喜欢的歌曲。

计算用户 a 对歌曲 i 的喜爱程度：

$$P_{ai} = \sum_{b \in N(i)} w_{ab} r_{bi} \tag{9-15}$$

式中：$N(i)$ 表示对歌曲/单 i 有过行为的用户集合；w_{ab} 是用户 a 和用户 b 之间的相似度；r_{bi} 表示用户 b 对歌曲/单 i 的打分。

(4)　基于标签的推荐。歌曲有标签，用户也会基于行为被打上标签，系统通过标签将二者关联。根据标签进行推荐需要产品在初期就有标签概念，网易云音乐不同的曲目类型是天然的素材标签，通过对 UGC 内容的处理和对用户行为的数据分析则可以得到用户标签。

目前来说，基于机器学习的推荐算法并不算是风口，但是没有任何一种推荐方法或系统能适用全部的情形，在真正实现过程中必须熟悉掌握算法，同时，作为项目管理者，必须深刻理解每一条业务线。

在构建一个推荐方法时，我们一般会用到加权、降权、屏蔽。一个方法是否能支持灵活调节权重，后期是否能持续迭代，都是要通过不断的测试验证，最终让数据说话。

9.3.2 今日头条推荐算法原理深度解析

1. 系统概览

推荐系统，如果用形式化的方式去描述实际上是拟合一个用户对内容满意度的函数，这个函数需要输入三个维度的变量。

(1) 内容。头条现在已经是一个综合内容平台，图文、视频、UGC 小视频、问答、微头条，每种内容有很多自己的特征，需要考虑怎样提取不同内容类型的特征做好推荐。

(2) 用户特征。包括各种兴趣标签、职业、年龄、性别等，还有很多模型刻画出的隐式用户兴趣等。

(3) 环境特征。这是移动互联网时代推荐的特点，用户随时随地移动，在工作场合、通勤、旅游等不同的场景，信息偏好有所偏移。

结合三方面的维度，模型会给出一个预估，即推测推荐内容在这一场景下对这一用户是否合适。但如何引入无法直接衡量的目标？

推荐模型中，点击率、阅读时间、点赞、评论、转发包括点赞都是可以量化的目标，能够用模型直接拟合做预估，看线上提升情况可以知道做得好不好。但一个大体量的推荐系统，服务用户众多，不能完全由指标评估，引入数据指标以外的要素也很重要。比如：①广告和特型内容频控(像问答卡片就是比较特殊的内容形式，其推荐的目标不完全是让用户浏览，还要考虑吸引用户回答为社区贡献内容，这些内容和普通内容如何混排，怎样控制频控都需要考虑)；②低俗内容的打压；③标题党、低质内容的打压；④重要新闻的置顶、强插、加权；⑤低级别账号内容降权。上述这些要素都是算法本身无法完成的，需要进一步对内容进行干预。

在上述算法目标的基础上如何实现对这些要素的干预？资讯推荐系统可以用一个公式进行考量，如下所示：

$$y = F(X_i, X_u, X_c) \tag{9-16}$$

实现这个问题的方法有很多，比如传统的协同过滤模型、监督学习算法、逻辑回归(Logistic Regression，LR)模型、基于深度学习(Deep Learning，DL)的模型、因子分解机(Factorization Machine，FM)算法和梯度提升决策树(Gradient Boosting Decision Tree，GBDT)等。

一个优秀的工业级推荐系统需要非常灵活的算法实验平台，可以支持多种算法组合，包括模型结构调整。因为很难有一套通用的模型架构适用于所有的推荐场景。现在很流行将 LR 和深层神经网络(Deep Neural Network，DNN)结合，前几年 Facebook 也将 LR 和 GBDT 算法做结合。今日头条旗下几款产品都在沿用同一套强大的算法推荐系统，但根据业务场景不同，模型架构会有所调整。

模型之后再看一下典型的推荐特征，主要有四类特征会对推荐起到比较重要的作用。

1) 相关性特征

相关性特征就是评估内容的属性和与用户是否匹配。显性的匹配包括关键词匹配、分类匹配、来源匹配、主题匹配等。像 FM 模型中也有一些隐性匹配，从用户向量与内容向量的距离可以得出。

2) 环境特征

环境特征包括地理位置、时间。这些既是 bias 特征，也能以此构建一些匹配特征。

3) 热度特征

热度特征包括全局热度、分类热度、主题热度、关键词热度等。内容热度信息在大的推荐系统特别在用户冷启动的时候非常有效。

4) 协同特征

协同特征可以在部分程度上帮助解决所谓算法越推越窄的问题。协同特征并非考虑用户已有历史，而是通过用户行为分析不同用户间的相似性，比如点击相似、兴趣分类相似、主题相似、兴趣词相似，甚至向量相似，从而扩展模型的探索能力。

模型的训练上，头条系大部分推荐产品采用实时训练。实时训练省资源并且反馈快，这对信息流产品非常重要。用户需要行为信息可以被模型快速捕捉并反馈至下一刷的推荐效果。今日头条线上目前基于 Storm 集群实时处理样本数据，包括点击、展现、收藏、分享等动作类型。模型参数服务器是内部开发的一套高性能的系统，因为头条数据规模增长太快，类似的开源系统稳定性和性能无法满足，而今日头条研发的系统底层做了很多针对性的优化，提供了完善运维工具，更适配现有的业务场景。

目前，头条的推荐算法模型在世界范围内也是比较大的，包含几百亿原始特征和数十亿向量特征。整体的训练过程是线上服务器记录实时特征，导入到 Kafka 文件队列中，然后进一步导入 Storm 集群消费 Kafka 数据，客户端回传推荐的 label 构造训练样本，随后根据最新样本进行在线训练更新模型参数，最终线上模型得到更新。这个过程中主要的延迟在用户的动作反馈延时，因为文章推荐后用户不一定马上看，不考虑这部分时间，整个系统是几乎实时的。

但因为头条目前的内容量非常大，加上小视频内容有千万级别，推荐系统不可能所有内容全部由模型预估。所以需要设计一些召回策略，每次推荐时从海量内容中筛选出千级别的内容库。召回策略最重要的要求是性能要极致，一般超时不能超过 50ms。

召回策略种类有很多，头条主要用的是倒排的思路。离线维护一个倒排，这个倒排的 key 可以是分类、主题、实体、来源等，排序考虑热度、新鲜度、动作等。线上召回可以迅速从倒排中根据用户兴趣标签对内容做截断，高效地从很大的内容库中筛选比较靠谱的一小部分内容。

2. 内容分析

内容分析包括文本分析、图片分析和视频分析。头条一开始主要做资讯，这里主要讲解文本分析。文本分析在推荐系统中一个很重要的作用是用户兴趣建模。没有内容及文本标签，无法得到用户兴趣标签。举个例子，只有知道文章标签是互联网，用户看了互联网标签的文章，才能知道用户有互联网标签，其他关键词也一样。

另一方面，文本内容的标签可以直接帮助推荐特征，比如魅族的内容可以推荐给关注魅族的用户，这是用户标签的匹配。如果某段时间推荐主频道效果不理想，出现推荐窄化，用户会发现到具体的频道推荐(如科技、体育、娱乐、军事等)中阅读后，再回主频道，推荐效果会更好。因为整个模型是打通的，子频道探索空间较小，更容易满足用户需求。只通过单一信道反馈提高推荐准确率难度会比较大，子频道做得好很重要。而这也需要好的内容分析。

1) 文本特征

今日头条推荐系统主要抽取的文本特征包括以下几类。

(1) 语义标签类特征，显式为文章打上语义标签。这部分标签是由人定义的特征，每个标签有明确的意义，标签体系是预定义的。

(2) 隐式语义特征，主要是主题特征和关键词特征，其中主题特征是对于词概率分布的描述，无明确意义；而关键词特征会基于一些统一特征描述，无明确集合。

(3) 文本相似度特征。在头条，曾经用户反馈最大的问题之一就是为什么总推荐重复的内容。这个问题的难点在于，每个人对重复的定义不一样。举个例子，有人觉得这篇讲皇马和巴萨的文章，昨天已经看过类似内容，今天还说这两个队那就是重复。但对于一个重度球迷而言，尤其是巴萨的球迷，恨不得所有报道都看一遍。解决这一问题需要根据判断相似文章的主题、行文、主体等内容，根据这些特征做线上策略。

(4) 时空特征，分析内容的发生地点以及时效性。比如武汉限行的事情推给北京用户可能就没有意义。

(5) 质量相关特征，判断内容是否低俗或色情，是否软文、鸡汤等。

2) 内容分类

分类的目标是覆盖全面，希望每篇内容每段视频都有分类；而实体体系要求精准，相同名字或内容要能明确区分究竟指代哪一个人或物，但不用覆盖很全。概念体系则负责解决比较精确又属于抽象概念的语义。这是我们最初的分类，实践中发现分类和概念在技术上能互用，后来统一用了一套技术架构。

3) 语义标签

目前，隐式语义特征已经可以很好地帮助推荐，而语义标签需要持续标注，新名词新概念不断出现，标注也要不断迭代。其做好的难度和资源投入要远大于隐式语义特征，那为什么还需要语义标签？有一些产品上的需要，比如频道需要有明确定义的分类内容和容易理解的文本标签体系。语义标签的效果是检查一个公司自然语言处理(Natural Language Processing，NLP)技术水平的试金石。

4) 层次化文本分类算法

今日头条推荐系统的线上分类采用典型的层次化文本分类算法，如图 9-4 所示。最上面是 Root，下面第一层的分类是像科技、体育、财经、娱乐这样的大类，再下面细分为足球、篮球、乒乓球、网球、田径、游泳等。足球再细分为国际足球、中国足球，中国足球又细分为中甲、中超、国家队等。相比单独的分类器，利用层次化文本分类算法能更好地解决数据倾斜的问题。有一些例外是，如果要提高召回，可以看到图中连接了一些飞线。这套架构通用，但根据不同的问题难度，每个元分类器可以异构，像有些分类 SVM 效果很好，有些要结合 CNN，有些还要结合 RNN 再做处理。

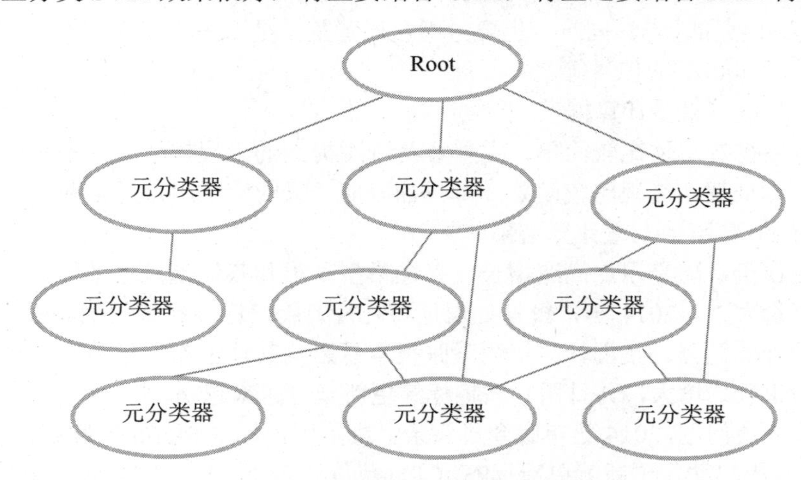

图 9-4　层次化文本分类算法示意图

5)　实体词识别算法

实体词识别算法，是基于分词结果和词性标注选取候选，期间可能需要根据知识库做一些拼接，有些实体是几个词的组合，要确定哪几个词结合在一起能映射实体的描述。如果结果映射多个实体还要通过词向量、主题分布甚至词频本身等去歧，最后计算一个相关性模型。

3. 用户标签

内容分析和用户标签是推荐系统的两大基石。内容分析涉及机器学习的内容多一些，相比而言，用户标签工程挑战更大。

1)　头条常用用户标签

今日头条常用的用户标签包括：用户感兴趣的类别和主题、关键词、来源、基于兴趣的用户聚类以及各种垂直兴趣特征(车型、体育球队、股票等)；还有性别(通过用户第三方社交账号登录得到)、年龄(通常由模型预测，通过机型、阅读时间分布等预估)、地点(来自用户授权访问位置信息)等信息。在位置信息的基础上通过传统聚类的方法拿到常驻点，常驻点结合其他信息，可以推测用户的工作地点、出差地点、旅游地点。

2)　用户标签策略

最简单的用户标签是浏览过的内容标签，但这里涉及一些数据处理策略，主要包括以下几种。

(1)　过滤噪声。通过停留时间短的点击，过滤标题党。

(2)　热点惩罚。对用户在一些热门文章(如前段时间 PG One 的新闻)上的动作做降权处理。理论上，传播范围较大的内容，置信度会下降。

(3) 时间衰减。用户兴趣会发生偏移，因此策略更偏向新的用户行为。因此，随着用户动作的增加，老的特征权重会随时间衰减，新动作贡献的特征权重会更大。

(4) 惩罚展现。如果一篇推荐给用户的文章没有被点击，相关特征(类别、关键词、来源)权重会被惩罚。当然同时，也要考虑全局背景，是不是相关内容推送比较多，以及相关的关闭和 dislike 信号等。

3) 用户标签批量计算框架

用户标签挖掘总体比较简单，主要还是刚刚提到的工程挑战。头条用户标签第一版是批量计算框架，流程比较简单，每天抽取前一天的活跃用户过去两个月的动作数据，在 Hadoop 集群上批量计算结果。

但问题在于，随着用户高速增长，兴趣模型种类和其他批量处理任务都在增加，涉及的计算量太大。2014 年，批量处理任务几百万用户标签更新的 Hadoop 任务，当天完成已经开始勉强。集群计算资源紧张很容易影响其他工作，集中写入分布式存储系统的压力也开始增大，并且用户兴趣标签更新延迟越来越高。

为解决上述问题，2014 年年底今日头条上线了用户标签 Storm 集群流式计算系统。此后，只要有用户动作更新就更新标签，CPU 代价比较小，可以节省 80%的 CPU 时间，大大降低了计算资源开销。同时，只需几十台机器就可以支撑每天数千万用户的兴趣模型更新，并且特征更新速度非常快，基本可以做到准实时。

当然，我们也发现并非所有用户标签都需要流式系统。像用户的性别、年龄、常驻地点这些信息，不需要实时重复计算，就仍然保留每日的更新。

4. 评估分析

上面介绍了推荐系统的整体架构，这里主要讲解如何评估推荐的效果。

影响推荐效果的因素有很多，比如候选集合变化，召回模块的改进或增加，推荐特征的增加，模型架构的改进，算法参数的优化等。评估的意义就在于，很多优化最终可能是负向效果，并不是优化上线后效果就会改进。

全面的评估推荐系统，需要完备的评估体系、强大的实验平台以及易用的经验分析工具。所谓完备的评估体系就是并非单一指标衡量，不能只看点击率或者停留时长等，需要综合评估。然而，如何综合尽可能多的指标合成唯一的评估指标仍在探索中。

很多公司算法做得不好，并非工程师能力不够，而是需要一个强大的实验平台，还有便捷的实验分析工具，可以智能分析数据指标的置信度。

一个良好的评估体系建立需要遵循几个原则：

(1) 兼顾短期指标与长期指标。很多策略调整短期内用户觉得新鲜，但是长期看其实没有任何助益。

(2) 兼顾用户指标和生态指标。今日头条平台既要为内容创作者提供价值，让他更有尊严地创作，也有义务满足用户，这两者要平衡。还有广告主利益也要考虑，这是多方博弈和平衡的过程。

(3) 要注意协同效应的影响。实验中严格的流量隔离很难做到，要注意外部效应。

强大的实验平台非常直接的优点是，当同时在线的实验比较多时，可以由平台自动分配流量，无须人工沟通，并且实验结束流量立即回收，可以提高管理效率。这能帮助公司降低分析成本，加快算法迭代效应，使整个系统的算法优化工作能够快速往前推进。

图 9-5 所示为头条 A/B Test 实验系统的基本原理。首先在离线状态下做好用户分桶，然后线上分配实验流量，将桶里用户打上标签，分给实验组。例如，开一个 10%流量的实验，两个实验组各 5%，一个 5%是基线，策略和线上大盘一样，另外一个是新的策略。

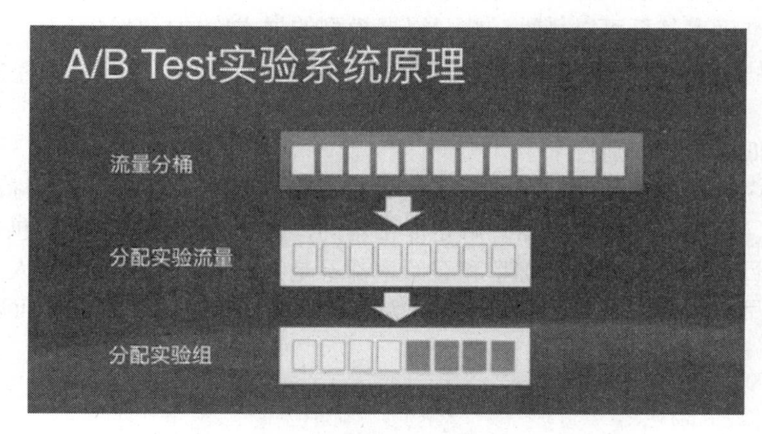

图 9-5　头条 A/B Test 实验系统原理示意图

实验过程中用户动作会被搜集，基本上是准实时，每小时都可以看到。但因为小时数据有波动，通常是以天为时间节点来看。动作搜集后会有日志处理、分布式统计、写入数据库，非常便捷。

在这个系统下工程师只需要设置流量需求、实验时间，定义特殊过滤条件，自定义实验组 ID。系统可以自动生成：实验数据对比、实验数据置信度、实验结论总结以及实验优化建议。

当然，只有实验平台是远远不够的。线上实验平台只能通过数据指标变化推测用户体验的变化，但数据指标和用户体验存在差异，很多指标不能完全量化。很多改进仍然要通过人工分析，重大改进需要人工评估二次确认。

5. 内容安全

今日头条现在是国内巨大的内容创作与分发凭条，因此，制定内容安全上的一些举措必不可少。如果 1%的推荐内容出现问题，产生的影响也是巨大的，因此头条从创立伊始就把内容安全放在公司最高优先级队列。

1)　头条的内容安全机制

现在，今日头条的内容主要来源于两部分：一是具有成熟内容生产能力的 PGC 平台；一是 UGC 用户内容，如问答、用户评论、微头条。这两部分内容需要通过统一的审核机制。如果是数量相对少的PGC内容，会直接进行风险审核，没有问题会大范围推荐。UGC内容需要经过一个风险模型的过滤，有问题的会进入二次风险审核。审核通过后，内容会被真正进行推荐。这时如果收到一定量以上的评论或者举报负向反馈，还会再回到复审环节，有问题直接下架。整个机制相对而言比较健全，作为行业领先者，在内容安全上，今日头条一直用最高的标准要求自己。

2) 风险内容识别技术

今日头条对于风险内容识别技术主要有鉴黄模型、谩骂模型以及低俗模型。低俗模型通过深度学习算法训练，样本库非常大，图片、文本同时分析。这部分模型更注重召回率，准确率甚至可以牺牲一些。谩骂模型的样本库同样超过百万，召回率高达95%+，准确率达 80%+。如果用户经常出言不逊或者发表不当的评论，会受到一些惩罚。

3) 泛低质内容识别技术

泛低质内容识别涉及的情况非常多，如假新闻、黑稿、题文不符、标题党、内容质量低俗等，这部分内容由机器理解是非常难的，需要大量反馈信息，包括其他样本信息比对。目前低质模型的准确率和召回率都不是特别高，还需要结合人工复审，将阈值提高。目前最终的召回已达到95%，这部分其实还有非常多的工作可以做。

小　　结

本章主要讲解推荐算法的基本运行逻辑，以及几种常用的推荐算法的形式，包括基于流行度的算法、协同过滤算法、基于内容的算法、基于模型的算法和混合算法的应用。然后，讲解互联网产品个性化推荐引擎实战，包括协同过滤算法在电商个性化推荐系统中的应用等。最后以网易云音乐推荐算法和今日头条推荐算法为实例，具体解析了互联网产品个性化推荐系统的应用案例。

第 10 章　大数据分析在具体行业中的应用

10.1　大数据分析在商业银行领域的应用

10.1.1　利用大数据分析显著提升银行精准营销效率实战方法

近几年各行各业对大数据技术的应用越来越多，但凡有财力的企业都跃跃欲试，更何况是“手握重金”的金融行业。

说到大数据，有两点我们要强调一下：一个是数据资产化，另一个是决策数据化。

1. IT 部门转变成利润中心

信息技术部门是做 IT 支撑的，每年都会进行软、硬件大批量采购，企业内部都认为信息技术部门是成本中心，信息技术部门的数据也都是业务发生时的附属物。

随着大数据技术的发展，企业希望通过数据寻找业务规律，对客户需求进行挖掘，因为这样做会给业务带来直接的价值，帮助业务进行优化和提升，所以数据成了金融机构的一项宝贵资产，掌握数据量最大的信息技术部门也逐渐成为企业的利润中心。

从战略方向上讲，以前在企业内部，主要是决策人员根据经验主观判断进行决策，这样做的风险很大，因为人会受到自己所处环境和情绪的影响。所以企业必须借助数据的帮助来做决策，并进行客观的验证和预测，要从原来依据经验说话向依据数据说话进行转变。

在数据量和数据分析需求日益增加的挑战下，从战略层面上讲，金融机构需要建立一套“数据驱动型”的模式，即真正落实大数据运营中心。

从战术方面上讲，金融行业内企业可以尝试三种战术方向。首先可以通过用户画像、精准营销来做运营优化。其次是通过运营分析、产品定价来做精细化管理。最后是利用实时的反欺诈反洗钱应用，以及中小企业的贷款评估来提高风险控制能力，最终实现全面提升金融企业的核心价值和能力。

2. 新一代金融大数据运营中心

金融行业内的企业现在都需要一套整体化的业务架构。构建业务架构要从搭建一套企业级数据中心说起。企业级数据中心会包含企业的业务系统、外部数据和一些机器日志，这些结构化、半结构化和非结构化的数据，都要被汇集在一起。

在这些数据之上，金融行业内企业可以建立各种各样的分析模型。比如利用用户画像做精准营销，用 EVA 指标模型和反欺诈模型做多维盈利分析、反欺诈的交易分析等。

运营优化、管理提升、风险监控，这三个方向到底给金融行业带来什么价值？

(1) 精准营销。精准营销真正要做的就是了解客户：客户到底是什么样的？客户是谁？客户需要什么产品？客户有什么产品偏好？客户喜欢哪些产品组合？还有就是如何进行有效营销、提升客户价值、保持客户忠诚度？

比如，现在很多金融机构都有 APP，就可以分析用户在寻找什么产品，用户在找到一款产品并真正实现交易的过程中会浏览哪些页面，在哪个页面停留最长时间，交易中断是什么原因造成的等，而分析结果可以用于提升运营效果。

说到精准营销就不能不谈用户画像。以前经常听到“360° 用户画像”这个词。但我觉得，“360° 用户画像”更像一个广告宣传语，因为人是非常复杂的动物，很难用可数的维度来 100%地描述，所以需要从一定目的出发来建立用户画像。

尤其是在企业内部没有足够数据来构建用户画像，需要通过外界渠道来获取数据支撑的时候。数据的获取是有成本的，更不应该盲目搭建用户画像体系。也就是说，用户画像的本质其实应该是从业务角度出发，对客户需求、消费能力以及客户信用额度等进行分析。

比如说做存贷款产品营销时，可对高价值信用卡用户的 AUM(Asset Under Management，资产管理规模)进行分析。筛选他们每月的消费金额、信用额度、当前存款情况、贷款有没有拖欠，是不是商务卡持有者等，通过这些维度对用户进行分析，再针对不同用户分群给出不同的营销策略。比如说哪些用户该提升额度，哪些应该为其推荐金融产品。营销在落实时，可以先通过短信进行营销，再通过呼叫中心来了解客户意图。当客户有意向时，再交由理财经理进行进一步跟进。

(2) 除精准营销，还有多维盈利分析。多维盈利分析金融机构已经做很多年了，从国内几十家金融机构了解，发现其实在业务上他们都希望多维盈利分析能够做到账户级。可实际上，大部分金融机构现有的 IT 架构只能支撑做到产品级，或是科目级分析，这主要因为金融机构普遍数据处理能力不够。如果要跑一个账户级的结果出来，系统要跑好几个小时。而通过数据运营中心，就可以实现几十分钟出结果，企业就可以更好地进行精细化管理，实现管理的提升。

(3) 风险监控方面，可以列出很多风险监控的指标，再通过这些指标用大数据平台进行实时监控，真正了解整个企业当前所处的风险等级。

3. 传统业务架构存在的 6 个缺点

传统业务架构存在的 6 个缺点主要体现在以下方面。

(1) 不够敏捷，对业务新需求满足的时间太长。有些金融机构内部业务新的需求提出后，需要几周，甚至几个月时间才能把报表提交上去，业务人员才能看到他需要的数据，这种效率显然跟不上市场变化。

(2) 性能不佳，在海量数据面前，没有足够的计算能力去实时计算数据。

(3) 洞察力弱，传统 IT 架构已无法深入挖掘海量数据的数据价值。金融企业的分析人员已不满足于只看到数据呈现，还希望使用对数据进行聚类、分类的算法来挖掘数据价值。

(4) 扩展性差，海量历史数据无法单机存储，传统的 IT 架构又不支持水平扩展。

(5) 无法挖掘非结构化数据价值。现在每年金融机构的数据增量中有 70%～80%的数据属于非结构化数据，如果不能把这部分数据的价值挖掘出来，是严重的浪费。

(6) 成本高，从系统搭建到项目实施整个过程不可控。动辄上百万元资金成本或一到两年时间成本的项目在金融机构中很多。

4. 在线或离线

为什么要分在线和离线？其实，很多需求都是按时效性区分的。例如，我们会分析现有的客户中，哪些属于即将流失的客户，哪些是高价值客户。在这个过程中，要经过复杂的模型，考量多个指标来判断，而结果也许并不需要马上就得到。但在分析某个地区时，高价值客户最近的消费倾向这种分析需求是非常灵活且时刻变化的，这就要求能够实时得到计算结果。

在线分析需求，有何实践总结，同时如何实现敏捷分析？在以前的架构中，通常是把业务逻辑和数据模型结合在一起，也就是根据业务需求制作数据模型，制作 Cube，做二次表，进行汇总计算，最后反馈和展现的只是一个具有很小数据量的结果。在这样的架构中，前端需求一旦变化就需要改模型，造成工作量大，交付时间也会拖长。

因此，最好把数据模型和业务逻辑分开。数据模型只把跟分析主题相关的数据关联到一起，做一张大宽表。比如，现在要进行营销相关分析，就把交易数据、用户数据、渠道数据都打通，关联起来，但这些数据不要汇总，也就是要保持交易记录级的数据粒度，而要分析哪些维度，需要什么粒度的数据，都可以通过实时的计算，这样就不会造成业务逻辑和数据模型混在一起。

不能每个分析需求都建一个 Cube，有的企业数据仓库中有上千个 Cube，因为数量太大，根本没人来管理。而每当有新需求提出，也只能做新 Cube。这么做对企业来说有风险。

如果不愿意对数据进行汇总计算，而是进行实时计算，就要提供大量细节数据实时计算的能力，这时可以采用 MPP 数据集市来处理在线分析需求。

在这个过程中，运用了列存储、分布式计算、列存计算的技术来提高运行效率，就算是百亿级的数据，也可以通过这种分布式的集群，实时进行分析计算，然后反馈给用户。

此外，大数据平台离线分析是通过 Hadoop 的平台来做结构化和非结构化数据的存储，解析。然后在上面会用 YARN(Yet Another Resource Negotiator，另一种资源协调者)量做资源管理——根据分析需求决定是用批处理模块还是搜索模块、是用流处理还是用机器学习等。

【案例】

一个股份银行，通过大数据平台，帮助他们进行用户画像的精准营销，把金融机构持卡人的信息、信用卡信息、微信信息都拿过来。在大数据平台上，通过画像和算法给用户进行画像分群，根据分析需求来构建画像模型，基于 Map Raduce 聚类和算法对用户进行分类，然后再进行数据域处理，最终完成用户的画像，如图 10-1 所示。

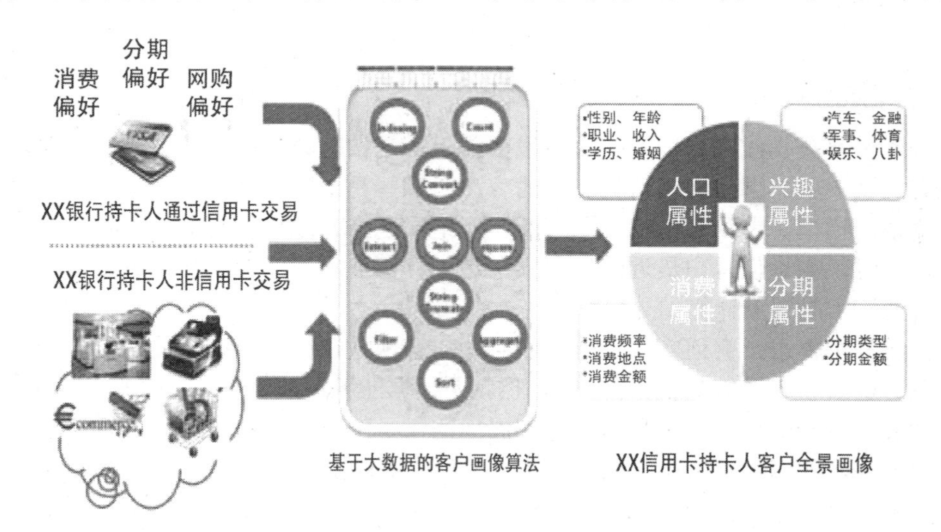

图 10-1　大数据平台上用户画像的精准营销

10.1.2　如何利用大数据分析提升金融风控安全性

随着金融科技、科技金融等概念的热起，以及互联网金融、无金融服务群体的刚性需求下，大数据风控技术也获得越来越广泛的重视和应用。但是，如何利用大数据、机器学习等前沿技术做金融风控？如何通过海量数据与欺诈风险进行博弈？

同盾科技提倡跨行业联防联控，一个维度是打破企业之间的数据孤岛，即打破企业与企业、平台之间的数据交通障碍。另一方面是行业与行业之间也存在一定的风险重合，比如信贷行业与电商行业、O2O 行业之间，需要一定的机制来打破数据障碍。

风控体系主要包括事前、事中、事后调控三个方面。

(1) 事前：在风险发生之前就要通过对风险舆情的监控发现风险，比如在某些恶意的欺诈团伙即将发动欺诈攻击前就采取措施来提前防御，比如通过规则加紧、把模型阈值调高等方法。

(2) 事中：信贷借款申请，在线上注册激活的过程中，根据自动风险评估，包括申请欺诈、信用风险等来选择是否拒绝发放贷款。

(3) 事后：贷款发放以后的风险监控，如果借款人出现在其他平台的新增申请，或者长距离的位置转移，或者手机号停机等，可作为贷后风险预警。

1. 如何提前在网络中抓住骗子

1)　最基础的技术：设备指纹

在整个风控体系中，对于网络行为或者线上借贷，最基础或者最重要的技术是设备指纹。网络上的设备模拟或攻击，比如各种各样的自动机器人，实际上是对网络环境造成极大的干扰，在信贷中会导致对信用风险的误判。

另外，网络设备最关键的地方是要实现对设备唯一性的保证，然后是抗攻击、抗篡改。网上有各种高手会进行模拟器修改、修改设备的信息和干扰设备的定位等以各种手段来干扰设备的唯一性认定。

所以对抗这样的情况的技术要点在于：抗攻击、抗干扰、抗篡改。另一方面能够识别出绝大部分的模拟器。

2)　设备定位：基站和 WiFi 三角定位

(1)　非 GPS 定位。值得注意的是，在模拟器或者智能设备系统里面它可以把 GPS 定位功能关掉。而如果通过将基站的三角计算或者 WiFi 的三角计算定位结合起来，定位的精度较高，且不受 GPS 关闭的影响。这可以应用在信贷贷后管理，用来监测借款人的大范围位置偏移。

(2)　地址的模糊匹配。对于位置来讲还有一个重要方面是地址的模糊匹配。在信用卡或者线下放贷中，地址匹配是一个重要的风险审核因素。但是地址审批过程存在一个问题：平台与平台之间因为输入格式不同或者输入错误等问题造成难以匹配，那就需要模糊算法来进行两两匹配，以及数个地址之间进行比对，或者在存量库中搜索出历史中的风险或者相关性名单来进行比对。这其中涉及的技术包括模糊匹配算法和海量地址的管理和实时比对。

3)　复杂网络

复杂网络有时候大家称之为知识图谱，但这中间有点区别：复杂网络更偏向于从图论的角度在网络构建后进行实体结构算法分析，知识图谱更偏重于关联关系的展现。

网络分析最重要的一点是具有足够的数据量，能够对大部分网络行为进行监控和扫描，同时形成相应的关联关系，这不仅是实体与实体之间、事件与事件的关系，并且体现出“小世界(7 步之内都是一家人)”“幂分布”等特征。

例如，团伙性欺诈嫌疑识别。有一个被拒绝的用户，关联出来了一个失信的身份证和设备，而且发现其设备有较多的申请行为，那么，这个被关联出来的用户或将需要严格的人工审核，甚至可以直接拒绝。

通过对借款事件的深入挖掘，我们可以关联出大量的借款事件。这个需要进行一些算法分团，可以把相关的联系人都分到一个地方，然后进行关联成团的团伙性分析，根据图论上的属性如团的密集程度和某些路径的关键程度等，比如介数、图直径等角度来估计风险。

4)　数据抽样结果案例：骗子遁形

通过对内部大量数据的抽样分析，可以看到一些有意思的现象：潜在的威胁者，出于恶意目的，他的行为会和正常的用户有所不同。这里面有几个例子可以分享。

(1) 设备与关联账户的数量与欺诈风险的关系。当然这不仅包括了信贷行业的欺诈，还包括账户层面的盗取账户、作弊、交易等欺诈风险。可以看到，当设备关联账户量大于 5 个时，其风险系数明显增高。此外，当关联数量大于 5 时，风险率也是明显偏高。

(2) 对于多头负责与不良率的比较。7 天内贷款平台数高于 5 时其风险也是明显偏高的。虽然对这个数据还没有做进一步的清洗和交叉衍生新的变量，但也可以看出其中的风险相关程度。

(3) 某个特定客群的建模抽样分析。例如多次借款申请人如果 180 天内夜间申请借款的比例——就是有借款行为的同时，如果大于 1/4 的借款申请是在夜间进行的，其风险明显增加。

数据都是客观的，取决于数据形成后对业务的分析和解读。

2. 优秀的决策引擎是怎样的

一个优秀的决策引擎具有以下特点。

(1) 灵活可配——不但可以配规则，还可以配规则的字段和权重。

(2) 快速部署——配置好的规则模型可以实时生效，当然如果涉及一般规则修改时，可以做一个灰度部署。

(3) 决策流——它可以把不同的规则和模型串到一起，形成一个决策流，实现贷前、贷中、贷后的全流程监控。它可以实现对数据的按需调用，比如把成本低的数据放到前面，逐步把成本较高的数据放到后面。因为有些决策在前面成本较低的数据下已经可以形成，就不必调用高成本的数据。

(4) AB 测试和冠军挑战——对于规则修改、调优时尤其重要。两套规则跑所有的数据，最终来比较规则的效果。另一种是分流——10%跑新规则，90%跑老规则，随着时间的推移来测试结果的有效性。

(5) 支持模型的部署——线性回归、决策树等简单模型容易将其变成规则来部署，但支持向量机、深度学习等对模型支持的功能有更高的要求。

3. 信用评估

经过上述手段，我们基本可以具有一个很强的力度来排除信用风险，那么以下便是信用评估阶段。

评分卡模型介绍如下。

评分卡分为申请评分卡、行为评分卡、信用评分卡。申请评分卡用于贷前审核。行为评分卡作为贷中贷后监控，例如调额、提前预知逾期风险。它可以通过历史的数据和个人属性等角度来预测违约的概率。信用评分卡主要用于信用评分过程中的分段，高分段可以通过，低分段可以直接拒绝。

因为行业不同，客群与业务不同，评分卡的标准也有所不同。对于有历史表现的客户，我们可以将双方的 XY 变量拿出来，进行一个模型共建，做定制化的评分。

构建一个评分卡模型，目前传统的方法是银行体系中使用的：数据清洗、变量衍生、变量选择然后进行逻辑回归这样一个建模方式。

那么机器学习和传统方法最主要的区别是变量选取过程的不同——如果还是基于传统的变量选取方法，那通过机器学习训练出来的模型，其实还是传统的模型，其模型虽然是一个非线性模型，但是其背后体现不出机器学习的优势。

4. 核心技术与挑战

在目前以大数据、大数据决策为核心的风控技术体系中，整体的数据量达到一定水平，存在的挑战将会是数据的稀疏化。随着风控业务覆盖的行业越来越多，平台间的数据稀疏问题就越明显。

此外，其实对于大数据来说，即便具有数据和大数据决策，如果没有一个很稳定的落地平台也是一个空中楼阁。大数据应用要做到完整，还需要符合以下要求的平台：①容纳量，能够容纳特别多的数据；②响应，任何决策都能实时响应；③并发，在大量数据并发时也能保持调用。与此同时，安全性也是必不可少的。

10.1.3　利用大数据分析降低信用卡套现概率实战技巧

2003 年以来我国经济的快速增长，国内信用消费环境的日趋成熟，我国信用卡市场近几年得到了爆炸性的大发展。根据中国银行业协会统计，截至 2015 年年末，信用卡累计发卡量 5.3 亿张，信用卡欺诈损失排名前三类型为伪卡、虚假身份和互联网欺诈。

随着互联网信息技术的发展与移动互联时代的到来，信用卡业务的申请受理也逐渐由线下转移到线上渠道。某银行信用卡中心申请进件的重心，也逐渐向线上渠道倾斜。这就要求信用卡中心在审批流程和方法上与时俱进，采用更多渠道通过第三方服务，对申请进件的信用资质、真实性等方面进行核查，以防止欺诈行为的发生。

【案例】某银行信用卡中心/风险控制/反欺诈

1. 任务/目标

信用卡业务竞争本质上就是对客户的竞争，而且是对优质客户的竞争。针对线上审批在客户发现、客户提升、客户保持、忠诚度、反欺诈和个人信用风险等等一系列围绕客户的新问题，支持日常运作的信用卡审批无法提供线上实时的、大量的、复杂的申请以提供快速的决策分析，因此需要建立一套以客户为中心的大数据分析系统以实现上述目的。

2. 挑战

2017 年“两会”上，李克强总理在《政府工作报告》中指出，当前系统性风险总体可控，但对不良资产、债券违约、影子银行、互联网金融等积累风险要高度警惕。金融行业长期面临欺诈风险和信用风险。欺诈风险和信用风险有着本质的不同。信用风险指借款人因一些原因未能及时、足额偿还债务而违约的可能性。信用风险和收益一般是正向关系。金融机构对信用风险是主动承担的，风险管理的目的在于将风险控制在一定范围内而获得更好的收益。而欺诈风险则是借款人恶意利用金融规则的漏洞以非法占有为目的，采用虚构事实或者隐瞒事实真相的方法，骗取借款的风险。金融机构对欺诈风险是被动承担的，并不会从承担欺诈风险中获得交易收益，风险管理的目的在于将风险减少到最低和严防风险发生。但欺诈风险与信用风险又有一定的联系，欺诈风险可以引发新的信用风险或增大原有的风险程度，为风险管理带来一定难度。

金融反欺诈是指金融机构通过借助技术手段、改善业务流程等方式，检测、识别并处理欺诈行为，以预防和减少金融欺诈的发生。反欺诈在国内是个刚需。对很多金融机构来说，其所面临的欺诈风险远大于信用风险。尤其是近年来互联网金融和消费金融的快速发展，同时传统金融机构也不断向线上转移业务，很多平台等在风险管理方面准备不足即开展业务，面临大量的网贷申请欺诈和交易欺诈。同时对于 P2P 平台和消费金融公司来说，低廉的造假成本和风控能力较弱，大大降低了网贷申请过程中的诈骗难度，给其识别风险带来了很大的冲击和挑战。

通过对各种场景中常见的欺诈行为的研究，可以对于外部欺诈的主要特征做出初步判断。欺诈行为主要可分为以下几大类。

1) 身份欺诈

身份欺诈即利用虚假的身份信息向金融机构申请贷款。身份造假有以下几种类型。

(1) 盗用或冒用他人身份信息。欺诈分子通过暴力破解、撞库等技术手段非法盗取网上银行/手机银行账户，并采用集码器等获取手机验证码等校验信息，利用账户资金进行非法消费、转账或提现等操作。

(2) 盗用银行卡，即非法获取持卡人的银行卡信息，绑定支付账户，或者通过复制银行卡，提取银行卡内资金。

(3) 虚假注册，即利用身份信息交易黑色产业链大量收购身份信息，在线注册账户，并利用虚假注册的非本人账户进行骗贷或洗钱。这类成本较低的欺诈方式主要用于攻击风险控制薄弱(例如提供身份证即可放款)的借贷平台。

随着放贷机构风险管理手段的升级，近期还有针对性地发展出“虚拟人物养成”的新模式，即花费时间和经济成本“刷”出各类信用记录，例如通过作弊手段，将芝麻信用分“养”到 600 分以上，创造出一个“真实”的有良好信用信息的人以骗取贷款。

(4) 电信诈骗，即通过网络、电话等诈骗方式，诱使客户主动将资金转移到欺诈分子账户。在身份欺诈中，既有个人实施的单笔骗贷，也有专门的骗贷团伙，专门研究各个金融机构的管理漏洞，利用各种技术手段实施团伙欺诈，例如攻击某个平台，大量盗取用户信息，或通过一台主机同时控制几百部手机或平板电脑，或同一台手机不断插拔多个手机号进行申请，其手段更为隐蔽，从单一的身份属性验证角度难以识别此类团伙行为或机器行为。

2) 信息隐瞒或造假

信息隐瞒或造假即刻意隐藏不良信息，或征信不达标的个人在黑中介的协助下，通过各种手段将自己包装成“信用合格”人员，从而顺利获得贷款。例如申请人存在电信、公共事业、各类罚款等方面的欠缴行为，或者其名下个人资产是法院的执行对象等负面信息，或者其配偶在金融机构有过多次逾期或不良记录，即使申请人本人信用状况良好，但法律规定的代偿义务直接影响到了申请人的还款能力和意愿。由于婚姻关系不是申请表的必填信息，此类信息不对称具有相当的隐蔽性，难以被金融机构察觉。

另外，还有欺诈分子通过作弊手段，短时间内大幅提高芝麻分等信用记录，或伪造高学历证明、工作证明、通信信息、银行流水信息等，试图提高信用审核的通过率。

3)　隐形的欺诈意图

由于信用意识和超前消费的准备不足，一部分拥有正常信贷需求的人可能出现未能正确评估自身还款能力或丧失还款意愿的情况。例如：申请人本人及其密切联系人(尤其是有代偿义务和代偿意愿的联系人)是否在新的贷款机构提交了借款申请；是否从新的贷款机构借款，借贷产品的类型和借贷渠道是否发生了变更等，尤其是从传统金融机构转向风控较为松懈的新型贷款机构申请贷款，或新申请了短期高息贷款，或频繁使用信用卡提现等异常现象。如果出现此类情况，有理由相信，在客户收入保持现有水平的情况下，难以偿还所有这些欠款，很大程度上能够反映出资金紧张或信用状况恶化，需要额外加以关注。

4)　商户欺诈

商户欺诈就是商户与借款人形成套现、套利的勾结关系，骗取金融机构对于特定消费场景的补贴等。

3. 解决方案

随着网络和移动通信技术在金融领域的广泛应用，网络欺诈也日益复杂多样，并呈现多种欺诈手段的复合型欺诈和分工精细的团伙化欺诈趋势。传统的反欺诈手段通常是每遇到一次欺诈，就将其行为特点记录下来形成“规则”，再基于规则建立防范机制，通过金融机构自有业务数据进行分析建模做反欺诈风控。但由于我国目前征信体系并不完善，数据滞后性和数据不全面问题导致金融机构只能做到一定程度的预防，不能跟上日益隐蔽和变化的欺诈手段，起不到真正的全面风险控制。

百融金服凭借服务银行等金融机构的行业先入优势、超强的大数据处理和建模能力，为信贷行业用户提供包括反欺诈、贷前信审、贷中管控以及贷后管理在内的客户全生命周期产品和服务。通过大数据的方式进行筛选、整合、聚类等处理，针对未来可能产生欺诈行为的异常信息进行判定，为用户做全方位画像，就成为金融机构防范欺诈风险和信贷决策的重要补充。

影响反欺诈效果的因素包括数据的来源及质量、算法模型的有效性、系统构架以及对应的反制措施。

在反欺诈系统中，能否形成全面的用户画像，进而对用户下一步的欺诈风险进行预测，多维度和深度的大数据是必不可少的条件。

随着互联网和移动互联网渠道的不断发展，从各类场景识别欺诈行为的重要性将日渐突显。百融拥有详尽且经过检验的预置规则集，对于不同的业务场景，可以基于测试样本的测试效果，选择适用规则进行使用，还可以通过对金融机构具体应用场景和客群的特征分析，开发客制化规则并检验效果，择优选用、部署，确保贷前反欺诈效果。

一般来说，反欺诈模型有两种。一种是使用大量欺诈样本，应用规则引擎及统计分析技术，进行多维度多规则的组合，根据对欺诈识别和预测能力的贡献，每条规则被赋予相应的权重，命中相关规则的行为会得到累积的分值，即对单次信贷申请行为的欺诈度的综合量化结果，从而来预测欺诈的概率。另一种是反欺诈机器学习模型，它指的是采用数据挖掘方法，基于历史(即已知的欺诈申请和正常申请)而建立的分类模型，通过机器训练利用海量数据来对借款人进行判断。

机器学习主要有两种学习方式：监督学习和无监督学习。监督学习模型，通过已有的训练样本(即已知数据以及其对应的输出)去训练得到一个最优模型，具有对未知数据进行推测和分类的能力，比如在已知“好”和“坏”标签的前提下，尝试从历史数据中，挖掘出欺诈团伙的典型特征和行为模式，从而在遇到相似的行为时可以分辨是否欺诈团伙。

监督模型虽然在预测准确性上有不错的表现，但是，实际情况中，“好”和“坏”的标签往往很难得到。因此，在没有额外信息的时候，就需要通过无监督学习模型进行分析。无监督式学习网络在学习时并不知道其分类结果是否正确，也没有告诉它何种学习是正确的，仅提供输入范例，而它会自动从这些范例中找出其潜在类别规则。当学习完毕并经测试后，便可以将之应用到新的案例上。

在反欺诈规则引擎中，这些甄别欺诈行为的规则依赖于从大量历史案例中总结出来的“专家知识”，而机器学习模型要采用更复杂的算法建立的模型，需要大量数据建立一个良好的训练集，以保证输出结果的准确。基于两类模型各自的优劣势，在应用其评分结果时，百融建议根据金融机构的实际情况，制定分阶段应用策略，并持续监控和改进模型。

以上提到欺诈行为呈现团伙化特征，关系网络提供了全新的反欺诈分析角度，通过无监督学习算法，挖掘诈骗团伙的特征，从而识别诈骗团伙。

亚里士多德提出“人是社会性动物”，社会个体成员之间因为互动而形成相对稳定的关系体系。关系网络关注的是人们之间的互动和联系。社会关系包括朋友关系、同学关系、生意伙伴关系、种族信仰关系等。经由这些社会关系，把从偶然相识的泛泛之交到紧密结合的家庭关系的各种人们或组织串连起来。

关系网络指的是一种基于图的数据结构，由节点和边组成，每个节点代表一个个体，每条边为个体与个体之间的关系。关系网络把不同的个体按照其关系连接在一起，从而提供了从“关系”的角度分析问题的能力，这就让我们可以从正常行为中识别出异常的团伙欺诈行为。

异常检测是在无监督模型学习中比较有代表性的方法，即在数据中找出具有异常性质的点或团体。在检测欺诈团体的情况下，异常检测被认为是比较有效果的。比如一般情况下在关系网络中，正常的个体应该是与另一个节点组成一度关系。如果出现与其他众多节点关系密切，关系在二度以上，且网络中有多个节点具有欺诈嫌疑，则这个关系网络的团体可以看作是异常，其每个节点均有可能是欺诈团伙的参与者，发生借贷行为时，可以进行重点审查或直接拒绝。异常检测并不能够明确地给出一个团体是否欺诈，但是可以通过这种方法排查出可疑的团伙，从而进行调查。

综上所述，从金融机构的业务流程来看，风险是存在于信贷行为的整个生命周期的，百融通过用户画像、反欺诈识别、信用评估等手段建立涉及贷前审核、贷中监控、贷后管理的信贷全生命周期风控体系，帮助金融机构降低潜在风险，如图 10-2 所示。

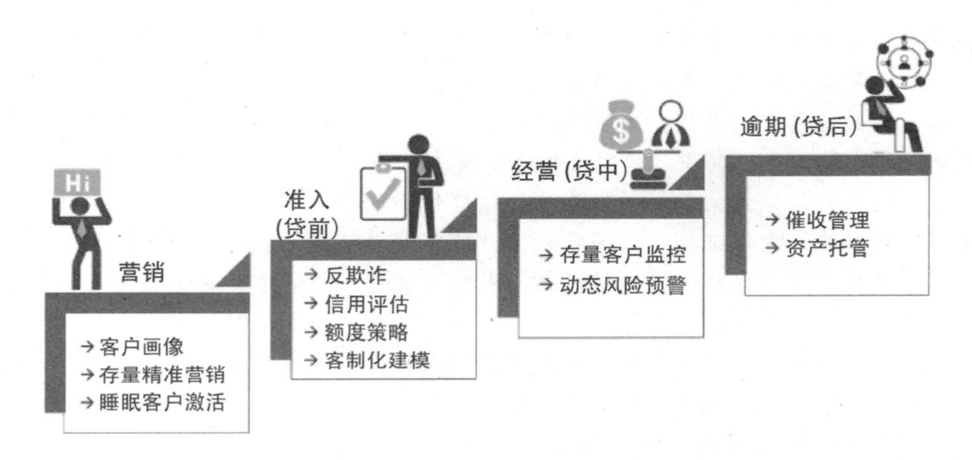

图 10-2　全生命周期管理方案示意图

4. 实施过程

1)　客群分析

在建立模型前，百融金服将根据信用卡中心的业务模式和客户群体特征，明确客群分类，以此来确定模型的种类，在确保模型准确性的前提下避免重复工作。根据信用卡中心的客群分析研究结果，识别其风险特征，确定与其信用风险强相关的变量，与百融金服进行联合建模。

2)　客制化建模

在建模的过程中，百融金服的专业人员与信用卡中心的业务人员共同对贷前反欺诈、信用评估、建模、贷中监控等环节进行深入研究和探讨，及时根据信用卡中心的需求对模型进行调整。

(1)　欺诈检测方面，通过收集和整理各行业、机构的黑名单信息，通过多样化的机器学习模型及大数据关联分析等技术，给银行、个人等企业提供风险管控和反欺诈的服务。

(2)　风险评级方面，使用专业技术和工具，评估风险账户相关数据的客观性、准确度，量化其信用风险、履约等能力；在控制风险前提下，使个人能够实现安全操作。

(3)　建模方面，根据该银行信用卡的业务特征以及百融在同业的实践经验，本项目将主要采用广义线性模型框架下的逻辑回归模型来实现。逻辑回归模型具有稳定性高、解释性强、部署简易的优点，使得其广泛地应用于风险评估、市场营销等诸多领域。评分将基于科学且严密的建模流程，同时建模过程中将充分吸收百融金服积累的专家经验与行业经验，形成最终的最适用于其信用卡中心的定制化评分。定制化评分将助力其信用卡中心提升信用风险评估的精准性，提升审批效率和审核通过率。

(4) 贷中监控方面，发掘与相关账户的信用相关的预警信息，形成预警信号并向相关风险管理系统主动推送，进而跟踪预警信号处置流程，直至形成最终结论或风险管控方案，形成一个具有风险预警、通知、处置和关闭功能的闭环处理流程。

3) 查询接口

百融将根据该银行信用卡中心的需求，提供网页查询和专线接口查询两种方式。

(1) 网页查询方式。百融将为该银行信用卡中心提供网页查询方式，用户可通过网页输入相关信息进行查询。网页版是百融自主研发的风险罗盘系统，同样支持单笔和批量两种查询方式。其中，单笔查询和批量查询都可满足实时返回查得结果需求。

(2) 接口查询方式。百融提供相应的接口程序，接口可支持不同业务系统开发不同接口查询功能，在保证拓展性的基础上，可实现单笔查询和批量查询两种功能，满足该银行信用卡中心发起一次查询返回所有结果的需求。其中，单笔查询和批量查询都可满足实时返回查得结果需求。

百融征信局评分在银行客群上具有优秀的风险区分度和稳定的排序能力，与银行申请评分交叉使用后可以更精准地区分出好坏客户。对于无央行征信报告的客户，百融仍能对 75%以上的客户实现风险区分，经过百融评分，找回了原本认为坏的客户，拒绝了原本认为好的客户，在保持通过率基本不变的情况下，审批通过率提升了 8%，实现不良率由 1.54%下降至 1.25%，降低银行约 20%的损失。

10.2 大数据分析在交通领域的应用

10.2.1 公共交通利用出行数据分析合理分配运力实战策略

大数据和数据挖掘技术的发展给解决交通中存在的问题带来了新的思路。大数据可以缓解交通堵塞，改善交通服务，促进智能交通系统更好更快地发展。

在目前的技术条件和发展水平下，大数据在交通中的应用主要有以下几种方式。

(1) 公共交通部门发行的一卡通大量使用，因此积累了乘客出行的海量数据，这也是大数据的一种，由此，公交部门会计算出分时段、分路段、分人群的交通出行参数，甚至可以创建公共交通模型，有针对性地采取措施提前制定各种情况下的应对预案，科学地分配运力。

(2) 交通管理部门在道路上预埋或预设物联网传感器，实时收集车流量、客流量信息，结合各种道路监控设施及交警指挥控制系统数据，由此形成智慧交通管理系统，有利于交通管理部门提高道路管理能力，制定疏散和管制措施预案，提前预警和疏导交通。

(3) 通过卫星地图数据对城市道路的交通情况进行分析，得到道路交通的实时数据，这些数据可以供交通管理部门使用，也可以发布在各种数字终端供出行人员参考，来决定自己的行车路线和道路规划。

(4) 出租车是城市道路的最多使用者，可以通过其车载终端或数据采集系统提供的实时数据，随时了解几乎全部主要道路的交通路况，而长期积累下的这类数据就形成了城市区域内交通的“热力图”，进而能够分析得出什么时段的哪些地段拥堵严重，为出行提供参考。

(5) 智能手机已经很普及，多数智能手机都会使用地图应用，于是始终打开 GPS 或北斗定位系统，地图提供商将收集到的这些数据进行大数据分析，由此就可以分析出实时的道路交通拥堵状况、出行流动趋势或特定区域的人员聚集程度，这些数据公布之后会给出行提供参考。

公共交通指城市范围内定线经营的公共汽车及轨道交通，渡轮、索道等交通方式，这些交通工具都是按照时间点发车，资源配置不合理就导致了等车时间长，乘坐拥挤、挤不上等一系列的问题。大数据技术可以实现资源的合理配置，通过站点实时客流量检测，合理分配公共资源，提高资源利用效率。此外，乘客可以通过手机 APP，实时查询公交车的行驶状况、车内客流情况供乘客参考，及时更改乘坐计划，避免出现盲目等车的状况。公共交通是缓解交通拥堵的一种有效手段，完善公共交通服务质量，让市民真真切切地体会到公共交通带来的便利，是市民出行首选公共交通出行的先决条件。

随着国民经济的持续增长，交通需求越来越大，交通事故数居高不下，道路交通安全成为全社会普遍关注的问题，减少道路交通事故的发生，提高道路交通、安全水平，已经成为人们的迫切要求。

道路交通系统中，因驾驶员的素质、车辆的安全性能、环境、道路及气候等因素的不良变化，导致这种因素组合恶化，如果这种恶化因素持续发生，就可能导致交通事故的发生。大数据的实时性及可预测性可以保证交通系统对事故的主动预警，以便提前预测事故发生的可能性。例如，通过 GPS 定位技术采集车辆行驶轨迹，判断车辆是否正常行驶，若出现非正常行驶及时通过交通部门对车辆进行管制，通过道路环境及设施检测系统，实时采集道路环境及道路设施信息，经过云计算分析处理大数据后及时通过交通广播发布或者通过手机短信将信息推送给在附近行驶的车辆，通过大数据技术及时分析恶劣天气环境下道路状况，减少雨天、大雾、雪天连环撞车发生的概率。

将大数据应用到应急救援系统中，可以更加准确地定位事故地点，快速通过医护及消防救援，并且可以通过大数据技术推送事故发生信息给附近行驶的车辆，让其做好让救援车队顺利通过的准备，并告知驾驶员备选路径，以便于驾驶员改变行驶路径。

大数据在交通上的应用还有一个常见的场景。随着人们生活水平的提高，道路上的机动车也越来越多。套牌机动车的数量也随之增多，由于套牌机动车发现难度大，检测难度高，有许多套牌机动车并没有被发现，严重影响了道路交通安全秩序，比如随意地闯红灯，超速，跨越双实线，乱停，乱放，给人们的安全出行带来了很大的隐患，也为肇事逃逸案件的侦破增加了难度。通过大数据，可以解决套牌车问题，在解决交通拥挤等问题上有很大的优势。

随着车辆的增多，停车难已成为人们非常关注的问题。解决停车难问题是治理交通拥堵工作的一部分，把大数据应用到智能交通系统中，可以通过主动式的方式向用户推送相关交通服务信息。例如利用电子车牌 GPS 定位技术获取车辆停靠位置及停靠时间信息，出现违规停靠的情况向车主手机推送相关违规信息，让其及时把车开走，这样可以缓解道路车辆乱停靠带来的交通堵塞。通过停车诱导系统获取车辆所在位置和附近一定区域内的停车场信息，预测到达停车场的时间，通过手机短信或者手机 App 的方式及时向车主推送附近停车场的信息，车主可以主动地选择停车场或者提前预订车位。

为避免乘坐高铁误点，乘客往往要提前好几个小时就往火车站赶，赶火车花费的时间甚至要比乘坐高铁的时间多出许多。把大数据技术应用到交通中，出租车公司可以联合高铁运输部门，获取乘客的信息例如手机号及乘车时间。出租车公司可以与交通信息中心联合获取出行前和出行后交通信息，通过大数据处理技术预测从出发点到火车站的时间，向乘客推送路径、用时、乘车方式等信息，乘客若要乘坐出租车，则可以在合适的时间通过手机 GPS 定位技术获取乘客出发地点及附近的出租车信息，通过实时交通信息服务，出租车司机选择最优路径以最快的速度到达火车站，这样可以节约乘客大部分的时间。

理性的数据建模分析告诉我们：一个城市，如果把车和车，车和道路充分链接到位的话，从理论上来说，可以提升这个城市道路通行能力的 270%。实践的层面上，在城市化快速推进过程中，如何避免各方面“城市病”发生“共振”，从而导致系统性城市运行风险爆发，是城市管理者应当高度关注的问题。杭州国际城市学研究中心设立的“西湖城市学金奖”奖项，面向民间领域征集破解“城市病”之道。2012 年，第二届“西湖城市学金奖”中“城市交通问题”征集成果《缓解城市交通拥堵问题 100 计》中，被杭州市交警局采纳并运用到实践中的点子比例高达 40%。杭州市交警局局长乐华说，交警局是“西湖城市学金奖”城市交通问题征集评选活动中最大的受益者。杭州的错峰限行、分区域停车费收费新政、西湖环线交通、地铁换乘优惠等交通举措都是源于“西湖城市学金奖”的金点子。

在基于大数据的智能交通应用方面，杭州国际城市学研究中心主办的“西湖城市学金奖”征集活动中也有这样的点子并已经投入使用。在第一版“杭州公共出行”应用获选西湖城市学金奖金点子后，安卓用户下载使用量达到一万余次。2018 年 3 月，应用升级，在原有基础上，增加了实时公交、地铁信息查询、检索功能，覆盖城市公共交通出行大范畴，并在微信平台上设服务号，通过发送关键词推送查询信息，方便除安卓系统之外的智能手机用户。

10.2.2　大数据分析实现城市的智能交通

以大数据、云计算、移动互联等先进信息技术为引领，以监控和维护道路通行秩序、保障道路畅通、有效预防和减少交通事故和交通拥堵为目标，实现分析大数据的分析研判。

在支队提供抓拍和电警数据和服务器的条件下，本节主要讲解以下几种大数据分析功能。

(1) 交通拥堵分析：输入时间范围，根据历史拥堵路段流量流速散点图，确认是车流量大引起的，还是由于事故引起的。

(2) 案件多发区分析：案件类型包括交通拥堵、嫌疑车辆、交通事故、治安事件、灾害天气、地质灾害、市政事件、大型车故障、火灾爆炸等。通过在地图上绘制指定时间范围内指定类型的案件分布的位置情况，分析出当前城市的案件多发区。

(3) 交通参量同比、环比：实时展现道路历史交通参量的变化发展趋势。通过图表等形式直观全面地反映出道路的交通流变化情况，同时可以根据小时、日、周、月等条件查看历史交通流参量数据。

(4) 事故高发地点统计：事故高发地点统计是从事故原因的角度来分析统计时间范围内的事故发生地点、事故发生起数、事故按日期统计趋势。

(5) 以交通出行量数据调查(也称起终点间的交通出行量)表为基础，进行 OD (Origin Destination)数据分析和挖掘，实现对快速路各个监测断面的车流量统计分析，包括历史流量统计分析和实时流量统计分析。

(6) 交通预测预警。在海量的数据中找出符合既定策略、规则的车辆，为交警部门的交通管理、综合研判提供强有力的支持和保障。策略预警的规则可结合当地交通特点灵活设定，进而不断丰富、完善。策略设置的参数也可根据预警反馈情况及策略运行经验灵活调整。

(7) 根据实时的视频采集数据，对采集的数据实时地进行分析比对，当锁定一个车辆后根据车辆的特征或车牌号等信息，实时地追踪车辆的行走路线和位置。

(8) 根据公共交通上下车刷卡数据，对采集的数据做聚类分析，得到城市公共交通画像，给公共交通设计部门提供数据，从而可以更好地设计公共交通线路。

(9) 利用大数据智能分析，结合高清监控视频、卡口数据、线圈微采集波数据等，再辅以智能研判，基本可以实现路口的自适应以及信号配时的优化。通过大数据分析，得出区域内多路口综合通行能力，用于区域内多路口红绿灯配时优化，达到提升单一路口或区域内的通行效率。

10.3 大数据分析在安防领域的应用

10.3.1 大数据分析对实现快速安检过闸的提升作用

大数据是实现智能安检的关键技术，如今国内已有多个品牌的安检机发布了智能安检系统，国内多个口岸、车站等场所都已经上线了麦盾的智能安检系统，各使用单位都表示安检效率和检出率都有了很大的提高。这不仅是一个产品系列的成功了，而是引发了一个方向的成功。而安检机与移动互联网接轨的需求又越发迫切，因此麦盾开发智能安检机自然成为各单位的合作目标。

1. 开发智能安检系统的目的

利用人工智能+大数据，实现违禁品精准识别。比传统人工分辨方式更精准、更灵活，各安检点获得的数据通过网络整合形成大数据分析。通过提供多维度的管理数据和可视化管理模拟，更精准地筛选违禁品。

2. 智能安检系统的关键在于“大数据”

智能安检机的特点就是“自动判断、自动报警”，这无疑提升了安检单位的使用体验，但也使得安检过于机械化，缺乏有效的数据依据。

例如，安检机内数据集成了以前所有的安检违禁品特征，通过定期更新的方式进行数据维护，这种数据更新的方式门槛低。但在之前，智能安检机没有最新的数据，也就不能识别了。

所以对于智能安检机来说，想要通过实时更新，还需要有效的数据整合和分析机制，才能对新型违禁品进行预报。在这些数据中，可分为已知特征和分析特征，而后者才真正具有价值。

3. 如何界定和找到“物品特征”

不同物品类型、有机物和无机物、密度比重对“物品特征”的界定都不同，对智能安检机来说，在界定目标时，应找到物品关键指标，这需要综合相关数据加以综合判断，能够具有相关特征的数据就被称为“物品特征”。

“物品特征”的衡量往往需要通过多个维度的数据特征进行筛选，但目前其他品牌后台只能提供一些基础的数据，无法充分获取、挖掘和分析用户的行为数据。麦盾安全通过引入人工智能和大数据技术，能够智能获取物品的密度比重、有机物、无机物等数据，并进行特征画像，从而帮助筛选设立“物品特征”。

可见，智能安检的核心就是大数据，智能安检机则将它的能力发挥到了极致，它通过物品分析，建立多维标签，再运用数字化的手段生成“物品特征”并通过网络自动实时更新比对，实现智能化安检机。

10.3.2　家庭安防系统中的大数据挖掘应用

家庭安防行业正在向以网络为中心的模式转变，并且明显侧重于开发比较简单的、自供电的、联网的设备。这种转变引发了对产品的整个生命周期提供保障的需求。对于“侵犯”的不断更新的定义，已经进一步迫使解决方案提供商保障他们的智能家庭安全解决方案自始至终发挥应有的作用。

以云计算为基础的无线信息技术系统在智慧家居中不断增长的应用，促进了运营服务和商业服务更加紧密地整合，利用由物联网生成的大数据将帮助改善决策过程，并且能够提供先进的功能，比如预测式的洞察力。未来的商业活动将依赖于通信网络和终端设备，智能网络安全解决方案将在这些领域用于支持各种保护措施。

弗若斯特·沙利文(以下简称“沙利文”)的最新研究报告《家庭安防：技术评估和问题关注》在家庭安防细分市场中识别了五个关键领域，其颠覆性的技术能够改变整个市场，这五个领域包括：访问控制、周界防护、监视、灯光和网络安全。另外这份研究探讨了阻碍相关技术实施的障碍。

目前的家庭安防设备有几个方面的局限性。例如传统的生物识别指纹设备因为分辨率低事实上不能真正证明用户是真实的。而人体热成像技术能够提供更高的准确性和可靠性，但是一般价格昂贵。要把这些技术整合用于大规模的识别和访问管理应用，还存在相当大的挑战。

许多早期安全解决方案的缺陷已经被新的信息技术密集型的解决方案所克服，例如，自供电无线传感器已经为消费者大幅降低了价格和安装周期。他们还通过收集能量来降低能源消耗，并使无线交换机、传感器和控制器工作。另外安全系统还由于设备具有自治能力而具有高度的可扩展性和灵活性。

总之大规模使用家用安防设备将依赖于设备的使用期限、分辨率和稳定性的提升和改善。创新者和新兴公司应该与设备制造商合作，为特定的目标应用开发具体的解决对策。

目前，中国的大多数家庭使用的安防手段为物理安防，例如防盗门、窗户护栏等，而使用技术手段的家庭安防系统尚处于萌芽阶段，产品布局也主要集中在高端住宅及别墅当中，涉及视频监控、报警系统、隐私防范等，家庭安防系统在普通家庭的使用率较低。但中国家庭数量众多，在大力倡导和发展智能家居的同时，未来家庭安防系统具有巨大的发展潜力。

由于缺乏相应的行业标准以及对于产品了解不足，国内市场的大部分份额被国外品牌占据，而且一套家庭安防系统造价不菲，价格是困扰其普及的主要因素之一。另外，不同于发达国家发展成熟的安防市场，国内的家庭安防系统更加侧重于前期安装，缺乏对于后期运营服务的重视，消费者在使用中遇到的诸多问题缺乏专业性的解决方案，安防系统出现的漏报、误报等问题也困扰着用户。

沙利文全球合伙人、全球市场战略规划副总裁兼大中华区总裁王昕博士指出，家庭安防系统作为智能家居系统的一部分，不仅可以有效保障家庭中的人身及财产的安全，而且通过可视化设备可以达到协助看护老人、照看孩子及宠物等目的。另外，应用智能物联网传感器，如烟雾探测器、红外感应器等，能够大幅提升家庭安防系统的准确性和时效性，使用户全面掌控家的安全。

小　　结

本章主要介绍大数据分析在具体行业中的应用，包括商业银行领域、交通领域和安防领域。在商业银行领域，使用大数据分析能够显著提升银行精准营销效率，这主要体现在通过数据可以寻找业务规律，对客户需求进行挖掘，并深入了解客户，让数据成为金融机构的宝贵资产。在交通领域，利用大数据主要解决公共交通合理分配运力的问题，通过数据分析掌握交通路线路况和人流以此进行合理的交通调配，进而实现智能交通。在安防领域，大数据分析能够提升快速安检过闸；对于家庭安防系统，向以网络为中心的模式转变，进而实现智能家庭安全防护系统。

参 考 文 献

[1] 郑润琪. 浅谈互联网大数据应用[J]. 电脑迷，2019(1).

[2] 刘敏超，刘卫东. 数据集成系统关键问题研究[J]. 计算机应用，2006(7).

[3] 段成东. 完善互联网安全体系填补管理空白[J]. 金融电子化，2013(04).

[4] 董华彪. 能源互联网大数据分析技术综述[J]. 数码世界，2017(11).

[5] 谢世诚. 2008 年度中国大陆地区电脑病毒疫情&互联网安全报告[J]. 信息化纵横，2008(14).

[6] 何伟贤. 关于移动互联网的信息安全研究[J]. 网络空间安全，2018(09).

[7] 牛妍方. 互联网时代的信息安全策略研究[J]. 中华少年，2018(03).

[8] 王军华. “互联网+”背景下传统企业如何转型[J]. 开放导报，2018(03).

[9] 王紫慧，徐旭玲等. 基本移动互联网发展多层级的安全研究[A]. 工业设计研究(第六辑)[C]，2018.

[10] 黄玮，黄兴伟. 信息安全本科专业课程教学体会与案例[A]. 第十届中国通信学会学术年会论文集[C]. 2014.

[11] 刘蕊. 浅议网络安全与防范技术在企业信息化中的运用[A]. 第三届全国公安院校网络安全与执法专业主任论坛暨教师研修班论文集[C]，2017.

[12] 王昱镔，李超，程楠. 互联网个人敏感信息保护研究[A]. 第 29 次全国计算机安全学术交流会论文集[C]，2014.

[13] 祝建荣，吴晓东，李超. 企业信息化建设中的系统与网络安全[A]. 全国冶金自动化信息网 2009 年会论文集[C]，2009.

[14] 严明. 序[A]. 第 31 次全国计算机安全学术交流会论文集[C]，2016.

[15] 陈静. 互联网安全软件掀起“免费潮”[N]. 经济日报，2011.

[16] 王志新. 去年超 6000 万人次感染“吸费”木马[N]. 中华工商时报，2014.

[17] 郭宏鹏. 计算机安全软件鱼龙混杂[N]. 法制日报，2011.

[18] 谭辛. 安全软件正进入免费时代[N]. 经济日报，2011.

[19] 程文聪. 面向大规模网络安全态势分析的时序数据挖掘关键技术研究[D]. 中国民航大学学报，2014(03).

[20] 张建新. 基于互联网云端敏感信息混沌加密的研究与实现[D]. 广东工业大学，2018.

[21] 罗朝婷. 移动互联网环境下公积金政务系统的设计与实现[D]. 湖北工业大学，2017.

[22] 王保鹏. A 公司互联网安全风控产品开发进度管理研究[D]. 中国科学院大学(中国科学院工程管理与信息技术学院)，2017.

[23] 徐鸿鹏. 基于主动探测的互联网异常检测系统的设计与实现[D]. 吉林大学，2017.

[24] 廖诗江. 互联网医疗企业信息安全体系建设的研究[D]. 浙江工业大学，2017.

[25] 翟纪伟. 银行信息系统安全的设计与实现[D]. 湖北工业大学，2017.

[26] 雍小嘉，彭京，宋姚屏. 采用高维数据归约由药物判定方剂功效[J]. 上海中医药大学学报，2006.

[27] 喻小光，陈维斌，陈荣鑫. 一种数据归约的近似挖掘方法的实现[J]. 华侨大学学报(自然科学版)，2008.
[28] 杨宝华，胡学钢. 一种基于 Rough 集的数据归约算法的实现[J]. 佳木斯大学学报(自然科学版)，2003.
[29] 谷建军，王洪国，丁艳辉. 粗糙集理论及其在数据归约中的应用[J]. 信息技术与信息化，2006.
[30] 刘云霞，贺晋兵. 数据归约中基于因子分析的属性选择方法[J]. 统计与决策，2009.
[31] 赵韶华. 有效寻找最大高频项目组的方法探讨[J]. 科园月刊，2010(2)：69～70.
[32] 姚晓鹏，高圣兴等. 全局模式下的深网数据抽取与挖掘[J]. 计算机应用与软件，2018(02).
[33] 赵兵，郭才正. 深网和搜索引擎[J]. 情报探索，2016(01).
[34] 朱嘉欣，包雨恬，黎朝. 数据离群值的检验及处理方法讨论[J]. 大学化学，2018，33(8)：58-65.
网址：https://www.gkzhan.com/news/Detail/108720.html.
网址：https://yq.aliyun.com/articles/147855.
网址：https://blog.51cto.com/12306609.
网址：https://blog.csdn.net/zw0Pi8G5C1x/article/details/79709201.
网址：https://blog.51cto.com/12306609/2097019.
网址：https://blog.csdn.net/okmjsayu/article/details/97686562.
网址：http://www.cfc365.com/technology/bigdata/2015-03-04/13202.shtml.
网址：https://www.open-open.com/jsoup/parsing-a-document.htm.
网址：https://www.jianshu.com/p/2566a5314912.
网址：https://blog.csdn.net/magicpenta/article/details/78680008.
网址：https://www.cnblogs.com/wenwei-blog/p/10435602.html.
网址：https://blog.csdn.net/littlely_ll/article/details/71614826.
网址：https://blog.csdn.net/w352986331qq/article/details/78639233.
网址：https://www.tuicool.com/articles/ieUvaq.
网址：https://blog.csdn.net/u013421629/article/details/78416748.
网址：https://wiki.mbalib.com/wiki/%E6%95%B0%E6%8D%AE%E9%9B%86%E6%88%90.
网址：https://www.cnblogs.com/GhostBear/p/8416897.html.
网址：https://blog.csdn.net/wanpi931014/article/details/80235986.
网址：https://blog.csdn.net/qq_33457248/article/details/79596384.
网址：https://blog.csdn.net/xzfreewind/article/details/77014587.
网址：https://zhuanlan.zhihu.com/p/20571505.
网址 https://wenku.baidu.com/view/6a5905007ed5360cba1aa8114431b90d6d85893b.html.
网址 https://wenku.baidu.com/view/9828b0783a3567ec102de2bd960590c69ec3d8d7.html.
网址：https://blog.csdn.net/yinger_0131/article/details/79505897.
网址：https://blog.csdn.net/kobe46385076/article/details/93527897.
网址：http://app.myzaker.com/news/article.php?pk=5a94d3fbd1f149a15c0000a3.
网址：https://www.toutiao.com/a6511211182064402951/.

网址：https://www.jianshu.com/p/346b9628c905.
网址：https://www.sohu.com/a/117360047_470097.
网址：http://www.sohu.com/a/151317895_400678.
网址：https://sq.163yun.com/ask/question/179693982993702912.
网址：https://blog.csdn.net/weixin_33724659/article/details/92930729.
网址：https://baijiahao.baidu.com/s?id=1636119812159275269&wfr=spider&for=pc.
网址：http://www.frostchina.com/?p=1120.
网址：https://yq.aliyun.com/articles/84736?utm_content=m_24147.
网址：https://docs.microsoft.com/zh-cn/power-bi/desktop-quick-measures.
网址：http://bluewhale.cc/2016-06-30/analysis-of-correlation.html.
网址：https://blog.csdn.net/lynnucas/article/details/47948639.
网址：https://baike.baidu.com/item/%E5%9B%9E%E5%BD%92%E5%88%86%E6%9E%90?fr=ala0_1_1.
网址：https://cloud.tencent.com/developer/article/1105753.
网址：https://blog.csdn.net/liulingyuan6/article/details/53637846.
网址：https://www.cnblogs.com/pinard/p/6293298.html.
网址：https://blog.csdn.net/u012604810/article/details/80838497.
网址：https://blog.csdn.net/androidlushangderen/article/details/43234309.
网址：https://www.seoxiehui.cn/article-7375-1.html.
网址：https://blog.csdn.net/liulingyuan6/article/details/53637129/.
网址：https://blog.csdn.net/qq_25041667/article/details/102174736.
网址：https://blog.csdn.net/acdreamers/article/details/44661149.
网址：https://blog.csdn.net/zrh_CSDN/article/details/80878842.
网址：https://blog.csdn.net/zx1245773445/article/details/83795042.
网址：https://blog.csdn.net/zjsghww/article/details/51638126.
网址：https://blog.csdn.net/mao_xiao_feng/article/details/52728164.
网址：https://www.cnblogs.com/liuwu265/p/4690486.html.
网址：https://www.360kuai.com/pc/93c28225992b2ac47?cota=4&tj_url=so_rec&sign=360_57c3bbd1&refer_scene=so_1.
网址：https://www.stat.berkeley.edu/～breiman/randomforest2001.pdf.
网址：https://blog.csdn.net/wishchin/article/details/52515516.
网址：https://www.cnblogs.com/maybe2030/p/4585705.html.
网址：https://www.ibm.com/developerworks/cn/opensource/os-cn-spark-random-forest/index.html.
网址：https://juejin.im/post/5a82fc716fb9a0634912a1e6.
网址：https://blog.csdn.net/qq_39422642/article/details/78821812.
网址：https://blog.csdn.net/liulingyuan6/article/details/53637812.

网址：https://blog.csdn.net/v_july_v/article/details/40984699.

网址：https://baike.so.com/doc/5707680-5920401.html.

网址：https://blog.csdn.net/Angel_Yuaner/article/details/47042817.

网址：https://blog.csdn.net/Angel_Yuaner/article/details/47066105.

网址：https://blog.csdn.net/guoyunfei20/article/details/78911721.

网址：https://blog.csdn.net/d__760/article/details/80387432.

网址：https://www.jinchutou.com/p-99244682.html.

网址：https://blog.csdn.net/lzhf1122/article/details/72935323.

网址：https://blog.csdn.net/jbfsdzpp/article/details/48497347.

网址：https://baike.so.com/doc/1658398-1753029.html.

网址：https://www.cnblogs.com/daniel-D/p/3244718.html.

网址：https://cloud.tencent.com/developer/article/1429053.

网址：https://wenku.baidu.com/view/baeb692bfd4ffe4733687e21af45b307e871f9e4.html.

网址：https://www.cnblogs.com/rongyux/p/5641825.html.

网址：https://blog.csdn.net/huahuaxiaoshao/article/details/85806091.

网址：https://www.cnblogs.com/pinard/p/6208966.html.

网址：https://blog.csdn.net/JinbaoSite/article/details/73799778.

网址：https://blog.csdn.net/lin_limin/article/details/81048411.

网址：https://baike.baidu.com/item/%E6%9C%80%E5%A4%A7%E6%9C%9F%E6%9C%9B%E7%AE%97%E6%B3%95/10180861?fromtitle=em%E7%AE%97%E6%B3%95&fromid=1866163&fr=Aladdin.

网址：https://www.cnblogs.com/kang06/p/9468647.html.

网址：https://blog.csdn.net/AI_BigData_wh/article/details/78073444.

网址：http://blog.sina.com.cn/s/blog_69c3ea2b0100nitu.html.